U0673708

空间网络的价值

多尺度的空间句法

Spatial Network Values

A Multi-scaled Space Syntax

杨滔 著

中国建筑工业出版社

图书在版编目（CIP）数据

空间网络的价值：多尺度的空间句法 = Spatial Network Values: A Multi-scaled Space Syntax / 杨滔著. — 北京：中国建筑工业出版社，2019.7 （2025.5重印）

ISBN 978-7-112-23591-9

Ⅰ.①空… Ⅱ.①杨… Ⅲ.①城市空间 — 建筑设计 — 研究 Ⅳ.① TU984.11

中国版本图书馆 CIP 数据核字（2019）第 068153 号

责任编辑：率　琦
责任校对：张　颖

空间网络的价值　多尺度的空间句法
Spatial Network Values　A Multi-scaled Space Syntax
杨滔　著
*
中国建筑工业出版社出版、发行（北京海淀三里河路9号）
各地新华书店、建筑书店经销
北京点击世代文化传媒有限公司制版
北京凌奇印刷有限责任公司印刷
*
开本：787×1092毫米　1/16　印张：13　字数：262千字
2019年7月第一版　2025年5月第三次印刷
定价：55.00元
ISBN 978-7-112-23591-9
（33881）
版权所有　翻印必究
如有印装质量问题，可寄本社退换
（邮政编码 100037）

序一

新理念·新方法·新实践

——杨滔《空间网络的价值：多尺度的空间句法》书序

2019年初，杨滔告诉我，他的博士论文《基于空间句法的多尺度城市空间网络形态研究》就要出版了。作为他在清华攻读硕士学位和博士学位的指导教师，我很乐意为他的新作写序，尽管这不是一件很轻松的事情。杨滔的研究领域是空间句法。这是一种通过定量计算揭示空间中的活动与空间形态之间匹配关系规律的理论和方法。空间句法是英国学者比尔·希利尔在20世纪80年代提出的一种城市空间形态研究理论和方法。杨滔曾多年跟随希利尔教授从事空间句法理论、方法与实践的研究，掌握该领域最前沿的学术动态。自2014年回国以来，他一直积极参与和组织各类相关学术活动，推进空间句法理论和方法在中国的发展。也成为空间句法研究领域中国的顶级专家。

在空间句法理论的基础上，杨滔的研究结合中国城市案例，在多尺度城市空间网络形态方面继续深入该领域的探索，取得了创造性的学术成果。具体表现在：一方面明确了全尺度的嵌入模式、多尺度的空间效率、跨尺度的网络厚度以及优尺度的区位选择等四大议题，拓展了空间句法理论和方法。另一方面，提出了适用于跨越社区、街区、城市、国家等多尺度的比较方法，并结合京津冀地区，以及北京等中国城市案例展开研究，在定量层面揭示了当代中国城市的空间规律。研究成果进一步揭示了城市空间形态，特别是中国城市空间形态的发展规律，提升了对城市空间形态的认知和理解，进而对提出和修正城市空间发展战略具有很大的启发价值。以在清华进行的博士研究为基础，杨滔完成了他的新作《空间网络的价值：多尺度的空间句法》。在此，向他表示热烈祝贺！

最后，我要向建筑学、城乡规划学和风景园林学领域以及相关领域的从业者和学生大力推荐杨滔的新作，因为这本著作既阐释了认知城市空间形态的新理念，又提供了发掘城市空间形态规律的新方法，还展示了以中国城市空间形态为案例的新实践。

朱文一

清华大学建筑学院教授、学术委员会主席

2019年4月于清华园

序二

人类社会的神秘之一在于个体常常同时参与到一系列不同尺度的不同网络之中，从夫妻、小家庭向上延伸，直到国家、民族、种族或同一语种的人群。这些也许会涉及超过10亿人口。人们看似与生俱来就可同时在多重尺度上参与到不同类别的活动之中。尺度问题与网络的内在本质是镜像互补的关系。个体同时参与到大量的社会网络之中，如亲属、专业、性别、兴趣，以及特色议题或信仰等网络，乃至依据喜好的音乐、穿着的方式等构成的群体网络，所有这些都基于相似或不同的品味。如果我们看一下夫妻或家庭，可发现个体常常参与到不同且互补的社会网络之中，有助于家庭团结，且有包容性。这是由于当我们对社会有所需求时，这种方式使得夫妻或家庭的社会资源最大化。人类学和民族志学提供了大量的案例，而这都未基于空间进行讨论。

本书探索了城市的空间，或更为精确地说，人们同时在多尺度中的空间行为方式。我相信，如同上一段所述，这也许与人类社会的多重网络特征密切相关。然而，我们很难观测到社会网络，收集良好的数据也比较困难；不过相对来说，我们能客观而开放地研究城市的空间组构。我们有地图，只要不关心研究的对象具体是谁，在给定区域内的任何地点、任何时间，我们就可以简单地观察并评估人们的数量，以及他们穿行城市空间的方式，并理解与不同远近的出行路径相关的其他方面。当然，这是研究变得有趣的起点。城市的空间结构是如此令人惊讶的复杂与美丽。

除了本书对我们理解中国城市的贡献之外，其最为出色的贡献也许是发现了城市空间本身的双重机制。一方面是清晰的空间聚集力；如果这不存在，那么城市本身也就几乎不存在。另一方面是用于平衡的空间分散力。正是基于这两方面力量的平衡，现代大尺度城市才得以出现。当然，每个城市的确切形态是独特的，然而普遍性的机制是：诸如街道、广场、公园等城市空间构成在一起，创造了街道网络中多尺度运行的系统。例如，在形成整个城市系统的过程之中，空间句法所定义的街道交叉口之间的街道段也扮演了重要的角色，只是更偏重与之相邻的局部空间性机制。在这一机制下，该街道段与其比邻的空间、面向它或定义它的建筑物，以及每天不同时间段使用它的步行和车行交通，都密切相关，共同构成了城市生活的复杂交响曲。本书对此的解释如同简洁的韦伯数学公式，非常漂亮。

艾伦·佩恩

建筑和城市计算专业教授

伦敦大学学院（UCL）巴特雷特建成环境学院院长

空间句法公司创始人之一

2019年3月17日

Preface 2

One of the mysterious aspects of human society is that individuals often appear to participate in a series of different networks of varying scale at the same time. From the couple or small family group all the way to a national, or an ethnic, or racial identity or language group. These last may number well over a billion people. It seems that humans are innately suited to operating as members of groups at multiple scales at once. The issue of scale is mirrored by the complementary nature of networks. Individuals participate in numerous social networks at the same time: kinship, profession, gender, interests, as well as networks associated with specific issues or beliefs; the music we like and the way we dress, all mark out those of similar or different taste. If we look at the couple or family group, we find that the individuals often participate in different and complementary social networks, and this helps the family unit to be resilient since it maximises the social resources that can be called on when needed. Anthropology and ethnography abound with examples. All of this comes before space.

This book explores the space of the city, and to be precise, the way that this acts at multiple scales at the same time. I believe that this may be intimately related to the multiple network nature of human society I described above. However, unlike social networks which are notoriously hard to observe and about which gathering good data is difficult, the spatial configuration of the city is relatively open to objective study. We have maps, and so long as we are not interested in who the people are, we can simply assess by observation how many of them are in any given location at any point in time. We can observe how they move through the space of the city and understand something about the relative lengths of journeys. This of course is where things begin to get interesting. The spatial structure of the city turns out to be surprisingly complex and beautiful. This has been the subject of Space Syntax research to which this book makes an important contribution.

Perhaps the outstanding contribution of this book, aside for its contribution to our understanding of the Chinese city, is in the identification of a dual process at work. On the one hand there is a clear force acting towards agglomeration. If this did not exist, cities themselves would be rare objects. On the other, there is a balancing force towards decentralisation. It is in the balance between these two opposing sets of forces that the modern large-scale city emerges. The exact form of each city is of course unique, but what appears generic is the way that the spaces of the city, its streets, squares and parks, come together to create systems that operate at multiple scales in the street grid. A single space, let us say a segment of a street between two intersections defined by space syntax, may at the same time play an important role in tying together the global city system and play a different role in its immediate locality. The way that this segment relates to its immediate neighbouring spaces, the buildings that front onto it and define it, and the level of traffic and pedestrian movement that use it at different times of day, are all part of the complex choreography of urban life. To explain this by so simple a mathematical function as the Weibull is indeed a beautiful thing.

Alan Penn
Professor of Architectural and Urban Computing
Dean of The Bartlett Faculty of the Built Environment
Founding Director of Space Syntax Limited
UCL
17th March, 2019

序三

从流空间与网络的角度研究区域、城市以及社区，正成为国内外空间规划与设计的发展趋势；与之同时，在全球化和地方化交相辉映的转型时期，城市逐步成为不同尺度的空间叠合以及不同群体动态交流的产物，开放共享成为未来城市发展的主题之一。基于此，城市空间网络变得越来越有特色、有智慧、有内涵、有韧性，涵括社会、经济、文化、环境等方面的多元空间表达和协作。从而，最为惰性的物质空间形态也将折射出这种动态的多元性，体现在不同尺度的空间关联与协商机制之中。空间句法是国际上重要的空间形态学研究之一，并广泛地应用到不同尺度的空间规划与设计之中。

该理论和方法于20世纪80年代逐步引入我国，我院也于2005年起与伦敦大学学院（UCL）就空间句法领域进行了多次交流与深入合作；我本人也参与了英国工程与自然科学理事会重大科研课题《城市历史和多尺度空间规划网络》（2006～2010），从空间句法角度研究城市空间网络的多尺度演变。目前结合大数据等新型信息化技术、计量地理学以及社会物理学等的发展，空间句法成为我国较为活跃的研究和应用方向之一。国际空间句法大会也于今年移师我国，其中部分主旨和平行会议将在我院举办。

本书的主要贡献在于：从复杂网络的多尺度交互的角度提出了空间网络的效率概念，即不同尺度上物质空间网络本身的构建或使用方式所带来的空间收益与成本之间的比值，用于标准化地度量区域、城市与社区空间结构被人们使用的几何效率，并在统计意义上与不同社会经济功能对其的物质空间需求相对应。我认为：虽然此概念在区域层面上的内涵和应用机制还值得进一步斟酌和商榷，然而这在某种程度上给多重尺度的空间形态研究带来了新的视角，值得今后细致探索，严谨地扩大空间句法的研究范畴。

此外，本书所研究的案例较为丰富，遍及国内外不同典型城市与区域，定量地揭示了其内在的多尺度几何特征、限制条件以及互动规律，探索了尺度因素对空间聚集与分散机制的影响力，创造性地提出了较为清晰的空间网络概念框架。因此，本书的研究成果具有一定的国际视野，对我国城市空间形态研究有一定的借鉴意义，也属于我国空间句法领域研究与应用的新方向。

杨保军

全国工程勘察设计大师

中国城市规划设计研究院院长

2019年3月19日

序四

随着大数据、云计算、人工智能等信息技术及其应用的飞速发展，城市规划设计领域涌现出诸多定量化研究方法，不仅在宏观层面有助于揭示和重现城市复杂系统的结构、功能、状态及其演化过程，而且在微观层面可以模拟和预测不同尺度空间规划设计情景及其建设运营模式，从而在提升城市规划设计科学性和有效性的同时，促进规划设计理论和方法的创新发展。空间句法是一种定量化城市空间形态理论和方法，旨在揭示空间模式如何在社会经济行为中得以实现。

1984 年，比尔·希列尔教授和同事在《空间的社会逻辑》一书中就提出，空间句法如何运用人工智能去描述诸如城市空间形态与社会形态复杂而离散的系统，并给出了相应的理论性设想。对离散性系统的客观描述与预测，人工智能的本质不仅是将必要的心智活动陈述为一种操作流程，而且是模拟基于知识上有逻辑且有步骤的交流互动。因此，空间句法被假设为一种形态语言，介乎于自然语言和数学语言之间，赋予人造离散系统的内在秩序，并使其可为大脑所认知，同时赋予大脑描述、检索并提取这种秩序的方法。所以，空间句法在过去的 40 多年里，一直在研究空间形态、认知以及社会三者之间的互动关系。几年来，空间句法在国内形成了较为成熟的研究状态，据知网统计，近三年（2016 ~ 2018 年）以空间句法为主题的文章共计 700 多篇，覆盖建筑设计、城市规划设计、风景园林规划设计、交通运输、地理测绘、社会学、统计学等学科领域。

杨滔博士所著《空间网络的价值——多尺度的空间句法》在论述空间句法基本原理、发展历程及典型案例的基础上，提出了空间网络的形态构成在不同尺度上的联结、交互、影响的新论，揭示了随尺度增长每条街道与周边街道关联方式的演变机制，探索了该机制与不同功能空间配置方式的对应关系，体现了多尺度空间网络的效率（人们使用空间结构内在几何便利性的高效程度）。这种研究回归到空间句法的本质之一，即对空间几何形态的构成与演变机制的探究，以此相对客观地描述空间结构的离散性，进而阐述区域、城市、片区以及社区等不同尺度下的空间与社会的运行模式，有助于扩展城市空间的基本几何形态语言，揭示城市空间的基础性几何规律，拓展空间句法研究的范畴，对于空间句法在国内进一步发展有所裨益，值得城市规划设计定量化研究方法爱好者研读。

党安荣

清华大学建筑学院教授

2019 年 3 月 18 日于清华园

目录

第1章　绪　论

1.1　研究背景

随着越来越多的人口进入城镇，伴随的城市病以及能源问题等越发明显，在世界范围内对城市空间形态的研究再次逐步受到越来越多的关注。从20世纪90年代以来，国际上研究城市物质空间形态的思潮再次出现，物质形态本身的构成如何影响城市的运行成为了重点课题之一，特别涉及交通出行、能源、混合用地等领域，称之为物质空间形态研究的螺旋式上升（Batty，2009）。同时，随着我国城镇化的转型，一次性地规划设计整个城市空间形态的机会正在逐步减少，然而各种局部空间形态的快速建设或更新也带来了新的问题，即那些局部建设的组合是否能构成一个有机的整体城市空间形态？或者局部建设怎么考虑与周边的协同，改善更大范围内的空间品质并提升功能需求？因此，对于城市空间形态的深入研究，预期将变得更为重要。本书的研究背景主要包括两个方面：一是城市空间网络形态研究发展的大概趋势以及涉及的关于物质形态研究的主要方法；二是本书明确需要研究的对象，对此进行严谨的限制，避免由于城市空间形态术语的宽泛性而带来研究对象的不确定性。这两方面将是本书展开详细研究的基础和出发点。

1.1.1　发展概要

世界各个城市的空间形态千差万别，不管从物质构图上，还是功能组合上，抑或是认知方式上，都或多或少地反映出这个巨大的人造物的各种特征和机制。这些一直都是城市空间形态研究的重点之一，其中涉及一个普遍的研究问题是城市空间形态是如何构成的。虽然大量的研究从社会、经济、文化、认知等方向对该问题进行了详细的研究，然而从物质性构成的角度对于该问题的研究仍然是重要的方面。这是由于城市空间往往面临着如何物质性地建设、感知、使用和运营等实际问题，并且其物质性建构和使用的过程又与社会、经济、文化、认知等方面密切关联。这往往又成为城市形态或城市设计理论和实践热点之一。

我国新型城镇化转型过程之中，城市空间品质的提升变得尤为重要，从物质空间形态的角度重新审视优化空间结构的路径也成为一种新趋势。不过这种趋势更多是从人的视角探索物质空间形态的优化，而且当前的实践项目往往包括宏观区域尺度的城市设计、城市尺度的总体城市设计以及中微观的社区尺度的城市设计等，这些都将涉及如何组织和设计空间结构。然而，任何一个尺度的设计都必然会涉及其他尺度的问题，而且不同尺度上的设计内容如何层层传导也是不可回避的话题。以往基于静态的或者单一尺度的空间形状或比例的研究，已经不能解决上述跨尺度的空间结构的识别与设计。因此，探索新的研究范式将是必要的。

随着以人为中心的理念转变、网络思维方式的普及以及大数据分析方法的兴起，特别是更为精细的大量数据出现，城市物质空间形态研究的范式发生了深刻的变化。从构图形式转向场所，再转向空间网络；从整体格局转向个体空间体验，再转向个体与整体的互动；从静态的形式转向动态的系统，再转向多维的分析。这些范式的变化促进了不同学派的出现与发展。其中，空间句法（Space Syntax）是从网络思维的角度研究物质空间形态及其认知与功能的一个学派，这是本书主要的研究基础和方法。这里特指英国伦敦大学学院的比尔·希列尔（Bill Hillier）教授及其同事们于 20 世纪 70 年代建立的关于空间形态的理论和方法，剖析了不同尺度下不同空间之间的复杂联系以及其与人们活动模式的相互关系，直观定量地揭示空间现象下那些无法言表的社会逻辑和空间规则，提出了自组织的空间结构及其演变模型（Hillier & Hanson，1984；Hillier，1996）。通过对这种方法的创新性思辨，本书尝试着对城市空间网络形态进行解析和模拟，重点分析这种空间网络中每个要素与其周边要素的多尺度关联情况，以期挖掘其内在的物质空间形态规律与机制，并对空间形态设计的实践有所启发。

1.1.2　研究对象

本书首先需要简略地界定研究的对象。形态（Morphology）源于希腊语 μορφή，即 morphé，表示“形式”；而 λόγος，即 lógos，意思是“逻辑”或“表达”。形态学关注的内容是生物形态，这是由德国诗人和哲学家约翰·沃尔夫冈·冯·歌德（Johann Wolfgang von Goethe）于 1790 年确定。从那时起，人们就开始试图建立起脱离生物学意义上的形态学，跨越了数学、考古学、社会学、经济学等，主要研究形式的构成逻辑（Batty，2009）。“城市形态”（Urban Morphology）一词始于 19 世纪初，地理学者运用到城市研究之中，目的是将城市作为有机体来研究，形成对城市发展的理论和方法（Conzen,1960）。用形态的方法分析和研究城市的物质形式和社会经济等形态问题，都可认为是城市形态学。在众多的学派之中，物质形式的研究一直都被认为城市形态研究的核心内容之一（Carmona & Tiersdell，2007）。

这个术语并未统一，如欧洲国家往往用“Urban Morphology”，美国更多地是用“Urban Form”，而且其研究与实践的内容也多种多样，至少根据“尺度”与“时间”

的不同而有不同内涵，如从区域的形态到个体建筑的风格，从一个到多个国家的城市形态演变等。随着历史的发展，城市形态研究与实践的范畴被逐步扩展：古典的城市形态更多地与美学、几何、以及社会象征意义相关，如图底关系、几何形状所体现的“乌托邦”或者“宇宙秩序”等；随后，西方城市形态与经济社会联系起来，如老欧洲的多个学派对街坊块、绿地、公共空间、建筑高度等方面的研究（Whitehand，1987；Carmona & Tiersdell，2007），美国芝加哥学派伯吉斯（Burgess）等根据用地、人种、经济状况等绘制的城市同心圆模式（Burgess，1925），以及不同研究与实践总结的带型城市、网格城市、单中心或者多中心模式等（Hoyt，1939；Harris & Ullman，1945；Lynch，1963；Fujita，Krugman and Venables，1999；Glaeser，2008）；进而，城市形态学与心理学、环境行为、交通、环保、节能、城市管理等各个相关领域彼此交融，形成了新的研究范畴与对象（Carmona & Tiersdell，2007）。

因此，本书所关注的城市空间网络形态特指城市物质空间所构成的空间网络形态以及特征与机制，并不涉及物质空间中所容纳社会、经济、环境等活动内容。然而，本书也不排斥物质性空间网络的社会、经济以及环境等方面的内涵或外延。此外，本书更多聚焦于城市空间，而不是关注建筑物的立面、密度、形式等内容。

1.2　研究意义

1.2.1　学术意义

好的城市空间形态一直都是城市研究之中经久不衰的话题，随着 20 世纪末可持续发展和网络理念的提出，近年来评估与创新城市物质空间形态这个话题又逐步成为了国际研究热点之一。一方面，近现代城乡规划和设计发展史上，伴随机器大生产、机动车普及、住宅工业化、互联网诞生等，关于城市空间形态的新想法被一次次提出来，也反复遇到各种新问题。当今，由于西方能源危机和全球极端气候的出现，可持续发展、或弹性、或活力的城市空间形态的议题频繁出现在国际论坛之上，如新城市主义（New Urbanism）、新都市乡村（New Urban Village）、精明增长（Smart Growth）、慢行城市（Slow City）、紧凑城市（Compact City）、基于形态的导则（Form-based Code）等明确涉及物质空间形态的各种新理念，这是物质形态空间结构在 21 世纪初重新得以重视的原因之一。然而，其评估或优化的标准、方法、指标等并未达成共识（Banister，2006）。这是由于关于那些新理念提出的更多是关于规范性的要求，而非分析性的内容，反而在一定程度上导致了对物质空间形态的内在构成机制缺乏深入的研究。于是，对于物质空间形态的研究依然是各国城市研究领域的学者们努力探索的方向（Thrift & Dewsbury，2000；Banister，2006）。

另一方面，在过往的研究之中，城市空间形态涉及空间格局、空间区位、中心与边缘、单元规模、空间价值、有机序列、发展方向、演变机制等方面，其中对于社会经济环境等机制的探索变得越来越重要，这是由于假设前提是那些物质空间形态的建设都是由社会经济环境要素推动的（Carmona & Tiersdell，2007）。然而，社会经济环境等要素需要落位到物质空间形态建设之中，真正地转化为人们的空间活动，城镇空间的运作才能顺畅，从而促进能源节约与公共空间资源公正化，真正地推动可持续发展。

与之同时，新的研究范式也越来越关注联系，包括物质空间各个部分之间的联系，以及物质空间与诸如能耗、社会人口、交通物流、环境污染等之间的关联，而这些关联构成了描述空间结构的基础。此外，物质空间形式也被认为是那些社会经济环境等要素在空间之中关联的折射。特别是近 10 年，“网络”的概念进一步启发了城市空间结构研究的新方向（Castells，1989；Hall & Pain，2006；Batty，2013），例如空间句法研究理念逐步被接受。因此，将城市物质空间形态视为网络结构的研究方法也成为新的趋势。

然而，在绝大部分研究之中，城市物质空间各个部分之间的关系并未充分揭示，而更多是关于社会经济环境等要素的空间特征。不过，物质空间形态有自身的规律，且高品质的空间结构往往源于对物质空间形态的不断优化，而非完全放任由那些社会经济环境机制去试错。本书重点从网络的角度探索物质空间结构的基本特征，并提出相关的理论假设。

此外，对于特定城市或片区，空间形态结构和空间功能结构在哪个（些）尺度层面上才显著性地相互影响？又为什么会这样？这并未定量地揭示出来，而往往采用“综合性”这种定性的词汇来描述（Hillier，1996；Hillier，2008）。除此之外，目前的研究更多偏向于宏观研究，如全球化和地方化两个层面的功能对于世界城市或多中心空间形态的影响（Castells，1989；Hall，1996；Fainstein，2001；Hall & Pain，2006）；对于空间结构的中微观尺度互动的研究偏少，也存在一定技术瓶颈，因为中微观的尺度变化机制更为精致而细微，常常难以精确捕捉（Hacking，1983；Hillier，1996；Batty，2013）。即使空间句法这种国际公认的应用于中微观空间多尺度分析的理论和技术，仍未完全解释多尺度互动机制（Hillier，Turner，Yang and Park，2010）。而这种机制的明确将有助于决策者在多重尺度（如区域、城市、片区、社区或街道）互动中，客观地判读出某种形态和功能因素的重要性，如旧城更新之中辨别“微循环”的路径。因此，从多尺度互动角度，对于城市空间结构中形态与功能之间互动机制的研究，不仅是国际城市规划和设计界研究的新趋势，而且有助于丰富我国城市空间结构的多尺度理论体系和技术方法。

1.2.2　实践意义

我国城市的建设速度较快，涉及当今世界上最大规模的物质空间形态的创造和变更；也正经历着社会经济功能的重大转型，并伴随着用地浪费、环境恶化等功能性阵痛。我国城市化率已到达了 53.7%（国家统计局，2014），不过近年我国土地城市化明显快于人口城市化。例如，从 2000 年到 2010 年，城市的人口只增加了 45.12%，而城市建设用地反而扩大 83.41%，这导致了城市用地增长率与城市人口增长率的比值高达 1.85，大大超过世界公认的适合阈值 1.12（梁倩，2013）。在一定程度上，这带来了土地利用效率、环境容量、城市交通等方面的问题。因此，从物的城镇化转向人的城镇化已经成为我国城镇化转型发展的重要议题之一。

中央城市化工作会议提出“由扩张性规划逐步转向限定城市边界，优化空间结构的规划”，“严控增量，盘活存量，优化结构，提升效率”等国家政策方针（中央城市化公报，2013）；国土部门也提出“严格控制城市建设用地规模，确需扩大的，要采取串联式、组团式、卫星城式布局”等通知（国土委，2014）。如何在限制城市边界的前提下，通过选择、评估并优化空间结构提高城市空间的使用效率和品质，从而实现精细化空间规划、设计和管理？或者，从理论而言，城市内部空间结构的优化本身就是限定城市边界的一种途径？空间结构与边界之间是否存在互动的关系？这需要从系统性的角度，探索新技术，既让已建成区更加高效，又让必要的新增建设区更为集约。

特别是，目前总体城市设计常常提出对整个城市空间形态的设计任务。不过，如何定义城市空间形态结构并没有固定的方法或模式，这导致对其优化的方法中存在模糊性。总体而言，一方面研究物质空间形态的结构，即物质空间是如何布局的；另一方面探索社会经济环境等要素的空间分布与关联而构成的结构，即非空间要素在空间中是如何布局的。不管哪一种研究，结构往往被认为是表面现象或形式之下的深层次内容、机制或本质，支撑着整体空间系统的构成和运营，并不断地变化或演进，乃至突变，从而推动表象的动态特征。在这种意义上，结构与表象是密切联系的，甚至涉及空间秩序的概念。因此，优化城市空间形态结构被认为将会带动完善各种城镇化进程，包括缓解城市病，从而集约用地发展，使得城镇良好而高效地运转。

我国规划和设计学界对已建或新建城市空间结构的特质化、集约化和高效化等也开展了不少理论研究和实践探索。很大一部分是从地理学的角度进行研究（吴缚龙，1990；孙胤社，1994；黎夏，叶嘉安，1999；张京祥，崔功豪，2000；陈彦光，刘继生，2001；张庭伟，2001；郑莘，林琳，2002；冯健，周一星，2003；李江，段杰，2004；牟凤云等，2007；王士君等，2012；王冕，2016），还有一部分是从传统意义的建筑学角度进行研究（朱文一，1993；王建国，1994；张宇星，1995；林炳耀，1998；

吴良镛，2001；陶松龄，陈蔚镇，2001；田银生，2001；陈泳，2002；王正，韩冬青，2003；卢济威等，2003；何子张，段进，2005；邹德慈，2006；孙玉，2010；张愚，王建国，2016；龙瀛，叶宇，2016；杨俊宴，2017），另外一部分研究关注并借鉴了国外可持续发展空间结构的最新理念（贾富博，金鹰，1984;朱文一，1990;唐明，朱文一，1998；唐子来，1997；谷凯，2001；John Punter，于立，叶隽，2005）。研究的范式从关注形式本身的分类，逐步转向探索形式形成的内部机制以及与其他社会经济环境等因素的互动关系。然而，从空间网络的角度，对于我国城市空间结构的特征、建构机制以及内在的形态和功能机制的研究仍有很大的空间，这也是建构空间优化技术的基础，具备广泛的实践意义。

本书对城市空间形态网络的辨析，可以辅助桥接物质空间形态与功能使用之间的多尺度联系，有助于多方位地考虑以人为本的设计策略，同时多层次地关注物质形态设计品质。此外，针对我国大数据研究的发展趋势，本书有助于拓展大数据的新应用，辅助城市形态研究的实际应用。从多尺度的角度探索空间形态与空间功能结构之间的关系，总结其深层次的特征，并与西方城市的空间结构进行对比研究，无疑有助于在全球的视野下，发掘我国城市空间结构的形成机制，为优化空间结构提供一种多尺度的理论依据和技术支持。

1.2.3 社会意义

随着我国城镇化水平的极大提高、社会主义市场经济的繁荣以及多元利益主体的出现，城市规划管理正从单一的物质环境控制管理转向协调社会利益再分配的公共政策管理。根据《城乡规划法》，城市规划管理包括规划制定、实施、监督三大环节，而基于选址意见书、建设用地规划许可证、建设工程规划许可证（即“一书两证”）的行政许可管理环节尤为重要。社会利益再分配在一定程度上体现了“一书两证”的方方面面，其中既涉及诸如容积率、建筑高度、建筑密度等物质形态的内容，也涉及诸如技术审查、行政审批、公开公示等公共管理的内容，还会涉及诸如地方控规审批管理办法、城市设计导则指导意见、容积率指标的调整程序通知等公共政策的内容。然而，在此严格管理之下，城市建设品质不高的问题仍较为突出，这也是空间规划体系和城市设计在当前被重视的原因之一。这其中涉及如何看待不同尺度的物质空间形态的定位、乃至取舍问题。换言之，物质空间形态的管理在今后的城市规划管理中是变得不再重要，还是变得更为精细化？

对比西方发达国家发展的历程，物质性空间形态在公众参与的规划和设计中仍然发挥着重要的作用，虽然社会、经济以及环境等方面的政策分析与制定越来越重要。西方规划理论界从 20 世纪 50 年代起就几乎摒弃了基于物质空间形态的规划设计，转向偏社会经济形态和内在机制的空间规划。其本质在于经历二战大规模建设之后，西方的物质建设量急剧降低，需解决更为急迫的社会经济问题（Cullingworth，1994）。然而，物质空间形态仍然是规划与设计实践界的一个争论焦点，因为物质空间形态不仅往往体现在政府部门、专家们以及开发商们对于区位选址、空间布局、用地性质等方面的论证与协商之中，而且根据生活常识，非专业的市民也知道空间形态对他们的生活有影响。如绝大部分人都知道：如果一条城市干道穿过住宅小区，肯定对小区生活有影响，也许交通噪声干扰宁静生活，也许某些住户有机会开店铺等，这并不是什么深奥的话题，在公众听证会上，当地市民自然有能力发表这方面的看法。在各方讨论与对话中，空间形态又如同地图一般，看似直观而中性，各方都往往根据各自观点与利益来"勾画"物质空间形态，也许是专业图纸，也许是草图，甚至是文本或者语言描述。

正如彼得·霍尔（Peter Hall）所指出的，西方城市规划的学术研究与实践的分裂日益严重，即学术上对社会经济研究的偏重与实践项目中对物质空间形态的需求之间产生的一定的矛盾（Hall，1998）。例如，2010 年以来，伦敦政府指出社区规划师的招聘需要考虑对于总图规划设计（Masterplanning）的能力，以期解决实际的物质空间规划管理的需求；特别 2012 年英国颁布的《国家规划政策框架》（National Planning Policy Framework）的第 7 章的标题就是"需要好的设计"，其中提出了物质性空间形态对于城市规划政策管理的重要作用（DCLG，2012）。又如，近年来美国提出了基于形式的导则（Form-based Code），从物质形态的角度对区域、城市、社区等进行管理，其理念在于认为功能是不断变化的，而物质形式则相对维持较长的时间，从节约能源的角度而言，这是一种较为精明的管理方式（Parolek & Parolek，2008）。本质上，这在于城市规划的一个重要目标还是解决人们在真实物质空间中生活、工作、娱乐等方面的需求，其中物质空间形态的规划与设计管理仍然无法回避。

除了对比西方发达国家的情况之外，还考虑到我国仍然处于城镇化较快发展的阶段，大规模的建设活动仍将持续一段时间。此外，目前为了解决城市规划目标和指标难以落地的问题，即墙上挂挂的问题，除了需要强化规划实施的政策之外，还需要进一步探索城市发展的规律，其中也包括物质形态的规律，才有可能将之转化为管理城市物质形态的政策等。因此，可以预判我国城市规划管理中，更为精细化、更为人本化、更为科学化的物质空间形态的管理将会成为新的需求。那么，本书试图揭示物质空间形态本身的构成规律及其与功能形态之间的关系，可以为我国城市规划管理部门丰富思维视角，在一定程度上提供决策支持和政策制定的依据，推动城市空间的精准管理。

1.3 研究问题

1.3.1 理论问题

形式与功能之间的关系一直是建筑学的理论性研究问题。对于城市形态而言，广义的理论问题包括两大方面：第一是物质空间形态本身及其演变生成机制是怎样的；第二是社会经济活动在地理空间的分布及其内在关联或构成机制是怎样的。例如，美国芝加哥学派伯吉斯（Burgess）等根据用地、人种、经济状况等分布情况研究城市同心圆模式（Burgess & Bogue，1967）。物质空间形式与功能之间是如何互动的，这是城市形态理论界研究的重点之一。前一个研究问题是本书研究的重点，虽然本书也会涉及一些空间内涵和功能关联的探讨。

从物质形态及其历史演变来研究城市空间结构的成果非常丰富，其中一个重要的研究问题就是城市空间形态有何特征及其影响作用。古典的空间结构更多地与美学、几何、以及社会象征意义相关：如图底关系、连接关系、或几何形状所蕴含的“乌托邦”或者“宇宙秩序”等（Trancik，1986；Lynch，1984）；又如规则方格网和非规则格网对应于不同历史演变过程；再如西特（Camillo Sitte）提出了诸如街道、广场、格网等物质空间形态与艺术化城市景观的联系（Sitte，1889），以及奥尔多·罗西（Aldo Rossi）对城市空间原型的辨析，特别强调了物质空间格网对于城市历史延续和变化的深刻影响（Rossi，1984）。与之同时，凯文·林奇（Kevin Lynch）从认知和感知的角度，提出物质空间的连续性，如屋顶、绿化、立面、材料、铺地或气味等主题的连续性，有助于城市的可读性（Lynch，1963）。基于地块、街区、用地、时间等因素，康泽恩学派的杰弗里·怀特汉德（Jeremy Whitehand）提出了城镇形态的演进机制，即租地权周期和经济发展周期在物质空间形态变化上的折射（Whitehand，1987）。此外，城市物质空间结构被赋予了更多的社会经济内涵（Jacobs，1961，1969；Burgess & Bogue，1967；Alonso，1978；Soja，1989；Krugman，1996），并被抽象为各种空间形态，如带型、网格、单中心、多中心、组团、散点模式等（邹德慈，2002）。

在这些研究中，一部分学者从空间结构的思维来研究城市空间形态。本质上，这属于另一个研究问题，即什么是城市空间形态结构？城市空间形态结构一直重点关注于城市各个组成部分如何彼此关联、如何最终构成完整的形态模式。例如，古希腊的希波丹姆斯（Hippodamus）设计的米利都（Miletus），体现了方格网与大型公共建筑的室外广场相互结合的空间形态构图；我国唐代的长安城则体现了另一种方格网构图，包括不同规模的里坊以及宫城与皇城的嵌套模式；美国的朗方则借鉴了巴黎的形态模式，创造了方格网与放射网相互混合的华盛顿空间形态构图。这些对于整体式规划的城市都有深刻的影响。其实早在1972年，剑桥大学马丁中心的莱斯利·马丁（Leslie Martin）

就提出了城市空间格网（Grid）是生成器（Generator），形成了城市的高度、密度、用地分配等。此外，他比较了不同类型的格网对城市其他要素的影响（Martin & March，1972）。这深刻地影响了当时在剑桥大学学习的比尔·希列尔（Bill Hillier），并基于此提出了空间句法的原初想法，因为希列尔之后的系列研究都在关注城市空间格网本身的效应（Hillier & Hanson，1984；Hillier，1996）。

虽然不管马丁，还是希列尔，他们对于亚历山大（Alexander）的研究都持有一定的批判态度，认为其过于机械化，或过于简单化。不过，亚历山大对于空间结构的影响是不可忽视的。1964 年，虽然亚历山大在《城市不是一棵树》（City is Not A Tree）中的核心目标是批判现代主义的功能城市，然而他从空间结构的角度提出了自己的论点，即城市的各个形态单元不是呈树状的等级结构，而是相互部分重叠，彼此依存，形成了“半网状”的整体形态结构（Alexander,1965）。1977 年他在《模式语言》（Pattern Language）中进一步总结了各种不同尺度下的局部模式，并且在前言特意说明了不同局部模式之间是相互关联的，读者在阅读某个局部模式的同时，需要不断联想到与之相关的其他模式之中，他也给出了模式之间的链接点（Alexander et.al.，1977）。然而，这些模式之间的链接是规范性的，而不是描述性的。从而引出了 20 世纪后期建筑与规划界关心的问题：各种局部模式是好的，能促进功能性使用，但是它们组合在一起是否仍然也是好的？那些规范性的组合方式是否真的有效？那些规范性的组合方式是否限制了建筑师与规划师的创造性？这涉及到系统论的某些关键方面：当各个局部模式聚集成为一个整体系统时，不仅某些整体特性并不是任何一个单独局部模式所具有的属性，而且那些突现的整体特性将会制约各个局部模式，原有的局部属性可能会发生变化，也就是说局部模式在聚集的过程中有可能会发生变化。于是，我们需要研究各个局部模式之间的组合关系。在空间形态学方面，我们不仅要研究空间的局部形态，也要研究局部空间之间的整体关系以及它们的演变情况。

因此，本书所涉及的较为宏观的理论研究问题为：城市空间形态结构是如何在局部和整体的层面上构成的？其空间结构又是否对城市功能有影响，或空间形态结构与功能之间又是否存在互动？如果存在，那么该影响或互动又是在何种尺度上发生的？

1.3.2　范式问题

早期的城市形态研究关注物质建设实体、空间平面、形态演变、区位特征等，然而最近从空间流动和空间网络的范式研究城市形态得以重视，虽然亚历山大（Alexander）早在 1965 年的《城市不是一棵树》中提到了类似于网络的概念，即方格架子（Lattice）。这种研究范式的变迁起源于社会学、生物学、信息学、电力学等学科对于社会网络、生物网络、互联网、电力网络等深入的研究；同时也源于网络理论本身的出现，对于解决复杂性的问题有突破性的进展（Watts & Strogatz，1998；Barabasi，2002）。

基于对空间场所与空间流动之间矛盾的辨析，美国社会学家曼纽尔·卡斯特尔（Manuel Castells）在 2000 年就从理论上论述过，即人的流动、物的流动、资本的流动、信息的流动等构成了当今网络社会，这些流动的空间将会构筑出不同的空间场所，场所空间的形成依赖于网络的构成结构，甚至巨大的城市区域将会随着网络密集化及其空间流动复杂化而越来越多；这种复杂性带来了场所空间的局部性与流动空间的全局性之间的矛盾（Castells,2000）。这个论断对于后续的城市规划与设计产生深远的影响。例如，彼得·霍尔（Peter Hall）和凯茜·潘（Kathy Pain）等基于网络特征，发现欧洲城市呈现多中心的空间结构（Hall & Pain，2006）；麦克·巴蒂（Mike Batty）等提出分形城市（Batty，1985，1992）和城市网络复杂性（Batty，2005）的概念，且开发了空间模拟技术，包括细胞机（Cellular Automata）和智能体（Agent）等（Batty，2005，2013）。这也推动了对空间结构多尺度互动现象的研究（Portugali，2000）。2013 年，麦克·巴蒂于 2013 年的《城市新科学》（The New Science of Cities）一书中明确了研究范式从传统意义上的区位（location）转向了网络（Network），认为区位源于交流（Interaction），即社会经济等活动中的交流关系决定了那些活动的空间区位。城市空间形态又如何在研究范式的变化中寻求新的发展方向？因此，本书将会以网络连接为研究思路，分析城市空间网络及其不同层级的子网络。

1.3.3 方法问题

20 世纪末面对能源危机和城市蔓延问题的挑战，更多的学者深入研究空间形态本身与社会经济活动的空间分布之间的内在联系。纽曼（Newman）和肯沃西（Kenworthy）基于全球 32 个城市的分析，认为高密度的空间形态有助于减少机动车出行，有利于节约小汽车消耗的能源（Newman & Kenworthy，1989）。迈克·詹克斯（Mike Jenks）和洛德·布格（Rod Burge）提出了紧凑城市的概念，强调多中心、高密度、高强度等有利于减少出行活动，增强活动交流强度，推动城市的可持续发展（Jenks & Burge，2000）。这些理念与新城市主义（Duany，1991；Duany & Plater-Zyberk，2000）、以公交为导向的开发（TOD）（Gratz，1994；Katz，2001；Calthorpe，2001）或者精明增长（Duany & Plater-Zyberk，2005；Duany & Emily，2005）、都市村落（Neal，2003；UTF，1999）、基于形态的规划导则（Healey，2007；Parolek et al，2008）等大概一致，其本质是重新审视物质空间形态对于社会经济活动的影响和引导。不过，这些研究对空间形态的描述大多都偏定性化，或只是把一个城市整体的密度或高度综合起来，与其他环境因子做统计上的相关性分析，而忽视了城市内部空间形态本身的组合。

从建筑直到城市空间的尺度上，空间句法是较为成熟的理论和技术（Alexander，2002；Batty，2005，2013）。这是由比尔·希列尔等学者于20世纪70年代在剑桥大学创立的，其核心观点是空间是物质形态和社会经济活动的结合点，物质形态通过对空间的塑造去支撑或限制社会经济活动，而同时社会经济活动又通过其在空间中的组织实现对物质形态的建造和使用（Hillier，Leaman，Stansall，Bedford，1976）。具体而言，人们通过构建空间模式实现各自的社会、经济和文化等目标；这种空间性的建构活动本身就是社会经济等活动的一部分，人们通过穿行于空间之中，才能感知和使用这种空间结构（Hillier & Hanson，1984；Hillier，1996）。因此，空间句法以系统论、整体论及发展论的角度，试图通过剖析不同尺度下不同空间之间的复杂联系，以及其与人们活动模式的相互关系，直观定量地揭示空间现象下那些无法言表的社会逻辑和空间规则，提出了自组织的空间结构及其演变模型（Hillier，1996，2002）。这种分析方法考虑到中微观上空间之间的连接，又关注宏观层面上空间模式的表现。

基于实证性研究，希列尔教授与同事们提出了自然运动（Hillier，Penn，Hanson，Grajewski，Xu，1993）、城市运动经济模型（Hillier，1996）、过程性的中心化（Hillier，1999）、组构不平衡性（Hillier，1999）等理论模型，定量地描述空间组织构成、交通、城市中心等之间的关系。自然运动特指完全由城市空间网络所决定的那部分出行模式与流量，即人们在城市空间网络之中自然而然的运动模式。城市运动经济模型指城市空间网络的组构关系影响人们的出行，从而导致了与之相关的城市用地功能的变化，使其反过来影响城市空间网络的演变与建设，最后形成空间网络形态、人的出行以及用地功能之间的平衡，达到经济合理的目标。过程性的中心化指其认为城市中心源于长期的历史演变过程，伴随那些中心的选址与形成。该过程使得街道网络的组构影响交通模式，进而影响了用地的分布，形成了热闹的与安静的地区，构成了用地的选择过程，而根据整个城市空间结构的关系，这些地区形成吸引点。该过程一方面是适应城市整体空间结构的良好组构，另一方面是适应局部网络的情况，开启中心的演变。演变的过程常常伴随较小街坊块的形成，使得局部街道网更为密集，可达性更高，出行更为有效。组构不平衡性指一组空间的各自整合程度不一样，通过出行经济的机制，形成了中心和次中心（杨滔，2016c）。

基于世界50多个城市空间的研究，希列尔和杨滔等提出无所不在的中心性（Yang & Hillier，2007；Hillier，2009）和模糊边界（Yang & Hillier，2005；Yang & Hillier，2007）等概念。前者为在成熟的城市中心区内，城市空间网络中所涌现出不同尺度和不同大小的中心，彼此相互联系，使得每个人都达到这些中心的距离都不远，且在步行范围之内。后者为城市的空间分区边界并不是完全固定的，反而体现为不同尺度对分区边界的影响，即根据特定尺度而定义的分区内部的空间结构与其外部空间结构彼此相互影响，共同明确了分区边界；随尺度的变化，那些分区边界将会发生变化。

不管是无所不在的中心性还是模糊边界的概念，都体现为可持续发展的城市空间结构，即各级城市中心交织形成主干网络，同时主干网络又交织在以住宅为主的背景网络中，形态、功能、社会与文化等因素较好地吻合在一起；空间形态与那些社会经济因素的互动也发生在不同尺度上，如局部的空间结构影响局部的人车流，城市尺度的空间结构影响长途出行（Hillier，2009；Hillier，Yang，Turner，2012；Yang & Hillier，2012）。然而，在这些研究之中，对于尺度之间的互动关系仍是并未完全解决的难点，跨越尺度的那些空间迁徙机制仍然还属于黑箱（Hillier，Turner，Yang & Park，2010）。那么，对于多尺度的互动方法将是本书重点探讨的问题之一。

虽然空间句法理论和方法于20世纪80年代由赵冰翻译介绍进入我国（希列尔著，赵冰译，1985；张愚，王建国，2004），然而直到2005年之后才逐步获得较多的关注（杨滔，2005；张佶，2005；伍端，2005；希列尔著，杨滔，张佶，王晓京译，2008）。一部分学者研究了我国传统村落的空间形态，发现其拓扑关系和村落生活有关联（王静文，毛其智，杨东峰，2008；王浩锋，叶珉，2008）。对于我国较大城市（如北京、天津、深圳、武汉、重庆等）历时性的变迁，空间、交通和用地之间的联系，以及旧城更新改造实践等，一些学者也进行了更为深入的研究（朱东风，2005；段进，希列尔，2007，2015；戴晓玲，2007；王静文，毛其智，党安荣，2008；陈仲光等，2009；邵润青，2010；吕斌，陈圆圆，2013；肖扬等，2014；李秋芳等，2015；张琪等，2015；翟宇佳，2016；王海军等，2016；杨滔，2017；盛强，刘星，2017；程昊淼，王伯伟，2017）。不过，这些研究更多关注空间句法与其他研究领域的交叉研究、空间句法的应用、或其模型效果的改良。例如，空间句法模型对于城市步行交通的影响等。这些研究较少深入探讨空间句法关于空间形态的本体论的部分及其核心算法。

此外，空间句法区别于其他城市形态学派，重点是从空间网络的角度研究物质空间形态与社会经济之间的互动，提出了组构（Configuration）的概念，即空间与其他所有空间之间的复杂联系；并认为这种复杂的组构影响了社会经济活动在空间之中的分布状况。然而，空间句法中对于空间与功能之间深度关联研究还存在一定的缺失，这在一定程度上受制于数据的精度以及数据覆盖的范围大小。借助大数据的技术，可提出新的研究方法问题，即如何关联城市空间网络与功能结构？

因此，从方法论的角度，本书将针对理论、范式、方法上的特定问题，以空间句法的方法和技术为主，辅助以地理信息系统、统计学、图论分析、几何分析等相关的方法和技术，选取世界和我国适当的案例，从多尺度以及形态与功能互动的角度对案例进行分析；同时，还采用概念性案例和模型，对几何形态和图论规律进行思辨，期望从中找到尺度变化对空间形态的构成及其与功能之间的互动的影响机制。从第3～6章，本书将对每个章节的具体案例研究进行更为详细的方法论探讨，这是由于方法论上的创新也是本书的重点。

1.4　研究框架

1.4.1　总体思路

本书研究的总体思路遵循五大部分，即研究问题、文献综述、研究范式、议题内容、结论展望，它们是彼此相互支撑，共同构成本书的研究框架结构。

第一，从较大的研究问题入手，即首先提出城市空间网络形态中的多重尺度有何作用，期望从尺度变化的角度分析城市空间网络形态本身的构成规律及其对功能的影响。不过，需要明确的是，这只是大的研究问题，在研究过程之中会进一步细化为小问题，进行深入的探索。

第二，围绕该问题，从空间形态、复杂网络、空间句法三个方向，进行了文献综述，其目标是回顾过去研究的重要概念、理念、理论和方法，找到过去研究还未深入探讨的部分，或尚未研究的内容，同时识别出可行的研究方法与技术，以便能够在方法论的层面上可以开展确实分析，在一定程度上对较大的研究问题有所限定，并有所贡献。

第三，研究范式源于文献综述，这是由于对于物质空间形态研究的历史非常悠久，文献资料汗牛充栋，需要从范式变迁角度重新审视过去的研究文献，从而寻找新的研究点。可以发现三个转变：从整体形状构成的研究视角转向多维空间机制的分析视角；从区位中心理论转向网络场所理念；从个体体验与整体结构的分类研究转向个体与整体并置的多尺度变化互动的研究策略。因此，本书的研究更加注重形成城市空间网络的几何机制，这基本上掩盖于空间形状的表象之下；更加注重空间网络的构成关系对于局部场所建构的影响作用；更加注重单一个体与不同层级的空间网络之间的相互作用力，识别上一层空间规律与下一层空间规律之间的复杂联动关系。这对于较大研究问题的细化、案例的选择、方法论的探索等都有非常重要的影响。

第四，议题内容是本书的主体。根据文献综述和研究范式，我们确定了四大议题，即全尺度城市空间网络的构成、多尺度空间聚集与分散效率、跨尺度空间联动的网络厚度以及优尺度空间协同的区位选择。这四个议题是层层推进的关系。第一个议题从统计的角度研究每一条街道如何彼此相互连接，从局部到整体，逐步最终构成整个城市空间网络，以此明确哪些空间因素决定了城市空间网络跨越所有尺度的建构过程；进而思辨城市空间整合程度，即每个空间距离其他空间的远近程度，与空间网络所覆盖的范围之间是否影响了空间网络本身的形成。第二个议题基于城市空间网络构成的统计规律，从形态的视角探索空间网络是否非匀质化，是否影响了空间网络聚集或分散的空间效率，以期进一步揭示空间网络内在的空间机制，并从中发展度量城市空间效率的方法与变量。第三个议题基于对城市空间效率的度量，剖析不同尺度的空间效率结构，判断这些结构之间的复杂关联及其稳定性，并以此定义了空间网络结构的厚度概念，即不同尺度的空间效率结构彼此关联的程度，从而试图揭示不同尺度的空间结构之间的联系。第四个议题以相对稳定的空间效率结构为出发点，重点聚焦于不同尺度的结构与不同功能之间的关系，以期发掘功能对不同尺度的空间区位需求，即由不同尺度的空间组构所确定的空间位置，并识别出功能性聚集的中心。

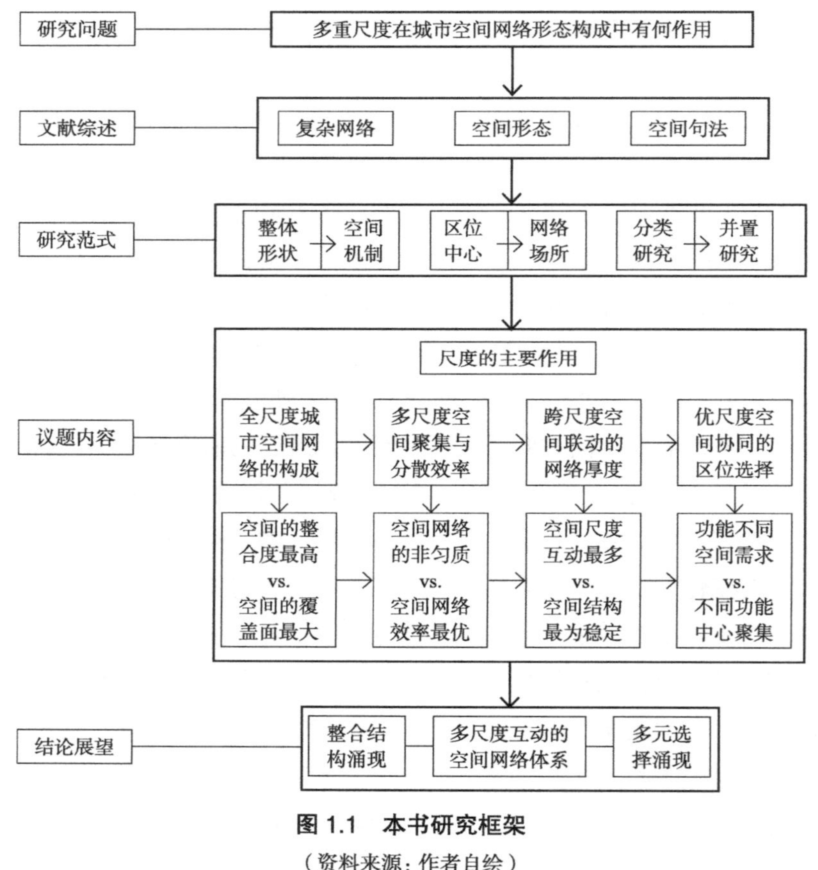

图 1.1　本书研究框架

（资料来源：作者自绘）

换言之，这部分将以四个章节，分别重点研究：

1）城市空间网络构成的统计规律。任意一条城市街道如何从最局部、最小的尺度开始，连接到邻近的街道，然而逐步连接到距离它更远的其他所有街道，最终成为整个城市空间网络的一部分？这可称之为街道的嵌入轨迹。这部分以实证案例开篇，然而根据实证的结论去推导理论假设，关注整体空间网络的整合程度以及嵌入轨迹中心随尺度变化而增加的空间。

2）城市空间网络构成的组构规律。空间句法定义了空间网络的组构是考虑到其他所有空间关联的一组空间关系（Hillier，1996）。对于组构的计算，包括两个主要变量，即空间整合度和空间穿行度之间的悖论解决如何影响城市空间网络在不同尺度上的聚集与分散机制？这部分以概念性案例推演为主，辅以实证案例进行检验；重点关注城市空间网络为什么不是均匀的，是否与空间网络形态的自我优化有关系。

3）城市空间网络的稳定规律。城市空间网络形态在不同尺度上空间效率是否相互协同与支持，构成了稳定的空间结构？是否可扩展到城镇群、乃至超大区域的尺度之中？这种在不同尺度上保持相互协同的稳定效应可称之为网络厚度。这部分以实证案例为主，检验空间效率多尺度互动的单一假设主题；重点分析空间尺度之间的变化以及空间结构的稳定程度。

4）城市空间与功能的协同规律。城市空间网络形态在局部和全局上的空间效率是否影响了城市不同类型的功能在区位上的选择？这部分深挖北京案例，分析多种功能类型；重点剖析不同类型的功能在城市空间网络中的多重选择，以及那些功能的中心聚集效应。

第五，根据第四部分的深入分析及其结论，这部分是整合前面各个章节的核心内容，批判性地提出多尺度互动的空间网络体系，回归到空间构成机制的意义之上，展望在城市空间网络的复杂连接和交互之中，整合性的空间结构以及多元化的空间区位选择如何根据不同尺度的空间需求平衡自发涌现出来,以此识别空间网络自身的“本体几何意识”，即根据自身的几何限制实现的空间效率最优化。最后，以此进一步思辨空间规律在不同尺度下的互动关系，将空间效率视为不同空间网络的组构特征在不同尺度上不断迭代的产物之一。这个过程可视为不同尺度的空间效率概念本身还具有在不同尺度上均好的平衡。换言之，空间效率本身也取决于空间网络本身在不同尺度上的构成模式。

1.4.2　章节简介

根据研究框架，我们简略地介绍之后各个章节的大体内容和核心观点。

第 2 章是网络范式，以此细化研究子问题，包括：城市每一条街道是如何随尺度的变化而与整个城市的空间网络互动并彼此连接？这样自下而上构成的城市空间网络形态为什么不是匀质的？为什么空间网络之中会出现断头路？其中有何复杂网络的多尺度规律或构成模式？那些多尺度的空间构成模式又是如何彼此协调，共同形成稳定的空间结构？这些空间结构是否又影响了城市内部不同功能的分布？首先，本章对与空间形态相关的理论和方法进行回顾，重点识别研究范式的变迁，明确网络流动、个体体验与整体结构并重等新的研究范式，并发现可持续发展的理念下物质空间形态的研究和实践再次螺旋式的回归。其次，本章对复杂理论、复杂网络模型以及大数据的发展进行了简要的回顾，识别出自下而上的涌现概念，探索这些新的思维方式对空间形态研究思路和方法的影响。最后，本章对空间句法的理论发展进行思辨性的讨论，并涉及空间句法理论在国内的发展，以此说明本书运用空间句法进行研究的必要性以及对空间句法理论和方法发展的潜在贡献，即对于多尺度互动的深入探索。

第 3 章是城市空间网络的嵌入轨迹。从空间句法的网络角度，基于北京、伦敦、阿姆斯特丹、芝加哥四个案例四个城市案例，定量地分析城市空间形态的构成过程，即每条街道按距离其他街道的远近，从最小的局部尺度到最大的全局尺度，依次嵌入整个城市空间网络的全过程，称之为街道嵌入轨迹。根据分析，这种嵌入轨迹可由双参数的韦伯函数来描述，其中一个参数为全局拓扑总深度均值或全局米制总距离均值，另一个参数为嵌入速率的均值或空间的平均维度。换言之，城市空间网络形态在全尺度的构成之中，存在两个空间目标：(1)每个空间距离其他空间更近，即靠近更多的空间；(2)每个空间连接到其他空间的数量尽可能多，即占据更多的空间。这两个目标相互矛盾，相互制约，共同推动了空间网络的建构。本质上，两个参数分别控制了空间网络的聚集和扩散过程。这不仅能够分析城市空间形态本身的构成特征与机制，而且在空间句法领域中拓展了新的方法。

第 4 章是空间网络形态的效率。针对空间句法的两个基本变量的悖论，即整合度和穿行度之间的悖论，前者度量每个空间到其他所有空间的总深度，后者计算最短路径穿越每个空间的次数。从空间聚集和分散的角度，根据概念性模型分析，一方面，穿行度被定义为空间潜力的收益，即如果人们停留在该空间内，不用移动，就可以接收到其他空间人们的到访，这体现为一种由空间构成本身所带来的信息或交往收益，也就是提供了更多不用外出就能获得的交流机会。某个空间的穿行度越高，该空间所能获得被访问的概率越高，这表明该空间的收益越大。另一方面，总深度被视为空间潜力的成本，即从某个空间到达其他所有空间所消耗的总距离，或者为了获得在其他空间的交流机会，而需要跨越其他空间所付出的空间距离、时间或费用等。由此，本章提出了空间效率的新概念，即穿行度与总深度之间的比值。该数值不是简单地计算某条街道的局部属性，而是计算某条街道及其周边的系统性属性，因此空间效率属于系统性的效率，考虑到系统本身的协同性与均好性等方面。同时，概念性模型的分析表明：城市空间网络形态寻求最大的空间整合度，并保持穿越频率较高的空间更为匀质遍布在空间形态之中。因此，城市空间形态会在长条形空间格网和方形空间格网之间摇摆，最终使得长条形空间格网“折叠”在方形空间范围之内，形成“断裂方格网”，实现空间效率的最佳配置的一种模式。此外，城市空间网络形态存在不同尺度分区的几何需求，受制于人们对二维空间的占据和对一维空间的认知。在较大尺度下，“中心—

边缘”模式，即中心小街坊而边缘大街坊的模式，将有效地增加城市空间的全局整合性，而在中小尺度上，“边缘—中心”模式，即边缘小街坊而中心大街坊的模式，也有可能增加城市空间的局部整合性。于是，在上述空间几何规律的限制之下，城市空间形态将呈现出非均匀的网络，以便最大限度地优化空间效率。

第 5 章是空间网络形态的厚度。本章选取了曼哈顿、芝加哥、雅典、北京、伊斯坦布尔、伦敦、东京、上海、巴西利亚、威尼斯 10 个城市，京津冀和长三角区域以及三个超大区域，即中国大部分地区、欧洲大部分地区、美国大部分地区等案例，证实了空间效率的分析方法适用于社区、片区、城市尺度，也可延伸到城镇群和超大区域尺度。这解决了空间句法的变量在跨越尺度比较分析的难点。基于此，本章提出了空间网络形态的厚度的概念，即跨越不同尺度的高效空间彼此相互协同，并在空间位置上彼此相互连接，构成了跨尺度的“立体”网络，这促进了稳定的空间结构。不同的空间网络形态的厚度影响了不同的城市、城镇群或超大区域的前景空间网络结构，即基于空间组构的中心体系结构，这些都源于多尺度之间的相互影响和关联。

第 6 章是城市空间网络形态对功能区位选择的影响。本章以北京为例，选择了兴趣点（POI）近似表达城市功能，发现不同尺度空间效率对不同类型的城市功能具有不同影响力，可视为不同尺度的空间区位。一方面，全局空间效率对一般商业分布模式影响大，而局部空间效率对较小型的设施分布模式影响大；且北京的空间效率对行政机构的分布模式有一定的影响，体现了北京作为行政中心的特色。一方面，越小型的营利型设施，越靠近（全局或局部）空间效率较高的场所；而大部分公共类型的设施稍微远离空间效率较高的地段。基于此，可认为不同的功能需要根据其规模大小、消费或服务人群、文化或品牌、运作方式等方面，去适应不同尺度的空间构成及其形成的空间区位。于是，不同类型的功能形成了不同的聚集或离散模式。在这种意义上，可认为城市功能与城市空间网络形态之间的相互作用需要从空间尺度的维度来审视。不同类型的功能需要不同尺度的空间区位来推动；同一功能有可能依赖不同尺度的空间区位协同支持。这体现了城市空间网络形态、城市功能以及空间尺度之间的复杂效应。

第 7 章是结语，即总结了前面各章的研究结论，辨析了它们之间的逻辑关系，从全尺度的聚集与分散、不均匀的空间网络原型、跨越尺度的立体联动、空间结构类型的涌现、城市功能的空间适应等五个方面进行了深入的阐述，以此建构多尺度互动的空间网络体系的概念框架。从聚集、分散以及尺度三个机制维度，以及城市分区、城市结构、空间网络厚度三个表象维度，从形态、尺度、功能三个领域维度，从理论演绎角度阐述真实城镇如何从空地或原始部落群演变而来，形成了城市主要骨架和城市分区，并对应与相应类型的城市功能。之后，本章对于创新点、问题与不足及未来研究的展望进行了叙述。

第 2 章　网络范式

2.1　研究重点和方向

围绕上一章提出的研究问题、研究范式和研究框架，本章回顾与此有关空间形态理论、复杂网络理论、大数据发展以及空间句法理论和方法，以此确定本书研究的重点和方向。本章并不是遍及所有关于这些议题方面的文献，而是重点关注过去研究之中与多尺度的空间网络形态有关的主要发展脉络和主要观点。基于此，本章将细化研究子问题，包括：城市每一条街道是如何随尺度的变化而与整个城市的空间网络互动并彼此连接？这样自下而上构成的城市空间网络形态为什么不是匀质的？为什么空间网络之中会出现断头路？其中有何复杂网络的多尺度规律或构成模式？那些多尺度的空间构成模式又是如何彼此协调，共同形成稳定的空间结构？这些空间结构是否又影响了城市内部不同功能的分布？这些子问题彼此联系，共同支撑更大的研究问题，即多重尺度在城市空间网络形态构成中有何作用？这些将构成后续章节的各个主要研究问题。

此外，对于空间句法理论和方法的回顾，不仅是对上述这些子问题的支撑，而且以此发掘空间句法中尚未解决的某些问题，从而试图在空间句法对空间网络形态的方面研究之中可以再向前迈出一小步。这是由于对物质空间形态本身的研究是空间句法最基础的出发点，同时也仍然存在一些还可继续探索的领域，包括街道网络的构成机制以及物质空间形态与功能布局之间的关系等。

首先，本章对与空间形态相关的理论和方法进行回顾，重点识别研究范式的变迁，明确一种变化，即从网络、连接、流动等角度去分析和理解物质空间形态。这区别于传统的艺术形式理论、区位理论、用地演变理论等，而与城市可持续发展的研究有密切关系，试图从物质空间形态的角度去诠释节能、活力、人本化等概念。其次，本章对复杂理论以及复杂网络理论进行了简要的回顾，重点阐述这些新的思维方式对空间形态研究思路和方法的影响；同时结合大数据的发展，辨析出这两种技术趋势对于本书研究方向的启发作用，并对本书所采用的研究方法起推动作用。最后，本章对空间句法的理论发展进行思辨性的讨论，同时涉及空间句法理论在国内的发展，以此来说明本书运用空间句法来进行研究的必要性和适用性。除此之外，第三部分还对本书运用的空间句法技术进行必要的补充说明，点明本书需要创新的方面。

2.2　关于城市空间形态的相关问题

城市空间形态研究的核心问题之一就是：哪种形态是好的城市空间形态。对此的研究大体而言，这包括三方面的内容：1）社会经济活动是如何在空间中分布的？有何特征？这本质上属于空间属性的问题；2）城市空间本体是如何构成的？有何规律和特征？这属于空间本体的问题；3）上述两个大方面的问题之间又是如何联系或相互影响的？

2.2.1　区位理论到空间流

古典经济地理学中的区位理论主要基于经济模型机制，研究各种经济要素在空间中的分布与彼此之间的联系。1826 年德国学者杜能（J. H. von Thunen）以距离、运输费用以及地租产值等为前提，考虑到农业生产方式在空间中的分布，提出的农业区位论，即以市场为中心土地分圈层分布，包括基本农业区、林业区、轮作农业区、谷草农业区、三区轮作农业区以及畜牧业区。1909 年德国经济学家阿尔弗雷德·韦伯（Alfred Weber）提出了工业区位论，即运输费用和劳动力费用导致了工业选址聚集和分散。1933 年克里斯塔勒（Christaller）基于城市为何大小不一的现象，提出了以市场原则、交通原则、行政原则为主的中心地理论，强调了服务的类型与等级。1940 年奥古斯特·廖什（August Losch）进一步提出基于市场的区位经济论，强调了消费端。在很大程度上，上述这些空间模型是根据土地市场价值来判断不同类型的用地是如何分布的（Batty，2009）。

不过，上述这些模型基本上属于静态模型。之后，经济地理学中引入了微观层面消费行为、竞争行为以及耗散、突变、混沌等要素，形成了更为动态而微观的模型系统。同时，这些理念和模型也被引入城市规划的领域中。不过，在此空间仍然是经济要素在空间中的分布，而非空间本身的属性。在社会学的层面上，芝加哥学派率先建立了城市社会空间模型，其因素包括人口构成、社会属性、文化需求及功能类型；他们将个人在空间中的分布类比为植物在自然群落中的分布，个人会分布在适合他生存的空间位置，最终形成社区和社会。在芝加哥学派中，最著名的是欧内斯特·伯吉斯（Burgess，1925）的同心圆模型，对工业社会的各个社会功能的空间分布进行了描述。此后，1939 年经济学家霍默·霍伊特（Homer Hoyt）提出了楔形模型（Hoyt，1939）；1945 年地理学家哈里斯与乌尔曼（Harris and Ullman，1945）的多中心模型。之后，交易理论在区域和城市中的运用（Fujita，Krugman，and Venables，1999）以及增长理论在城市经济学中的运用（Glaeser，2008），这些都促进了多中心理论的进一步发展，变得更为动态。

与之同时，从社会学和历史学角度对空间的异质性和复杂性有了更多的关注。1989 年社会学家和地理学家爱德华·W·索娅（Edward W Soja）以洛杉矶为例提出的后工业化模型，再次强调了空间性（Spatiality）在社会学和历史学中的重要地位；之后提出了第三空间的理论，即主体与客体、抽象与具象、真实与想象、重复与独特、结构与个人、身与心、日常生活与大历史等相互联系，他认为这是理解人们生活空间属性的适当方式，平衡了空间、历史、社会这三方面的维度（Soja，1996）。2001 年社会学家曼纽尔·卡斯泰尔（Manuel Castells）的网络社会模型等明确地区别了两种空间，即空间流动（Flows）和空间场所（Places），并认为全球化推动了空间流动，包括信息流、资金流、物流以及人的流动等，这是形成城市群的空间机制；而空间场所更多是特定局部地方的特征（Castells，2001）。这些研究更多地关注社会与经济因素的空间分布。

麦克·巴蒂（Mike Batty）认为上述这些基于区位理论的城市形态研究都面临新的挑战，即网络（Network）、流动（Flow）、交流（Interexchange）等概念使得区位（Location）只是流（Flow）的结果，流密集的地方就是好区位的地段。由此，他认为区位理论应让位给网络理论。在此基础之上，他提出，聚集也可视为连接的聚集，形成中心；分散可视为连接在地理空间中的分散。全球化也可视为更大尺度的连接（Batty，2013）。网络与交流的范式是唯一的工具，可以解释从中世纪城市演变到工业城市和后现代城市的历程。城市这个概念只是大面积郊区中的一个聚集连接的点。网络密度和尺度的增加，也意味着城镇化增强和财富增加。或者称之为复杂性的增加。

此外，麦克·巴蒂对物质空间的本体也做了深入的辨析。物质空间研究者假设物质的本质是最为重要的，不过显然他们并没有绝对化，而是认为物质形态是再现城市的一种方式，包括地理、几何以及相关的属性。这里并不排斥城市的发展动力，如聚集、分散、全球化等，均源于人们的行动、社会结构以及经济规律。他认为，对于物质空间的研究，需要关注几何、形态和形象；面积和距离是定义密度和可达性的基本要素，其几何表达包括点、线、面、体以及它们之间的组合。通过对历史的回顾，他还提出一种观点，即 19 世纪和 20 世纪初的规划并未考虑可达性和邻近性，虽然这是聚集的本质；当前从网络和流动的角度，研究密度、隔离以及可达性，这在本质上是对地理空间的一种回归。不过，区位、中心、社会、经济、时间等内涵并未消失，而是以网络和流动的思考方式来看待，并且关联到了物质空间形态本身（Batty，2000，2013）。

2.2.2　个体体验与整体结构

对于空间形态，在建筑学和城市设计中也有大量的研究。同时，城市规划与地理学之间的融合也导致了空间形态学在建筑、城市、地理、社会等视角之下的综合性研究，很难明确分辨出各种影响的权重。不过，在这些研究之中，可大致区分对于个体体验和整体结构的偏重，这一直是空间形态研究的两个重要方向。

早在 19 世纪末，奥地利建筑师卡米洛·西特（Camillo Sitte）的《根据艺术原则建设城市》研究了中世纪城镇的形式、广场、街道以及纪念物等，本质上还是从个体对城市空间的美学感知来总结中世纪城镇的空间形态（Sitte，1889）。之后，戈登·卡伦（Gordon Cullen）对如画空间进行总结，剖析城镇空间的透视关系，特别是彼此相连空间之间的视线联系和角度变化（Cullen，1961）。他是通过一系列连续的人视点透视图表达空间的序列以及人们感知的变化（图 2.1）。

图 2.1　戈登·卡伦的如画空间

（资料来源：Cullen，1961）

在众多的研究之中，上述这种局部的空间透视与特色、感受、功能、意义等密切相关，总结为某种精神或氛围，称之为场所。这既体现在物质形态之中，又体现了人们的行为和感知之中。场所精神（Sense of Place / Genius Loci）的拉丁语意思指场地之神的保护（Jackson，1994）。在 18 世纪，这种精神特指郊区和花园景观的美学强调如画的氛围和田园的环境风光（Mowl，2000）。之后，建筑师和规划师用这个词描述某个场地的氛围（Atmosphere）和特色（Character）、或环境的品质，即特定地点的吸引力，让人们感觉到某种福祉，使得他们不时地回去体验（Jackson，1994）。这与城镇景观的诗意相关，体现了关联的艺术，即建筑物、树木、自然、水、交通、广告等融合一体，形成了城市的戏剧；其中，强调视觉和外在表现，如街道场景和立面特征（Cullen，1961）。对于建筑界，影响较大的是诺伯特·舒尔茨所定义的场所精神（Norberg-Schulz，

1980，1985），特指自然和人工环境中，人们所感知的一切物质特征和象征意义，包括地形、自然光、建筑物天际线、文化环境中的象征和存在意义。他总结了三种基本的场所特色：浪漫、宇宙自然、经典；其中包括视觉表达、生活体会、以及经验感受等。在方法论上，舒尔茨采用“意向、空间、特色、场所”四个层次描述人们对物质世界的体验，从而勾画出场所精神。

某些研究更注重场所精神的个体性，更为关注个体的主观感知和彼此之间的差异，强调其多元性。这些个人感知的研究既强调可表现性（Expressive），又突出可理解性（Intelligibility），即通过感觉、记忆、思考、想象而整体感知到的品质。同时，这些研究也关注工作、居住、营造场所的那些人们的感觉、想象、以及思考在空间中的折射（Tuan，1977）。这些研究更加强调现象学研究中的个体表征，认为这些各具特色或暂时性的主观真实才是场所精神的本质。

然而，另外部分研究更为突出场所精神的集体性和客观性，这导致了对空间结构的更多关注，即试图回答城市各个组成部分如何彼此关联，如何构成完整的形态模式。例如，林奇虽然采用了个人认知地图的方式研究了场所及其意向（图 2.2），然而他的重点是普遍性的特征和结构模式，总结出节点、路径、边界、区域、地标五要素（Lynch，1963）。而康泽恩（Conzen）的理论中则更为强调形态的历史变迁，即城镇平面、建筑模式、用地方式等历时性的变化或更替，对应于整个文化图景，反映了社会的客观精神；他提出了边缘带的概念，关注地块本身与建筑物之间的关系，认为租地权周期由用建筑物对租地权背后的土地所进行的渐进式占有、建筑物停止发展，以及重新发展周期

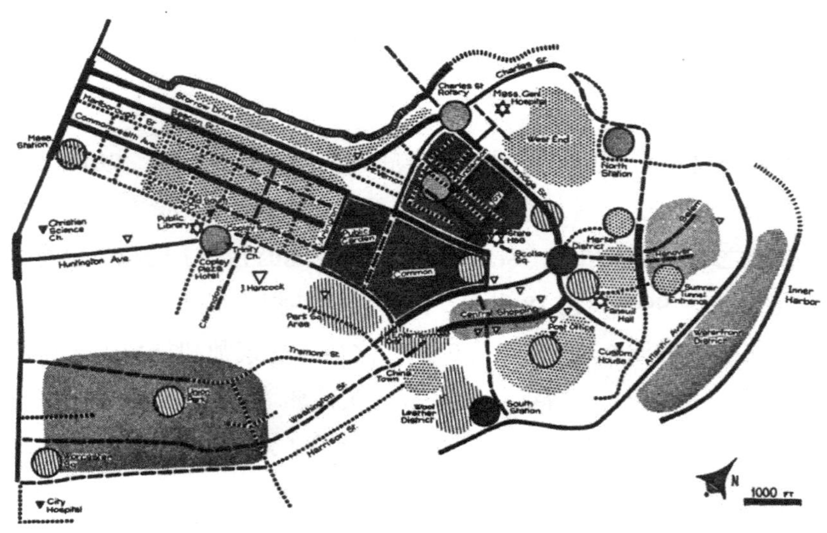

图 2.2 波士顿的认知地图

（资料来源：Lynch，1963）

之前的闲置期组成。这是他所定义的场所精神（Conzen，1966；1975）。显然，康泽恩学派对整体结构的强调源于康泽恩本人在柏林接受的地理学教育，他的思想来自德国城镇平面图的历史传统，并从城市大地景观的角度看待空间形态。阿尔多·罗西（Aldo Rossi）认为场所精神中所体现的集体记忆，以相对恒定的类型方式，物化在建筑和城市形态之中；在此他更加强调原型，除了对于重大纪念物的原型研究之外，他更多地突出城镇空间作为一个整体的原型结构，将空间结构本身对应到人们在不同历史阶段的生活方式，并发掘出其中不变的因素（Rossi，1984）。罗西的这些研究与意大利穆拉托利—卡尼吉亚（Muratori-Caniggia）学派一脉相承，他们认为类型是历史发展的结果，主导类型在经济衰退的时期将会发生变化；同一时代的建筑物具备相似的类型，作为城市整体性的特色或独特记忆。这些相对客观的研究成果对于设计本身的影响较大。

对于整体性空间结构较为明确强调是克里斯托弗·亚历山大（Christopher Alexander）。他认为“城市不是一棵树”，提出了城市的空间结构应该为半状（semi-lattice），抨击了现代主义的城市把城市空间结构看成树的模式，空间之间缺少重叠和冗余的关联，使得城市功能彼此决然分离而缺少多元性（Alexander，1965）（图 2.3）。之后，他在《建筑模式语言》中提出了区域、城市、社区、建筑等各个尺度层面上的模式，认为彼此之间的有机组合可以形成好的建成环境（Alexander，1977）。不过，《建筑模式语言》一书的逻辑框架又显然是树的结构，呈现出一个个分叉的相对独立部分。因此，亚历山大在书中反复强调各个尺度以及各个章节之间的关联性，并使用了很多注视将那些内容联系。不过，对于空间结构的整体性，书中并未给出明确的答案。

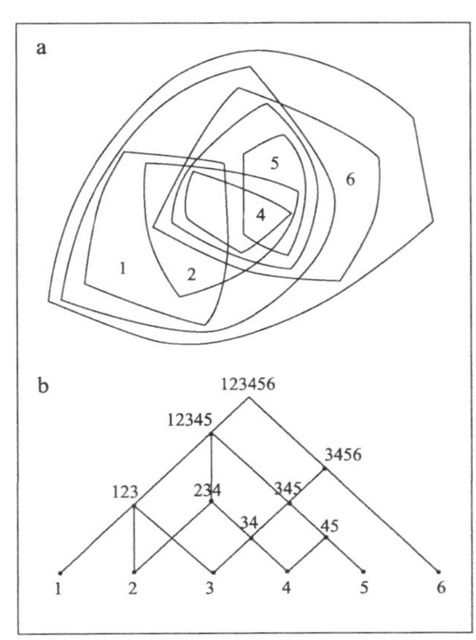

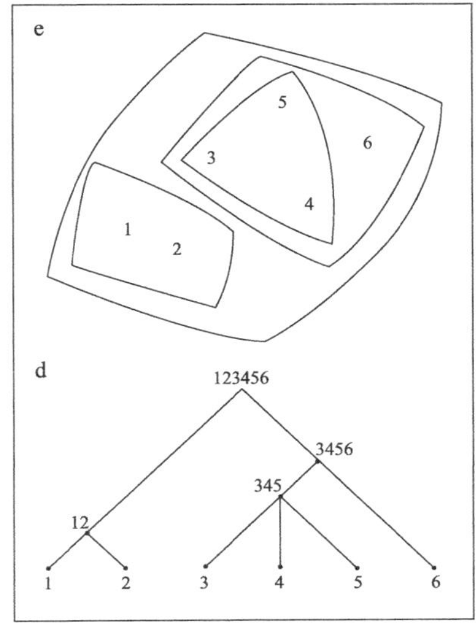

图 2.3　半网络状和树状之间的差别

（资料来源：Alexander，1965）

根据多年的实证研究和一部分实践，亚历山大（2002，2005）又再次强调生命体的整体性概念（Wholeness）。其实，这个概念在他不同时期有不同的表述，如不可名的品质（The Quality without Name）、建造的永恒之路（The Timeless Way of Building）、模式语言建构（Creating Pattern Languages）、生命的维度（Degrees of Life）、支持整体的基本特征（Fundamental Properties Sustaining Wholeness）。对于整体性，他在《自然的秩序》中总结了 15 个特征（Alexander，2002）。

这些特征包括：1）尺度的层次（Levels of Scale），即我们根据物体或空间与周边的关系感知其大小，而生命力丰富的物体则包含了一系列美好的尺度，它们之间的转换是愉悦而清晰的。2）强有力的中心（Strong Centres），在此中心的定义不是仅仅根据中心内部的结构，而是根据中心与其周边的对比加以定义的，强有力的中心意味着其他中心对它的支持。3）边界（Boundaries），形式的界定取决于其边缘的清晰程度，而好的边界不仅促进中心的形成，而且强化了中心与其周边的交流。4）交替重复（Alternating Repetition），即物体或空间根据其彼此之间的距离和视觉共性重复出现，不过每个物体或空间并不需要完全一样，只需要其大小、形状、或细部等使得个体被认为从属于一个家族。5）正空间（Positive Space），即良好定义的空间，而不是无定形的空间。6）好的形状（Good Shape），即形态的边缘或外表具有特别的构成，强化了其各个部分的中心感。7）局部对称（Local Symmetries），即对称的构图只是出现在建筑物或空间的局部，包括局部的各种尺度上，却不在整体上对称。8）深度关联与模糊（Deep Interlock and Ambiguity），即形式本体与周边有密切的联系，或形成模糊的部分，把本体与周边桥接起来。9）对比（Contrast），这包括粗糙与光滑、坚实与虚空、吵闹与安静等，强烈的不同使得事物凸现出来。10）渐变（Gradients），即柔和的变化从一个空间过渡到另外一个空间，这包括从中心到边缘的变化，或者与之相反。11）粗糙（Roughness），这是奇怪的形式和不规则的变化，然而这更为准确地体现了自然。12）共鸣（Echoes），即各种较小尺度的物体和中心彼此类似，相互交映，形成了密切关联的整体。13）虚空（The Voids），这是由密集的中心所围绕的空间，具有深度的宁静感。14）简洁与内部宁静（Simplicity and Inner Calm），这将走向简洁化，摒弃一切无意义的附件与装饰。15）彼此不分离（Not-Separateness），这是深层次的联系，没有突变。然而，亚历山大并未描述一个可见的形态结构，而试图勾画形成空间形态结构的机制，特别是中心与边缘之间的各种复杂关系。

与亚历山大类似，凯文·林奇同样强调空间结构的连续性与构成机制。他除了对五要素的概念（即道路、边界、区域、节点和地标）中空间彼此之间联系的剖析之外（Lynch，1963），又在基于对宇宙概念、功能主义、生态演变等概念的讨论之中发展出了好的城市形态的标准。最为核心的是连续性、开放性以及连接性，而这些又与五个标志有关，即活力、感知、合适、可达、可控。在此基础上，他认为最基本的标准即为：效率与公平（Lynch，1984）。因此，在这种意义上，对于整体空间形式的讨论转换为对于形态机制的思辨。

对此研究影响较大的是简·雅各布斯（Jane Jacob）。虽然她是一名记者，关注领域更多集中在社会和经济方面，然而对于空间形态方面，除了对街道空间、房屋立面等局部场所空间的个人体验有较多涉及，还对整体空间结构的思考模式提出了新的见解，即简单化、非组织的复杂性、有组织的复杂性（Jacob，1961）。当然，她借鉴了沃伦·韦弗（Warren Weaver）关于有组织的复杂性的研究（Weaver，1948），即更为复杂多元的要素如何自下而上地形成有组织的系统，而不仅仅从一两个变量去简单地观察系统，或从统计学的角度分析没有组织且无序的系统，如气温的度量等。因此，自上而上地研究空间形态的突现机制成为了一个重要方向（Batty，2013）。

在这些学者类似的研究之中，比尔·希列尔发展的空间句法学派对于整体性空间结构更为关注自上而下的突现现象，同时又注重自上而下的空间结构对于个人行为的约束作用（Hillier，2009）。他试图从人们微观体验城市的经历之中推导成整体空间形态的自组织过程。这部分内容将在后文详述。

总之，这一类型的研究虽然考虑社会、经济、个人认知、集体意识、美学等方面的综合因素，然而其内在的本源性目的是解决空间形态如何建构起来，试图回答空间本体的问题，而不是其他非空间因素在空间中的分布或折射。

2.2.3 可持续的物质空间形态理念

诚然，在西方城市规划界，特别是英美规划界，从 20 世纪 60 年代末城市物质形态规划已经基本上属于非主流了。城市规划更多地研究城市社会、经济、管理和政策等“软”方面，而物质形态规划基本上属于设计的范畴。同时，西方城市规划界也意识到物质形态不能“决定”社会经济发展，例如“良好设计的市容”不一定就会带来良好的城市经济发展或者城市安全等。因此，城市规划更多地涉及社会学、经济学和政治学等。

然而，20 世纪末，环保、节能、可持续发展等逐步成为了城市科学的热点，那么物质空间形态对于人们行为方式的影响被认为非常显著，这导致物质空间形态正逐步成为西方城市规划再次关注的方面。特别是低碳概念的提出，能源和城市形态的关系又成为了英美学术界关注的热点，什么样的城市形态更节能成为研究焦点。当前的城市形态研究已经不是 20 世纪 50 年代之前的物质形态美学研究，而是关注物质形态和社会经济等“软”学科、政策决策及能源科学等之间的互动，寻求宜居、高效、节能、安全的城市物质空间结构，这是由于 20 世纪末世界发达国家受到能源危机和城市蔓延问题的影响（杨滔，2008a，2008b）。

其中，更多的学者开始深入研究空间形态本身与社会经济活动的空间分布之间的内在联系。纽曼和肯沃西基于全球 32 个城市的分析，认为机动车出行的减少与高密度的空间形态有较高的相关性，且用地强度越高，汽油的消耗量将越低（Newman，Kenworthy，1989）。基于这样的研究成果，他们呼吁更紧凑、更单一中心的城镇形态，尽管这种观点受到了很多质疑。迈克·詹克斯（Mike Jenks）和洛德·布格（Rod Burge）则分析了发达国家和发展中国家的区域和城市形态，提出了紧凑城市的概念，并认为多中心、高密度、高强度等有利于促进区域和城市的可持续发展（Jenks & Burge，2000）。基于卡斯特网络社会中流动的概念（Castells，1989），彼得·霍尔（Peter Hall）和凯茜·潘（Kathy Pain）等研究了欧洲的交通出行、经济、办公总部之间的信息交流等，提出了多中心的城镇群空间结构是一种良好的形态，有助于社会经济的发展（Hall & Pain，2006）。麦克·巴蒂基于他早年对分形城市的研究（Batty，1985，1994）和网络理论（Watts and Strogatz，1998；Barabasi，2002）以及简·雅各布斯的概念，认为城镇空间形态呈现出有组织的复杂性（Organised Complexity），并对应于社会经济活动的多样性；他提出了多中心的空间结构源于局部社会经济活动之间的交流，这个过程是自下而上地突现；且他采用了数学模型进行了模拟，包括元胞自动机（Cellular Automata）和智能体（Agent）等（Batty，2005，2013）。

上述这些研究都导致了对可持续发展的城市空间形态的思考。其中最常见的原则包括：紧凑、较高密度、多样化、混合、可达等，这些都是在试图回答城市超低密度扩张、单一功能的“死城”、对私人汽车的严重依赖等城市问题。紧凑的城市形态是可持续，这种观点基本上得到了共识。由于城市形态变得紧凑，将减少人们的出行距离，减少产品、能源、物质材料、水等的运输距离，较少环境污染，促进人们的交流，增加城市活力等。它体现为限制城市扩张，提高开发强度与密度。于是，较高密度也是评估城市形态的另一个重要指标，密度包括人口与建筑密度两个方面。早在 19 世纪末，德国人格奥尔格·齐美尔（Georg Simmel）就发现了较高密度是大城市的主要特征，这带来了功利主义和匿名性，使得城市的生产更为高效；20 世纪初，芝加哥学派的代表人路易斯·沃思（Louis Wirth）也提出了相对于乡村，城市是一种新的高密度生活方式，这带来了更多元的生活模式（Saunders，1981）。虽然较高密度在早期工业城市中导致了很多问题，特别是恶劣的住居卫生环境与严重的污染，然而，时至今日，那些问题已经随着科技的发展得到了一定程度的解决，而低密度的“逆城市化”反而导致了更大的环境、经济与社会问题（Jenks，2000）。

在上述关于紧凑与密度的争论中，也蕴含了当今人们对多样化的需求，人们希望在较近的距离内获得更多种类的资源与服务，这样也能保持城市的活力与安全。于是，混合用地也逐步成为了目前学者、规划师与设计师们的普遍共识。混合用地指住宅、商业、办公、娱乐、工业、行政等不同功能活动在城市形态中彼此相距较近，减少人们参与各种活动的出行距离，减少交通污染，增加人们的交流机会等。这在本质上体现了路易斯·沃思（Louis Wirth）等人提出的城市人群之间的相互依赖性，这种依赖源于城市社会中更明确、而又更密切相关的社会分工，也形成了独特的城市空间形态（Saunders，1981）。上述这些原则都暗含了一层意思：减少不必要的人员、物质与能源流动，但增加人们的社会交流密度。因此，在某种程度上，可以说可达性和密度是这些原则的核心问题，也与可持续发展的城市形态最为密切相关。在一定程度上也与麦克·巴蒂对城市形态的基本要素研究有共通之处，即对可达性和密度的关注。

然而，人口或者建设密度并不是决定低能耗城市的唯一因素，城市空间形态的整体性将会决定城市是否节能或者耗能。20 世纪 80 年代，一些欧美规划师和建筑师反思了低密度的城市蔓延，并试图从高密度的欧洲传统城镇中寻找灵感。莱昂·克里尔（Léon Krier）从整个城镇空间布局的角度总结了欧洲传统城镇的形态特征，包括高密度、混合用地、多中心、多样性及公共空间的可达性等，并试图用于当地城镇建造之中（Krier，1977）。他通过与英国查尔斯王子合作，在一定程度上引发了英国城市乡村探讨和建设（Thompson-Fawcett，1998）。

在区域和城市的层面上，城市乡村主义实际上是回归到了霍华德（Howard）田园城市的范式：城镇被绿带围绕，内部分区被绿地所分隔；为了保护农业用地，城镇中心或者次中心由铁路或者轻轨联系起来，成为城镇网络；城市次一级的分区、组团及社区围绕公共交通站点布置，让人们通过步行或者骑自行车到达公交站点；各级城市中心保持混合用地，并尽量开发废旧用地（Brown Field）；建设密度由各级中心向各级边缘逐步减低，保持中心区的高密度（UFT，1999）。城市乡村主义勾画出了社区是如何构建的：公共交通（如公共汽车或者轻轨）横穿社区，公交站设置在社区中心；围绕社区中心和延公交线路设置商业、公共服务设施、学校和社区诊所等，保持多种用地的混合；高密度的住宅穿插在中心混合用地之间，并保持公共广场或者绿地均布其中；不同类型的住宅也混合在社区之中，保持一定比例的中低收入住宅等（UFT，1999）。当然，在实践中，城市乡村主义也备受批判，因为很多社区开发仅仅是以此为口号，并未在建设过程之中真正实现上述各种规划设计原则。此外，不少城市乡村主义都有建筑形式上的复古倾向，这也是争论之一。

与此同时，美国也出现了新城市主义（New Urbanism）和精明增长（Smart Growth），包括各种分支，其本质也是重新审视物质形态规划，并以形态准则（Form-based Code）作为城市规划的基础之一。不少新城市主义的倡导者 [如伊丽莎白·普拉特 - 兹伊贝克（Elizabeth Plater-Zyberk）和安德雷斯·杜安伊（Andrés Duany）] 也承认莱昂·克里尔的影响。不过，他们也明显继承了早期美国克莱伦斯·佩里（Clarence Perry）的邻里单位、英国埃比尼泽·霍华德（Ebenezer Howard）的田园城市，以及帕特里克·盖迪斯（Patrick Geddes）的区域生态规划的一些理念（Katz，1994）。

不管是传统邻里设计（Traditional Neighbourhood Design），还是以公交为导向的开发（Transit Oriented Development）等，都从各个尺度上考虑中高密度的城市形态构成，也强调“交通网络”或者“通道”的作用。例如，东海岸伊丽莎白·普拉特-兹伊贝克和安德雷斯·杜安伊采用横断面（Transect）模型进行区域和城市规划，按形态构成将城市分成7种典型的局部地区，包括高密度及用地混合的城市中心区、低密度的郊区等，然后按照不同的交通模式将这7种局部地区组合成为城市的整体结构（DPZ，1999），这种概念源于帕特里克·盖迪斯的区域生态规划。西海岸的彼得.卡尔索普（Peter Calthorpe）采用铁路网将各个城镇联系起来，成为区域上的城市群，这概念来自埃比尼泽·霍华德的社会城市（Calthorpe，2001）。

在社区层面上，新城市主义也主张将公交站设置在社区中心，同时采用道路网密度更高的空间结构来促进商业和公共服务设施的可达性。传统邻里设计（Traditional Neighbourhood Design）和邻里单位（Neighbourhood Unit）的差异在于：前者将公共汽车站放置在中心，并加密了道路网，设计了一条用地混合的商业街，从右下角边缘通向社区中心，试图增加社会活力和内外联系，防止成为“内向型”的沉寂社区（Neal，2003）。当然，在实践过程中，一些新城市主义的建设密度仍然较低，而且每个城镇的规模偏小，因此往往仍然需要依靠私人汽车出行。美国的这些实践促进形成了当今美国基于形态的规划设计准则（Form-based Codes）和相关政策，试图通过对空间物质形态的规划设计达到对社会经济活动的精细化管理，从而实现城镇的可持续发展（Parolek，Parolek，and Crawford，2008）。

虽然可持续发展理念以及西方城市更新的项目对于物质空间形态研究和实践再次有所推动，然而基本的研究问题和思路仍然没有根本性的改变，即如何通过个人感知去理解整体性的空间结构，整体性的空间形态又是如何通过个人、机构、单位组织等分散的力量去建构，以及人们又是如何在可见、可触、可感的物质空间形态之中工作、生活、娱乐。特别在实际项目之中不可避免地会涉及一个老问题：局部的空间形态或几个机构提出的空间形态如何组合起来，形成一个更大范围内可有效运行的系统？而物质空间形态的研究不可能完全回答社会、经济、认知等方面的问题，然而很有可能去回答物质空间几何构成规律的问题，因为物质空间本体还是受限于那些几何规律。基于可持续发展思潮对城市物质空间形态的影响，本书的后续章节将重点放在城市物质空间网络如何在不同尺度上的建构方面，而非解决其是否在社会经济环境上可持续发展的问题。这种局部和整体之间的空间关系探索将会为下一步可持续发展的研究奠定坚实的物质形态方面的基础。

2.3　复杂理论和大数据的发展

对于物质空间本体的研究，已经逐步从美学形式比例的角度过渡到美学、效能、感知等复杂性的角度，空间本体的可变性和关联性变得重要起来。此外，新的大数据源也给我们提供了更多的途径去研究物质空间形态本体及其与功能变量之间的互动。在这一节，我们回顾一下复杂网络和大数据的发展。

2.3.1　复杂理论与复杂网络

什么是复杂性？什么是空间复杂性？首先，复杂性源于经典科学理论的某些失效，即某些测不准。例如，经典物理学定义了封闭的系统，要么是我们个人的行动对系统的影响完全可以忽略不计，就像我们对于宇宙的影响一样；要么我们完全可以控制其外部条件，如同科学实验室一样。那么，该封闭系统之中，任何事情都可以预测。然而一旦我们面对真实世界，那种可预测性也许将不复存在。在过去 100 年之中，这种不可预测性削弱了经典理论，虽然我们仍然认为那些经典概念是“真实”的，或者也是“可接受”的。不过，我们必须面对真实世界中所有的外部不可控因素，它们影响了经典理论的可预测性。复杂性正是由此而产生，去说明真实世界系统中内生的不可预测性。因此，复杂性理论中的主要概念包括突现、预测中的意外，以及自下而上的行动等（Batty，1992）。

其次，复杂性源于真实世界中多个或多重要素之间明确的互动，而这些互动导致了要素之间关联的不确定性和动态性。例如，当我们处理 S 个要素，它们之间的关联就有 S^2 种可能性，这是呈指数增长的；同时，它们之间的关联又是彼此影响的，彼此传递的，构成了更为复杂的网络关联。此外，随时间变化，这些关联继续呈指数级变化（Steven，2001）。真实世界中各种要素之间的关联比上述这种模型更为精细，更为动态，从而使得整个由那些要素构成的网络系统变得更为复杂，不确定性由此而更为明显，出现了不可预测的方面。因此，复杂性理论还包括连接、互动、网络等主要概念（Batty，2013），试图让我们从分析要素之间的局部和整体关联上去探索复杂系统的内在机制。

在过去 200 多年内，城市空间形态已被视为“系统”。也许在更为久远的古代也是如此，只不过当时没有“系统”这个词来恰当地表达这种概念。19 世纪的工业城市被认为是混乱的、失控的、失序的。因此，有序的和有组织的规划被认为是解决系统紊乱的关键，这是一种自上而下的系统性思维方式。20 个世纪 50 年代，有序的城市物质空间被视为平衡的系统，即其组成的各个部分或要素，以及它们之间的关联，处于一种平衡稳定的状态。该想法同时受到了控制论的影响，即机械或电子系统是可以完全规划和控制的（Batty，1992）。正如控制论创始人数学家维纳（Wiener，1961）所说：控制论就是“动物和机器之中的控制和交流”，这可适用于更为广泛的普通系统，因为其控制与交流的本质是普遍性的。

因此，系统被定义为自上而下地建构的，由元素和互动所构成的网络，并与其周边环境有明确的区分，而内部又分为各种有层级的子系统。不管是冯·杜能（J. H. von Thunen）的区位模型，还是亚历山大的非树形的城市结构，均类似于这种自上而下的层级性系统。然而，系统不是平衡状态，不断地与外界进行交流和互动，即系统的动态演变。这带来了观点上的变化，即系统可以自下而上地建构，其中具有自身的动态性和不可预测性。20 世纪七八十年代，这种动态性的概念体现为坍塌、分叉、混沌等显著的变化，即演变路径上的不连续性，而这又是不可完全预测的。这种动态演变从达尔文时期就是生物学中的核心内容，然而直到 20 世纪 30 年代这种概念才逐步开始得到真正的认可。达尔文提出的演变是基于自下而上的随机变化与互动，迭代、细微尺度的突变、精细的演化等都促进器官的生长，符合其功能，而不是由一个大系统所自上而下设计的（Bak，1994，1996；Stanowski，2011）。之后，这种演变的逻辑范式用于到社会学和经济学等方面（Batty，2005，2013；Hillier，1996）。不过，这种逻辑范式非常基本，过于宽泛，不足以用于探索复杂系统是如何自下而上地通过不断迭代而生成的。

我们实际上面对的系统都是由彼此并未完全协同的基本要素构成的，它们之间并未在整个系统的层面彼此沟通交流，而只是部分地彼此关联和交流，且行动都发生在个体层面上。然而，这种彼此并未协同的行动反而最终形成涌现的模式和秩序。最终，这些行动促进了整个模式的形成，其中局部与整体往往存在自相似性。因此，复杂系统包括的要素有：功能、模式、交互、空间、尺度、规模（Bak，1994，1996；Batty，2005，2013）。

复杂理论中的一支就是基于图论的复杂网络，对于解释复杂的空间网络现象发挥了较为重要的作用。网络就是一组节点，它们之间存在联系。最早的网络理论与欧拉（Euler）和厄多斯（Erdos）密切相关。这来自欧拉的哥尼斯堡（Konigsburg）七桥理论。他的笔记（Euler，1736）中“在普鲁士的哥尼斯堡城中有个岛，称之为克奈方福（Kneiphoff）。它被两条普雷格尔（Pregel）支流所环绕。这里有七座桥，分别是 a、b、c、d、e、f 和 g。问题是一个人是否可以一次性地穿过这七座桥，而不出现重复的情况……在此基础熵值，我提出更为普遍性的问题：给出任意形式的河流及其支流，以及任意数量的桥，那么是否可能一次性穿过每座桥而不充分。”欧拉的七桥案例延伸出来了更为普遍的问题，表明问题本身的提出比答案更为重要。这构成了图论的基础。

科晨（Kochen）和普尔（Pool）的工作在 1981 年之前就广为流传（Ablex，1989）。这导致了 6 度理论的出现，被约翰·瓜尔（John Guare）所推广。6 度理论是典型的小世界网络现象，即世界上任意两个人，可通过他们之间的 6 个熟人就能联络上（Milgram，1967；Travers，Milgram，1969）。小世界网络的出现存在两个前提：任意两点之间的其他点的数量非常少，典型案例就是 6 度理论；大量的局部冗余点，即两个相邻的子网络之间存在很多共同的邻居。瓦兹（Watts）和斯多葛斯（Strogatz）（1998）提出了实现小世界网络的最小模型。他们通过两个变量控制了小世界网络的构成：任意两点之间的最小距离的平均值，以及聚类系数的平均值。他们发现加利福尼亚州南部的电网、演员合作网络、C.elegans 虫的神经系统都是小世界网络。限制小世界的形成，包括如下因素：核心节点的老化，如明星演员的衰老；物质空间上的限制，如机场跑道不可能无限制起降飞机；社会经济成本的限制，如某个产品无限制的供应需要足够的资金支持；以及认知和感知的限制，如每个人只能处理一定的信息量，即使电脑可辅助人们去处理信息（Newman，Barabási，Watts，2006）。

Erdős–Rényi 的随机网络具有泊松度分布，这是分析现实网络的基础（Newman，2003）。巴拉斯（Barabasi）发现有一部分真实的网络是无尺度的网络，即它们的连接数的统计分布符合幂律函数。科技文章的引用率就符合无尺度的网络（Barabasi and Albert，1999）。他们提出无尺度的网络来自新增节点，且都偏好连接到现有连接数量最高的节点之上。无尺度的网络带来了高效性，即所有节点都能快速地连接到中心节点。无尺度网络是小世界网络的子集，这是由于无尺度网络中任意两点之间的距离很小，且聚类系数也比随机网络要大不少（Newman，Barabási，Watts，2006）。

上述研究提出了三种基本的复杂网络模型，即随机网络、无尺度网络和小世界网络。这种基于图论的研究思路，也完全可适用于空间网络形态的分析，可以帮忙我们回答如下问题：物质空间如何聚集在一起形成连续的空间网络形态？或者换言之，空间如何彼此关联起来构成符合人们使用的城市空间网络？这是由于空间之间的联系机制对于上述问题的解答非常关键。

2.3.2　关于大数据的发展

正是由于基于信息和通信网络的技术高速发展，我们迎来了“大数据时代”，即我们可以、或者即将能够处理大量复杂而彼此相关的数据，它们的特征是规模海量、种类繁多以及更新迅速。根据《科学》（*Science*）杂志的报道，从 1986 年起，全球信息以每年 23% 的速度增加，普通电子计算能力以每年 58% 的速度增长，到 2007 年，全球 94% 的信息以电子的形式存储（Hilber and Lopez，2011）。IBM 报道，2012 年每天产生的数据高达 2.5 × 1018 比特，而世界 90% 的数据是最近两年内生成的，它们来自各种电子感应器、微型识别器、电子网络、电子社交帖子、电子多媒体、电子交易账单、通讯、GPS 信号、遥感信息等，也与各种新概念密切相关，如云技术和物联网。2011 年 5 月，McKinsey 首次“宣布”大数据时代的到来，认为这是人类历史上新一轮的创新、经济增长、消费以及竞争，普通人将更及时地获得更多个人定制的产品和服务，各行各业都会由此而繁荣，这得到了信息通信行业和金融行业的高度关注。这些都深刻地影响到人们如何在空间中分配资源、配置资源以及使用空间的模式。

此外，“大数据时代”中所产生的众多新的海量数据也往往与空间形态相关，包括更加详细而精准的普通地图、高精度遥感数据、精确到每栋建筑物的社会经济人口数据、即时更新的交通数据、各个机构的数据、各种电子社交网络数据、监视摄像头和各种微感应器所记录的行为模式、个体自发更新的数据、各种电子化的城市历史档案等。特别是空间形态的使用与日常生活息息相关，每个人随时随地都会生产出更多带有地理空间信息的数据，最直接的体现就是日益增加的人流轨迹交通。如何从中快速寻找到有用的信息将是一个挑战。例如，在城市交通模拟领域中，过去是缺少精准可靠的数据矫正交通模型，而目前是数据太多，来不及处理，从而导致数据与模型分析的关系发生了逆转（Swanson，2012）。

与空间形态相关的“大数据”也是各种各样的，包括图形照片、文字、音频、视频、数字等，这也是对空间形态的描述或辅助支持。它们不仅来自公共机构的统计和度量，也来自社会媒体、单位机构以及个人的生产。如何将它们彼此链接起来；如何分析它们之间的关系；如何建立一个整合的系统，例如数字城市；如何展示非专业人士也能理解的整体性空间图示。这些也是空间规划和设计模式的挑战。

大部分数据都将是即时更新的，成本也更加廉价经济，数据的生产率将会超越我们的分析速度和能力。我们将期待更多的先进技术能够快速地处理这些动态的“大数据”，随时发现并预警城市中的各种问题，包括电子虚拟社会中形成的问题；同时也能迅速找到城市发展的机遇和潜力。从而使相关部门和利益相关者能够作出及时而有效的决策。正如彼得·霍尔教授所说，城市规划是“打移动靶”的过程，目标不仅多元化，而且是变化的。随地理信息系统的发展，“大数据”包含了更详细的空间和时间维度，其中不少数据精确到了个人空间，或者以秒为单位的变化。这些让我们不仅能更精确地研究城市是如何运作的，而且能够建立一个时空框架，以此桥接物质环境与社会经济等方面（Batty，2000）。

这些与空间信息有关的大数据发展对于我们研究城市空间网络形态提供了新的视角、手段和方法，特别是提供了一个运用更为精细实时数据的机遇，以优化现有的空间模型，创造新的空间模型，甚至改变模型的思维范式。这些将会对本书研究空间形态与功能之间的关系有所帮助。

2.4　关于空间句法的研究

空间句法是本书研究的基础，它提供了一种研究城市形态的新的范式。本书从空间句法的基本理念、基本技术路线、典型案例和我国的研究四方面加以梳理。

2.4.1　空间句法的基本理念

空间句法的理论和方法是由比尔·希列尔等于 20 世纪 70 年代在剑桥大学创立的，延续了剑桥数理科研的传统，从空间营造活动的角度去解释建筑物、社区、城镇等不同尺度的空间形态及其社会经济活动（Hillier，Leaman，Stansall and Bedford，1976）。其理论核心与老聃《道德经》的一段论述密切相关，即"埏埴以为器，当其无，有器之用。凿户牖以为室，当其无，有室之用。故有之以为利，无之以为用"。空间句法认为空间是联系形态与社会经济功能之间的媒介，而不仅仅是人们活动的静态背景（Hillier & Hanson，1984；Hillier，1996）。

具体而言，人们通过构建空间模式实现各自的社会、经济、和文化等目标；这种空间的建构活动本身就是社会经济文化等活动的一部分，人们通过穿行于空间，才能感知和认识到这种空间结构（Hanson，1989；2012）。因此，空间句法的技术从系统论、整体论及发展论的角度，试图通过剖析不同尺度下不同空间之间的复杂联系及其与人们活动模式的相互关系，直观定量地揭示空间现象下那些无法言表的社会逻辑和空间规则，提出了自组织的空间结构及其演变模型（Hillier & Hanson，1984；Hillier，1996），其研究成果也部分地推动着复杂科学的发展（Batty，2013）。空间句法研究机构和实践公司定量地发现了空间组构与人车流量、用地性质、犯罪、人口收入构成等有密切关联，这些完全可以用于规划与设计（Hillier，1996，2008；Read，1999；Seamon，2007）。

空间句法理论的第一块基石：将空间看成人们实现社会经济文化目标的方式，并体现在具体的空间建构和使用过程之中。例如，空间句法提炼了三种基本空间几何构成方式，即直线、凸形（Convex Space）、"星形"或等视域（Isovist），它们分别对应于具体的活动类型。直线由于其他固定的方向性，对应于行走；凸形由于其内部的各点之间的连线不会被边界所打断，对应于彼此可视的聚会聊天；等视域由于其从中心点遍及视线可及的部分，对应于人们向四周观看的动作。这说明了：人的活动与空间形态本身之间存在内在的逻辑关系，两者是不可分割的一个整体。在一定程度上，这是形态和功能在空间中一体化的表现，而非把空间形态仅仅视为功能实现的背景。这是空间句法区别于其他很多空间形态理论和方法的基本点。

空间句法理论的第二块基石：空间结构不仅需要从鸟瞰的角度观看和体验，而且更需要从人瞰的角度体会和理解。从鸟瞰的角度，常常看到的是远离空间场所的几何图案特征，与人们在空间中行走和使用时所感知和认知的形态特征有较大的差异，更多的是人们对于图案“完形（格式塔）”的思考；从人瞰的角度，常常反映的是人们日常生活中所识别到的空间几何构成，其连续性行走所获得的感知，体现了人们对空间形态的日常感受。从鸟瞰的角度，规划师或市民等可以纵览大局，不过忽视了人们日常的空间感知；从人瞰的角度，规划师或市民等可以获得局部的感知，而缺乏对整体图形的了解。因此，空间句法将这两者结合起来，从整体和局部两方面优化空间感知，实现基于日常生活的“构图完型（格式塔）”。

空间句法理论的第三块基石：局部空间（如街道）的区位取决于该空间与其他所有空间之间联系，而非该空间本身的局部特征。对于同一个街道系统，从不同的两条街道观察这个系统，该系统的空间构成模式有可能完全不一样。这体现为两条街道的区位和功能都不尽相同：一条为主街，常常与更多街道直接连接，也距离其他街道更近，从而也更有可能容纳丰富多元的商业功能；而另一条为支路，也许只会与更少的街道直接连接，且距离其他街道更远，更有可能与安静的住宅功能相联系。因此，空间句法重点关注于度量空间之间的关系，以此作为评判空间区位价值以及潜在功能的重要依据。

这三块理论基石是相互依存的，基于形态和功能在空间之中需求动态的整体性关联。在这种意义上，空间句法运用整体性原则与方法，定量地计算每条街道在邻里、社区、片区、市域、区域、国家等不同尺度的区位价值，从而分析城市的空间结构、发展方向、以及构成模式等；基于此，空间句法进一步分析空间结构与交通以及用地功能之间的关系，从而探索城市空间形态与功能的互动规律，用于预测城市的空间结构演变。

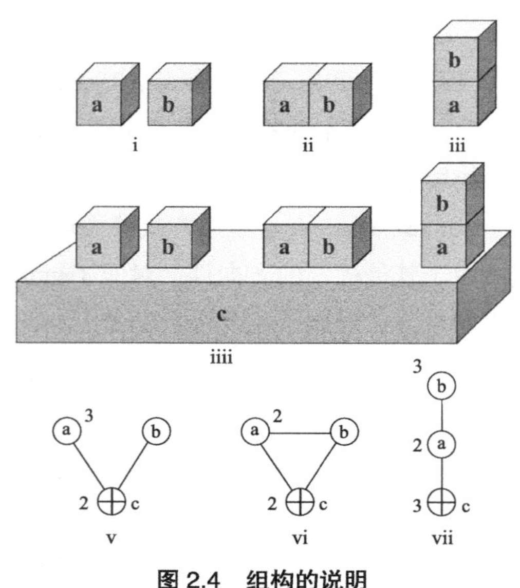

图 2.4 组构的说明

（资料来源：Hillier，1996）

2.4.2　空间句法的基本技术路线

1996 年，空间句法的创始人比尔·希列尔教授在《空间是机器——建筑组构理论》一书的开篇就提到：经多年研究，“组构”（Configuration）这个概念成为了空间句法理论与方法的核心，这在于组构说明了一个很朴素的道理，即事物作为一个整体是如何由局部的各个部分构成的（Hillier，1996）。根据他的定义，组构表现为一组复杂关系，其中任意两两关系取决于该关系的两个元素与其他元素相关的所有关系。比尔·希列尔用了一个很简单的例子形象地说明了组构的概念，如图 2.4。当一个系统只有两个元素，如方块 a 与方块 b（如图 2.4 第一行），尽管这两个元素有多种布局方式，如 i. 左右分开排列，ii. 左右比邻排列，iii. 上下比邻排列，但它们的关系都是对称的。如果在上述这个系统中加入第三个元素，如方条 c（如图 2.4 第二行），那么由于 c 的存在，a 与 b 的关系在不同的布局中有可能不一样，如当左右分开或比邻排列时，它们的关系仍然是对称的；而当上下比邻排列时，由于 b 到 c 需要经过 a，而 a 到 c 不需要经过 b，那么 a 与 b 的关系由于 c 就变得不对称了，也就是说我们确定 a 与 b 的关系时，需要考虑它们与 c 的关系，此时 a 与 b 的关系受到了 c 的影响，也就成为了一种整体性的关系，称之为组构。

推广到大于三个元素构成的复杂系统，其中任意两两元素之间的关系还将涉及到与之相关的其他所有元素，这样的全要素关系必然是一种整体性、全局性、组构性的关系。因此，组构指大于两个元素的系统中的复杂关系，用于揭示系统是如何由各个局部关系构成整体的；这不再是个体层面上的属性现象，而是突现出来的集体性属性。如图 2.5，从组构的角度看待某个住宅空间，入口空间（用深灰色三角表示）与阳台空间（用深灰色表示）的不同在于它们与其他房间的整体关系的差异，i 表示从入口空间看住宅空间的组构，ii 表示从阳台空间看住宅空间的组构，这两个图示明显不同。

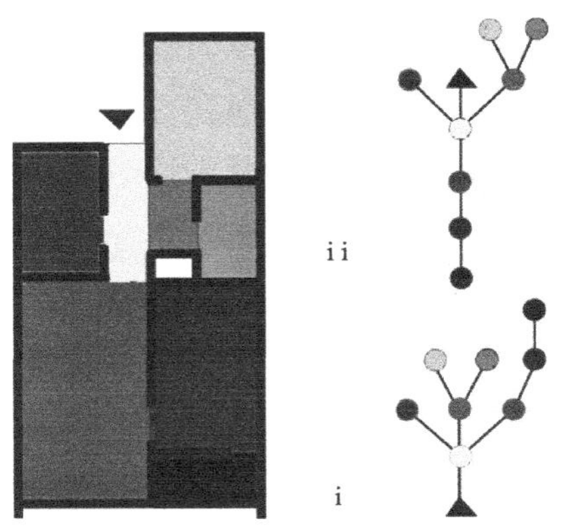

图 2.5　某住宅的组构

（资料来源：作者自绘）

那么这就提出了第一个研究问题：如何表达空间，让其可视化？从 20 世纪 70 年代起，空间句法探索了各种数学方式去再现空间，其中常用的四种方式包括：凸空间（Convex）、轴线（与打断轴线形成更为精细的线段）（Axial Line or Segment）、等视域（Isovist）以及栅格单元点（Cell）（图 2.6）。凸空间是最基本分割连续空间的方式，从任意空间中的点出发，在周边建筑物边界的限制之下，形成一个二维面，其中任意两点的联系不能与二维面的边界相交，构成了最大的"交流场所"，即位于其中的任何两个人都能够彼此相视，具有视线交流和谈话聚集的潜力。因此，凸空间实际上代表了人们彼此相聚的行为模式。那么，建筑或城市中连续的空间可以被逐步分为一个个彼此乡邻的凸空间。

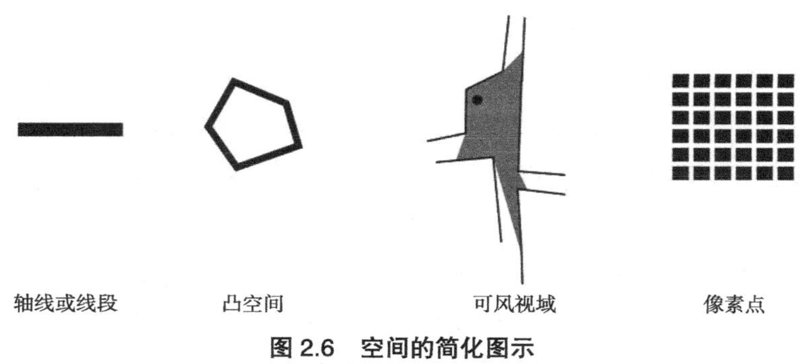

图 2.6 空间的简化图示

（资料来源：作者自绘）

在凸空间的基础之上，轴线或线段就将凸空间联系起来，本质上是将连续的空间简化为线，表示人们在空间中线性运动的方式，也表示那些可以聚集的凸空间彼此相连形成了可分散出去的趋势。在空间句法早期的定义之中，轴线指从空间中任意一点看出去，能够看得最远的线；而在后来的发展之中，轴线被视为交通运动的趋势。在具体的绘制过程之中，轴线是用于遍及整个空间系统，其中任意轴线需要画得尽可能的长，并且轴线尽可能少，还需要满足不能重复的要求。而线段则是基于上述的轴线图，在交点处进行打断，形成更为精细的分析线图。因此，根据轴线绘制的图称之为轴线图，而根据线段打断的图称之为线段图。虽然有些学者认为轴线图的生成是主观，不同的人将画出不同的轴线，但是特纳（Turner）等从几何学的角度证明了轴线图可以客观生成（Turner el at，2005）。

等视域指某个人站在空间中，向四周看出去，所有完全看到的地区，因此该人能够与该地区能的所有人彼此相视。这也是将空间简化为二维面的一种方式。栅格单元点则是将空间简化为一个格子，例如方格或六角形。一般而言，类似于计算机的屏幕，在整个空间中满铺栅格单元，每个栅格代表一个像素点，可分析所有像素点之间的复杂关系。

于是，建筑或城市空间可被简化为线、面、点等基本要素，它们彼此相连，共同构成了物质空间形态的系统，然后每个空间要素和其他所有空间要素的关系得以计算，以此度量整个空间系统的结构。例如，我们可以计算每个要素到其他所有要素之间的距离，称之为广义距离，包括拓扑距离（Topological Distance）、实际距离（Metric Distance）、角度距离（Angular Distance）以及基于上述三种距离进行各类型加权得到的复杂距离；对于每个要素，我们都计算某种类型的距离，然后赋予其要素本身，也就是用“广义距离”描述每个要素的空间属性，按照“广义距离”大小排序；并按色系顺序表达为不同的颜色或灰度，如浅灰色表示最大的“广义距离”数值，黑色表示最小值。于是这种灰度分级图就近似地表达出某个空间系统的组构结构。例如，图 2.7 是伦敦老金融城的轴线图，表达出某种基于空间整合程度的空间组构，其中粗黑表示广义距离越短，细黑表示广义距离越长。

图 2.7　伦敦老金融城的轴线图

（资料来源：作者自绘；模型 @UCL）

既然简化了空间，那么我们就重点讨论如何计算“广义距离”，即从每个元素到其他所有元素的关系。在空间句法发展的历史上，大约试验了上百个变量，而目前所发现的适用于建筑和城市空间分析的基本变量包括：连接度（Connectivity）、整合度（Integration）、选择度或穿行度（Choice），其中后两者反映了更为系统性的属性。它们可以根据拓扑距离、实际距离以及角度距离进行度量。我们以线段图为例说明这些常用变量之间的关系（图 2.8）。实际距离就是指从一条线段的中点到另外一条线段中点的距离，比如 300 米；拓扑距离指一条线段到另外线段的转弯次数；角度距离指一条线段到另外线段转弯的角度变化之和。这三个变量定义了不同的距离。然而，整合度指从一条线段到其他所有线段的距离，即这条线段距离其他线段有多远；选择度指最短距离的路径穿过某条线段的次数，即在多大程度上这条线段是最短路径的一部分。它们与实际距离、拓扑距离以及角度距离密切相关，例如整合度包括实际距离的整合度、拓扑距离的整合度以及角度距离的整合度，这样共有六个变量。

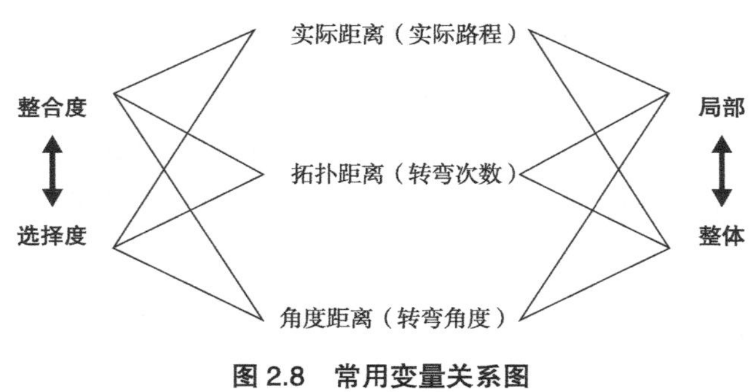

图 2.8　常用变量关系图

（资料来源：作者自绘）

以北京线段图为例，图 2.9 表示了这六个变量所表示的组构，分别是实际距离整合度、拓扑距离整合度以及角度距离整合度；实际距离选择度、拓扑距离选择度以及角度距离选择度。其中深灰表示数值高，浅灰表示数值低。显然，这六种空间组构差别较大，它们表示了我们从不同角度看待城市空间形态所得到的构成方式。例如，从实际距离来看，整合度表示北京城的几何中心，即故宫，距离其他空间最近，而穿行度表示一些斜向的道路和胡同是城市中的最短路径，这些道路可能只有非常熟悉城市空间的某些居民与出租车司机等才知道；从拓扑距离来看，整合度表示了北京东面的主要道路到其他道路的转弯半径相对少些，而南部的主要道路到其他道路的转弯次数相对多些；穿行度大概显示了北京某些主要的道路结构，这接近一般人看交通地图也能获得的常识；从转弯距离来看，整合度与穿行度都相对更精确地显示了主要道路网。需要强调的是，这些图示仅仅表示了空间组构，即每根线段与其他所有线段的关系，没有涉及任何认知或者社会经济变量（杨滔，2005）。

此外，对于任意一线段，我们又可以限定其他线段，比如距这条线段 600 米（或者三次转弯、或者 389 度）以内的其他线段。这就是设定了具有一定半径的子系统，可以分析局部空间组构，也可以比较局部与整体空间组构之间的关系，如空间句法中常用的可理解度（Intelligibility），即一次转弯半径内子系统的组构与整个系统的组构的相关性。相关性越高，表示越容易从局部组构中推断出整体组构。例如，伦敦旧城看似毫无几何形状规则，但是它的可理解度与北京旧城（具有相对规则的几何形状）大致一样高。这说明了在局部与整体的关系上，这两个旧城按照相似的方式组织构成着。这样，我们可以研究不同规模的子系统以及它们与整个系统的关系。

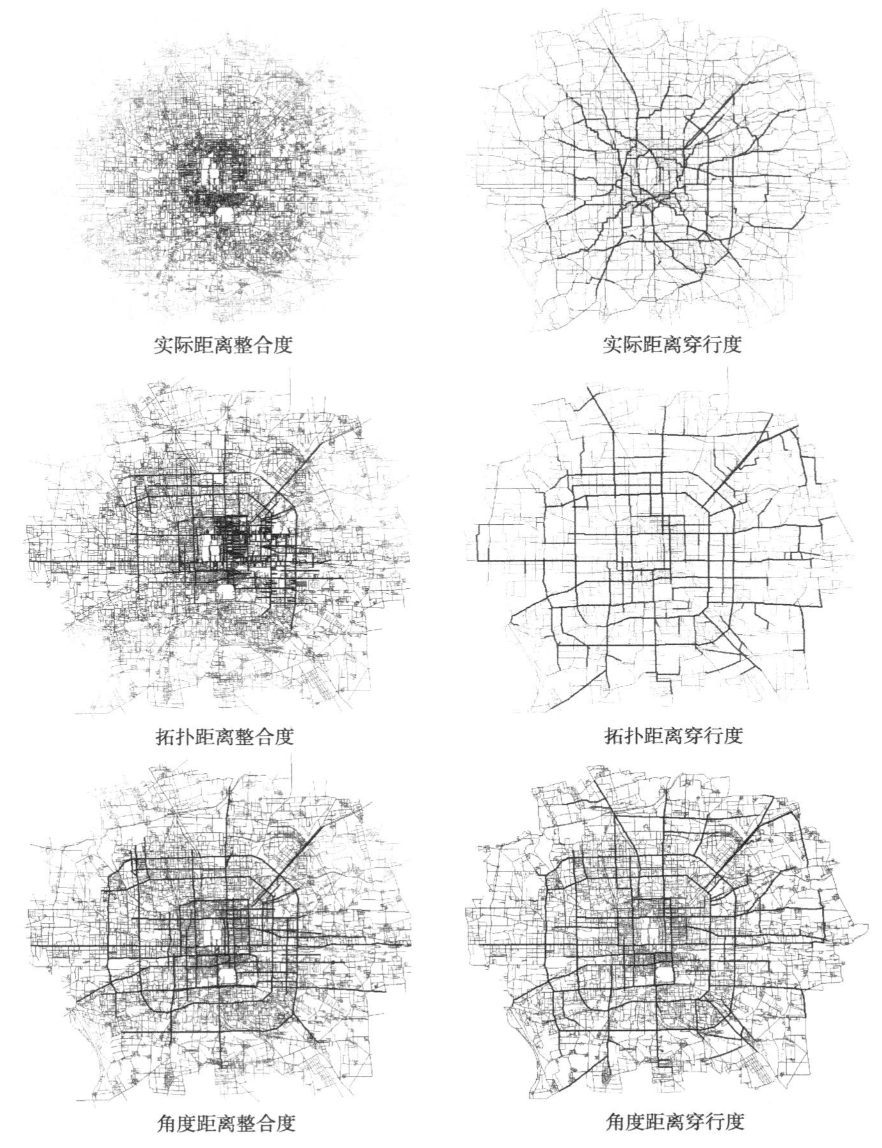

图 2.9　北京线段分析图

（资料来源：杨滔，2005）

借助这些变量，空间句法对城市形态作了很多基础性研究。例如，希列尔分析了世界上不同地区的城市，如亚特兰大、罗马、曼彻斯特以及设拉子。虽然这些城市的空间几何形态差别很大，亚特兰大更像方格网城市，而设拉子更像不规则的有机城市，但是它们空间的全局整合度显示了相似的“变形风车”（图 2.10），即图中黑色与深灰的线（整合度高的空间）形成了从中心向四周发散的风车形状，包括“车轴”、“车轮”以及“辐条”，这些往往是城市主要的公共空间，也可称为变形网络（Hillier，1996）。如果分析它们的全局穿行度，也能发现那种从中心向四周发散的变形网络（图 2.11），

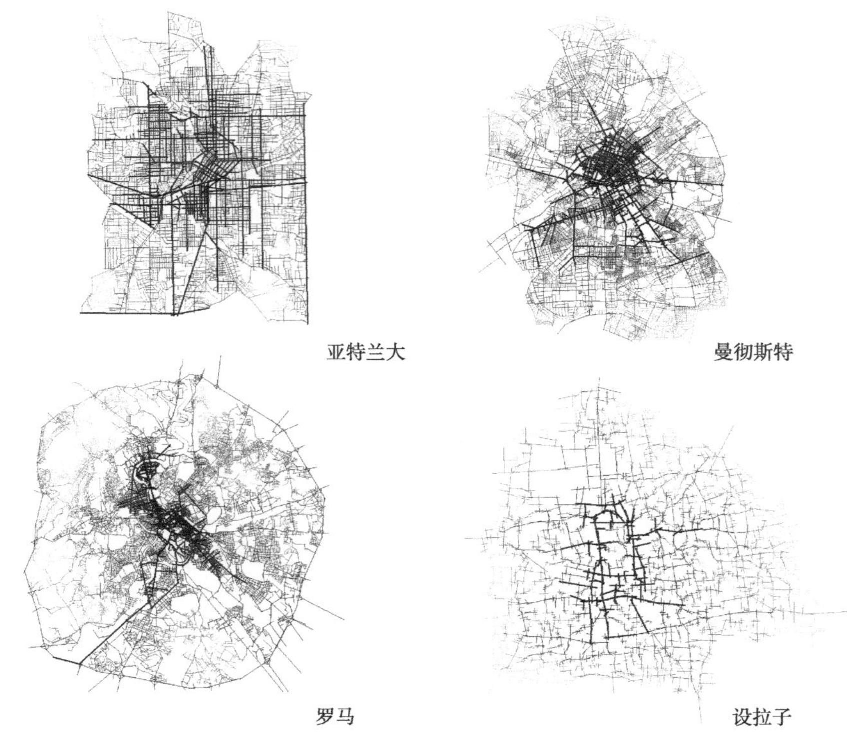

图 2.10　亚特兰大、曼彻斯特、罗马以及设拉子空间整合度图

（资料来源：作者自绘；模型 @UCL）

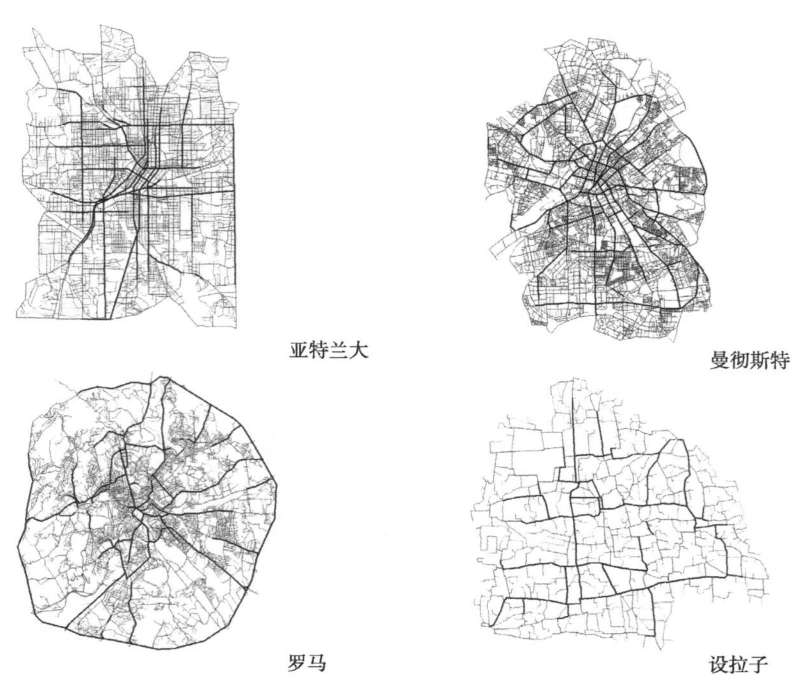

图 2.11　亚特兰大、曼彻斯特、罗马以及设拉子空间穿行度图

（资料来源：作者自绘；模型 @UCL）

它们分散在黑线之中，即城市几何中心的空间未必都是最短路径。而其他线段与变形网络联系的方式因城市的不同而不一样。例如在芝加哥，它们与变形网络之间可能只需一个转弯；在伦敦，可能有两个转弯；而在设拉子，可能有五个转弯。这些是社会文化在空间中的体现（Hillier，1996）。

而对于从中心向四周发散的变形网络，希列尔认为它们的形成超越了社会文化，是城市空间自组织的规律（Hillier，1996）。首先，他分析了不同的网格构成，从数学上证明了这种变形网格具有最大的空间整合能力。其次，他从城市生长的角度进行了分析，认为这种变形网络的形成来自两个“形态矛盾”。对于相同面积的形状而言，从内部任意一点到其他所有点距离最小的（最紧凑的）是圆形，最大的是线段；然而从内部任意一点到形状外部距离最大的是圆形，最小的是线段，即内部越紧凑，内部与外部越隔离，这是一个矛盾。对于格网，如果排成一条线，我们转儿下头就能“一眼看穿”，视觉整合度最小，但从其中一点走到其他所有点的实际路程最大；然而如果排成正方形，从一点到其他点的实际路程最小，即正方形最紧凑，但视觉整合度最大，得“看很多眼”才能看完所有空间，这又是个矛盾。对于城市空间的生长，既要考虑城市内部联系，又要考虑城市内外联系；既要考虑路程最短，又要考虑“视程”最短。于是，城市空间既要线性生长，联系内外，缩短“视程”，又要向四周紧凑生长，联系内部，缩短路程，这两方面是动态发生的，尽管城市在最初阶段往往呈线性。因此，在城市生长过程中，它会尽量保留与延伸那些最长的空间，使其尽量不偏离直线，形成了变形网络，但是它又不断增加短而紧凑的格网，虽然紧凑程度往往取决于社会文化等。

2.4.3　空间句法的典型案例

空间句法基于实证的研究方法对于本书有一定的启发意义。通过一系列的案例研究，如住宅、原始部落、现代小区、传统城镇、当代城市等，希列尔教授与同事发现城镇空间形态是动态的过程，空间几何法则和人类认知模式限制了每条街道与其他所有街道之间的构成关系，从而空间结构在每条街道与相邻街道的建构之中自下而上地突现，同时又自上而下地限制了其他街道的建构方式和整体演变过程。其中，局部街道的变化将会通过街道之间的复杂构成“传递”到整体街道网络，又反馈回局部街道的演变（Hillier & Hanson，1984；Hillier，1996；Hillier，2009）。

早期的空间句法研究和实践表明，突现的空间结构会自然影响人车流分布，进而影响到用地的分布，其中伴随着反馈与倍增效应，即用地与人车流的变化又影响空间组构，不断演变与调整，历经较长的时期，形成了成熟而复杂的空间形态（Hillier et al.，1989，1993）。这在希腊、荷兰、美国、中国等城镇研究之中分别得以验证（Peponis，

1989；Read，2000；Dalton，2001；Dalton，Peponis，Conroy-Dalton，2003；Raford，Hillier，2005；Hillier，Turner，Yang，2012）。

之后，基于欧美城镇的研究，希列尔等发现人们在城市尺度上更依赖空间拓扑关系（如转弯次数）及空间角度关系来识路，而人们在局部地区或局部空间中更依赖实际距离的远近来识路（Hillier & Iida，2005；Hillier，Turner，Yang & Park，2007）。通过不同尺度的空间组织，让不同尺度的交通出行恰当地交织在同一空间中，这样的空间内才有不同功能的需求，形成真正的混合用地模式与多元化的交流活动，促进社会、经济与环境的可持续发展（Peponis，1989；Hillier，1996；Hillier et al.，2007；Hillier，2009）。

基于空间结构和交通出行，希列尔及其同事们研究了城市中心及其空间结构的演变，提出了城市中心形成的空间机制，即局部的空间紧凑性与整体的空间可达性支持了城市中心的活力（Hillier，1999，2001）。进而，基于欧盟24国的研究，他们提出了无所不在的中心性，即城市中心性的功能将遍布在城市的各个角落，这不是一种简单的多中心模式或区位等级，而是多尺度中心的复杂而精致的交织和互动，构成了城镇的一种普遍性功能（Hillier，Turner，Yang & Park，2007；Yang & Hillier，2007；Hillier，2009；Hillier & Yang 2012）。

这种无所不在的中心性又体现为城镇空间网络的双重性：各级城镇中心交织形成主干网络，同时主干网络又交织在以住宅为主的背景网络中，形式、功能、社会与文化等因素较好地吻合在一起；同时空间结构与那些社会经济因素的互动也发生在不同尺度上，从街道到整个城市区域，如局部的空间结构影响局部的人车流，城市尺度的空间结构影响大范围的长途出行。当某种尺度上的空间与微观经济互动叠合在一起时，就形成了相应尺度的城镇中心，而社会文化等因素选择性地将不同尺度的空间结构分开，在特定尺度上形成了特定的空间布局与社会构成。于是，空间结构本身在时间与空间上不断地演变，折射出普遍的经济规律和特殊的社会文化背景（Hillier & Netto，2002；Hillier，Turner，Yang & Park，2007；Hillier，2009）。

与之同时，希列尔和杨滔分别发现实际的城镇空间结构并不是匀质的，而是被分为不同尺度的地区，具有模糊的边界。城市分区通过空间结构的分异而形成，从而促进了各个分区彼此之间不同程度的可达性，而不是通过严格限定的边界去限制彼此之间的可达性；这种模糊的边界源于不同社会经济活动之间不同程度的聚集，也体现了当地社会文化特征（Hillier，Turner，Yang & Park 2007；Yang & Hillier，2007）。他们进一步开发新的空间句法技术，分析了世界50个城镇，还发现了各级城镇中心交织形成的主干网络也受到不同地域的城市文化影响，存在不同的空间建构逻辑，例如美国的主干网络侧重于微观经济活动的平等性，而欧洲城市的主干网络则更多地受到历史文化的影响（Hillier & Yang，2012；Yang & Hillier，2012）。

对于特定社会文化或民族的聚居地的研究也丰富了空间结构的评估和优化的方法。劳拉·沃恩（Laura Vaughan）以及她的同事一直以来坚持研究犹太移民区、贫穷人群聚集地、白种人郊区社区等，其成果表明了空间结构对于特定人群在城市中谋生、定居、教育以及融入主流社会具有重要作用，并影响到聚居地是否在经济上繁荣和社会上安全（Vaughan，2004，2005，2007，2008）。卡米拉（Karimi）也长达数十年地研究伊朗和中东地区的城镇空间结构，认为伊斯兰教聚集地的空间结构具有自身的社会逻辑，这与其男女空间分开使用的文化有密切联系（Karimi，1998，2012）。这些研究都从不同的角度说明了：从理论和方法的角度上，空间句法可适用于探索城市物质空间网络本身的特征及其与功能之间的关系。不过，对于城市空间网络本身在不同尺度上的建构机制，仍然存在继续探索的空间。

2.4.4 空间句法在我国的发展

空间句法理论和方法于 20 世纪 80 年代进入我国，[Hillier（赵冰译），1985；张愚，王建国，2002]。之后，我国学者们逐步开始研究，并应用于中国城市空间分析和相关工程。例如，杨滔分析了清代北京城以及 1949 年之后北京旧城的历时性变化，总结了其城市活力中心的演变以及商业街的变迁，分辨出北京旧城礼仪空间和日常生活空间的特征（Yang，2004）。朱东风（2005）分析了苏州空间结构的变迁，提出了中心结构体系。王浩锋和叶珉（2008）对于西递传统村落空间结构形态进行了分析，探讨了其空间形态对于村落生活的影响；之后，王浩锋深入研究了深圳市的空间结构与商业用地之间的关系，发现两者之间有明显的正相关关系（Wang，Shi，Rao，2013）。段进对于相关理论进行辩论，针对苏州、南京、嘉兴、天津等地案例应用进行过较为系统的梳理，从空间结构、交通、用地等方面指出了空间句法在中国城市应用的优劣（段进，Hillier，2007）。王静文、毛其智和党安荣（2007）也构建了北京不同时期的空间结构模型，详细分析了空间、用地、以及社会经济之间的关系，揭示了北京空间体系运行的机制以及演变规律；他们还从空间句法的角度研究了传统聚落空间（王静文，毛其智，杨东峰，2008）。盛强和韩林飞（2013）更详细地分析了北京中微观层面的商业中心形态，发现北京历史城市中道路等级划分、铺装方式等技术因素与空间拓扑形态高度吻合，而商业聚集中心的选址也明显受到空间拓扑结构变化的影响。吕斌和陈圆圆（2013）将空间句法的方法应用到株洲旧城改造之中，认为空间句法在方案设计指导和评估问题中，使得规划过程和空间社会性预期结果得到直观的呈现，并突破了长期以来在此问题上仅仅通过感性和从业经验对规划方案的空间社会性效果主观判断的不严肃性。杨滔（2014）采用空间句法的方法对北京新城的选址进行了比较，认为提供了一种较为精确而直观的评估方法。

总而言之，空间句法作为一种前沿理论和技术方法，更加广泛地应用到了中国城镇空间分析之中。然而，这种理论和方法毕竟主要基于欧洲城镇空间结构和社会经济的实证性研究发展而来，而欧洲城镇和中国城镇存在历史、文化、社会等方面的差异。因此，采用实证性态度，深入发掘中国城镇空间结构的多尺度规律，开发更加适应中国城镇发展特色的空间结构评估和优化技术，将为应对我国城镇空间结构的转型挑战提供一种可行的思路。

除此之外，空间句法理论本身也面临范式的转换。不同文化下的城镇空间结构具有明显的异质性，而这些特色空间又是如何在不同尺度的空间文化作用下形成的，它们又是如何彼此关联的，也是该理论需要进一步研究的方向，可类比物理学中“弦理论”对于多样化机制的探索。因此，针对多尺度互动和变化的空间句法研究，将有助于推动空间句法理论和方法的发展。

2.5 讨论

围绕好的城市空间形态是如何构成的研究议题，本章通过回顾与城市空间形态有关的一些经典文献、复杂网络和大数据的发展、空间句法理论与方法，可发现：研究范式已经在发生改变：从过去对区位的重视转向对网络的关注；从过去对个体体验和整体结构认知的分开研究转向个体与整体的并置研究；从过去对整体形式的分析转向对自下而上与自上而下的空间机制的探索；从过去对社会经济认知活动在空间上分布的映射转向对物质空间形态构成内涵和过程的再认识。此外，复杂网络的思维模式和大数据的方法发展都为空间网络形态的研究提供了新的视角和可能性。物质空间网络形态是如何构成的？虽然这是一个很古老的议题，然而新的范式、思维方式以及方法工具提供了再次探索的可能性。下一章将结合空间句法对于尺度关联研究的不足，进一步分析城市空间网络形态如何随尺度的变化而构成？是否受到某些新的几何规律的限制？这对于我们今后规划和设计城市空间形态将会有所帮助。

第 3 章　城市空间网络的嵌入轨迹

3.1　空间网络多尺度的建构问题

本章基于四个国际城市案例，从空间句法的网络角度对城市空间形态的构成进行研究。不仅分析城市空间形态本身的构成特征与机制，而且关注空间句法本身方法论的拓展。研究问题为：城市空间网络如何在不同尺度上进行构成？小到局部两条相邻街道的连接，大到所有街道彼此相连形成了整个城市空间，这些过程是如何发生的？可从任意一条街道开始，追溯该街道与相邻街道，以及相邻街道与其相邻街道的联系，一直到该街道与城市空间网络之中所有的街道都连接起来。从本质上提出了研究不同尺度的空间构成的研究思路，即根据每条街道距离其他街道的远近，分析那条街道一步步地连接到其他所有街道的过程。所有街道的这种连接过程实际上最终形成整个城市空间网络，因此这种连接过程也可视为每条街道按序列嵌入整个城市空间网络的过程，本书称之为街道嵌入轨迹。

为了理解这种街道嵌入轨迹，本章基于城市空间网络的轴线图和线段图，重点研究每条街道在半径 k 以内所遇到的其他街道数量，即轴线和线段数量，或统称为空间数（Node Count Rk），与半径 k 之间的数学关系。换言之，本章研究随半径的增长，每条街道连接到其周边其他街道的变化情况。过去的研究表明：对于轴线图或线段图，在限制的半径范围内，空间数与半径之间大致存在幂律函数规律（Yang & Hillier，2007）。帕克（Park，2007）也发现了，在主要的半径范围内，不考虑边界效应，伦敦 62% 的轴线的空间数与半径之间存在幂律关系，26% 的存在指数关系，而 12% 的存在超幂律关系。

然而，在整个半径区间内，即从最小半径 1 到最大半径 n 的区间内，街道嵌入轨迹是否存在更为普遍性的规律？如果存在这种规律，那么是否可以识别出空间因素影响每条街道的嵌入轨迹。其研究结果将会使我们更好地理解整个城市空间网络的构成过程，以及该整体性过程与局部的空间组构之间的关系。

本章首先对研究方法及其案例进行介绍，以期重点说明这些案例的选择有利于总结出普遍性的规律，并探讨其局限性。其次，基于轴线图和线段图，对于每个案例中每条街道嵌入轨迹进行统计分析，探索其几何数学规律背后的形态意义，并且研究哪些物质形态要素影响了城市空间网络的构成。最后，基于对形态要素的讨论，进一步探讨空间句法对于标准化的研究思路，这可用于对不同城市或同一城市中不同尺度的子系统之间的比较，从而思考局部与整体之间的关系。通过这种方式，本章期望从城市空间网络构成的角度，优化空间句法本身的分析方法，并揭示城市空间系统内在的几何规律。

3.2 研究方法

3.2.1 数据及分析方法

本章选取北京、伦敦、阿姆斯特丹、芝加哥四个案例，初步对比研究世界不同地区中城市的嵌入轨迹。这是由于这些案例具有不同的文化特征和历史发展过程，同时也在一定程度上反映了中国、欧洲、美国的典型城市，以及这些城市的规模（根据轴线的数量来定义）和拓扑半径最大值（即任意两条轴线之间拓扑距离的最大值，体现了系统的最大拓扑深度）差异较多（表 3.1）。这使得我们有可能探索不同规模和拓扑深度的城市空间网络嵌入轨迹特征。这四个案例的轴线图分别根据 Open Street Map（OSM）中 2010 年的地图加以绘制，并在 DepthMap 软件进行计算处理。

研究案例的轴线数量和拓扑半径最大值　　表 3.1

城市或地区	轴线数量	拓扑半径最大值
北京	14,249	42
伦敦中心区	17,321	45
伦敦道格兰区	28,226	85
M25 以内的大伦敦	100,218	126
芝加哥	30,535	40
阿姆斯特丹	8,768	30

（资料来源：作者自绘）

对于伦敦案例，本章进行了更为深入的分析，分为伦敦中心区、伦敦道克兰区、以及 M25 环线高速以内的大伦敦地区。伦敦中心区由伦敦北部和南部环线所界定，既包括伦敦金融城、西区、威斯敏斯特区等中心地区，也包括伦敦南岸、部分东区以及北区的偏郊区氛围的地方；这部分的轴线图共有 17321 根轴线。伦敦道克兰区主要是东伦敦的新开发地区，同时也包括伦敦金融城的部分，共有 28226 根轴线。而大伦敦地区则是依据传统意义上 M25 高速公路对于伦敦的限定，主要包括伦敦中心区、东伦敦、以及伦敦各个郊县等，共 100218 根轴线。这三张轴线图代表了伦敦不同时期的地区，又有一定的交叉部分，特别是大伦敦又涵括了伦敦中心区和伦敦道克兰区，这使得我们可以在尽量不割裂城市各个地区的前提之下，对比研究不同特征的地区的嵌入轨迹，以便了解它们空间网络构成的异同。这也是基于空间句法研究的基本理念，对于每个研究对象，我们需要考虑该研究对象与其周边背景之间的空间关联，正是由于这种空间关联影响了该研究对象本身的特征。在这种意义上，城市中心区与城市边缘地带的空间定义是相对而言的，其边界并不是完全固定的。因此，在选择伦敦中心区、伦敦道克兰区时考虑了这种非固定的相对性特征，也期望以此对空间句法的这种研究理念进行探讨。

对于每个案例，本章重点关注轴线图分析，这是由于根据以往研究经验（Hillier & Hanson，1984；Hillier，1996），轴线图本身在很大程度上超越了二维平面对于城市空间网络形态的限制，反映了空间之间的拓扑连接关系，而这种关联在一定程度上体现了人们对于城市空间结构的认知过程。然而，线段图根据其生成的过程，在一定程度上较多地受限于二维平面的限制，有可能本质上反映出二维平面本身的特征。例如，匀质的方格网的线段图特征几乎等价于二维平面的特征。因此，对于这些案例的轴线图分析，有可能帮助我们发现城市空间网络形态中超越传统几何形态的特征。

对于每条轴线，作为出发点轴线，研究空间数（Node Count）与拓扑半径（Topological Radius）之间的数学关系，其半径范围是从拓扑第一步到出发点轴线连接到其他所有轴线的拓扑步数，半径间距是一个拓扑步。拓扑半径 k 的空间数称为空间数 _k（NC_k），实际上这体现了根据拓扑半径 k 所选择出来的空间子系统的规模；而拓扑半径 n 的空间数为半径无限大的空间数，等价于整个系统中的轴线数量，即整个系统的规模。为了便于比较，空间数 _k 与空间数 _n 的比值属于无纲量的变量。表 3.1 总结了研究案例轴线图的基本特征。轴线数量等价于空间数 _n（NC_n），这从拓扑要素的数量方面体现了城市空间网络的规模；而拓扑半径最大值则度量了每个案例中任意两条轴线之间拓扑距离的最小值的最大值。体现了从拓扑距离的角度，反映了城市空间网络的规模。这两个变量并不是一一对应的，也不是完全正相关的。这是由于相同数量的轴线可以根据其不同的构成方式，形成不同的拓扑半径最大值。例如伦敦道格兰区与芝加哥的轴线数量接近，然而其拓扑半径最大值差别高达一倍，反映了两个地区不同的空间构成模式。

对于线段图分析，我们研究一下米制距离的嵌入轨迹，即每条线段根据其与其他线段的实际距离，逐步嵌入整个城市空间网络的过程。线段图在 DepthMap 软件中自动生成，并排除了长度小于轴线长度 25% 的尽端小路。案例选取北京和伦敦中心区，这是由于这两个城市的几何构成差异较大，北京呈现出规则的方格网构成，而伦敦表现为不规则的网络形式。此外，这两个城市的空间网络的密度也不一样，这体现为它们不同的线段数量和最大的米制距离半径（即任意两条线段之间的最短米制距离的最大值）。伦敦中心区有 61059 条线段，其最大的米制距离半径为 32500 米；而北京有 43523 条线段，其最大的米制距离半径为 53500 米。显然伦敦有更多的线段，而其最大的米制距离半径则更短，这表明了平均而言伦敦的街道密度更高，每条街道距离其他街道的平均米制距离更短。该分析的目标是探索这两个不同几何构成的城市是否有类似的米制嵌入轨迹。

在研究中，每条线段都分别视为出发点空间，分析空间数与半径之间的数学关系，其半径区间为500米到每条线段的最大米制半径（即出发点空间距离其他线段的最短米制距离的最大值），且米制半径增加的间隔为500米。研究采用这种离散的半径，这是由于每条线段随半径的增加而遇到其他线段的方式不是连续的，而是离散的。

对于轴线图和线段图的分析，都采用非线性回归的统计分析方法，探索空间数（NC_k）与半径k这两个变量之间的统计学意义上的关系，以期模拟街道嵌入轨迹及其控制变量。

3.2.2　拟合步骤

考虑到每个案例的轴线数量或线段数量都非常多，为了探索上述两个变量之间的关系，我们选择伦敦轴线图中某条代表性街道的轴线（轴线标号为17050），进行初步的统计分析实验，用于拟合嵌入轨迹。基于NC_k和半径k之间的非线性回归分析，图3.1很清晰地显示了双参数韦伯规律，这可用韦伯积累分布函数表达。

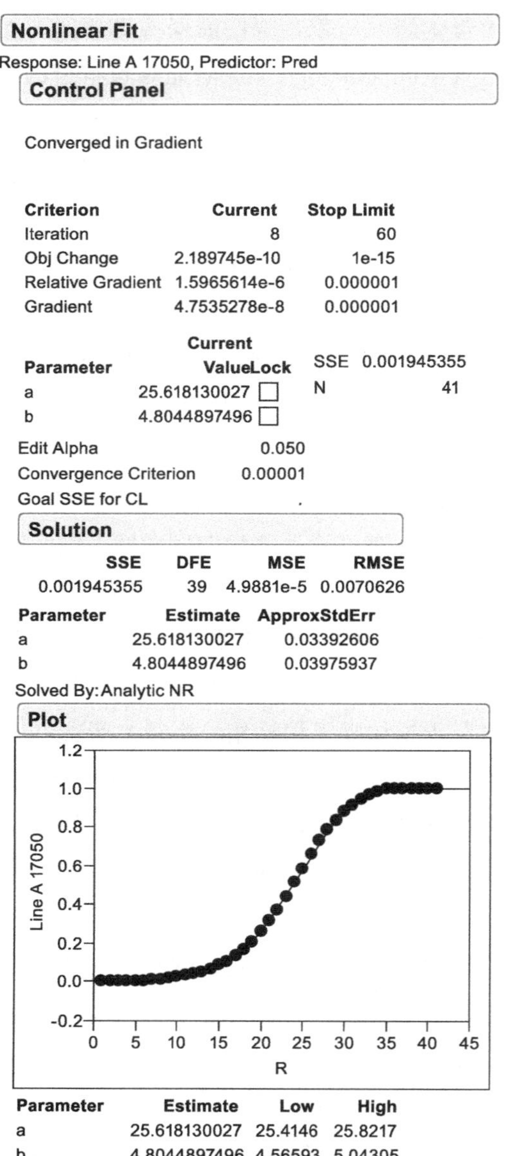

图3.1　某条轴线的NC_k/NC_n与半径k之间的非线性相关分析（轴线标号为17050）。双变量的韦伯规律得以发现

（资料来源：作者自绘）

$$\frac{NC_{\_Rk}}{NC_{\_Rn}}=1-e^{-(\frac{Rk}{a})^{b}} \qquad 式（3.1）$$

其中，Rk表示半径k，NC_Rk表示在半径k的空间数，NC_Rn表示在半径n的空间数；a表示尺度参数，b表示形状参数。

该函数可变换一下，轴线的空间数 _k 可视为因变量，而空间数 _n 和半径 k 可视为自变量。换言之，轴线在半径 k 所遇到的轴线数量取决于整个城市的空间规模和度量半径 k。

$$NC_{\_Rk} = NC_{\_Rn} \times (1 - e^{-(\frac{Rk}{a})^{b}}) \qquad \text{式（3.2）}$$

此外，韦伯积累分布函数一般广泛地用于分析并预测生物组织中的死亡概率和机械系统中的失效概率，适用于生物学中的生存分析、机械工程学中的可靠性分析以及经济学中的持久性分析。这些分析试图解决的问题为：随时间变化，总体中多大比例的样本将会死亡或失效。韦伯函数常常用于检测死亡率或失效率是否与时间的指数成比例。尺度变量 a 描述死亡率或失效率的范围，而形状变量 b 则表示时间的指数。当 b 小于 1 时，这意味随时间，死亡率或失效率而降低；当 b 等于 1 时，这表明死亡率或失效率一直保持稳定；当 b 大于 1 时，这说明死亡率或失效率随时间而增大。那么，韦伯函数是否可用于描述嵌入轨迹本身，即随分析半径的增大，各个案例中每条街道连接到其他街道的概率是否与韦伯函数有关？

3.3　韦伯积累分布规律

3.3.1　拓扑嵌入轨迹

对于每个案例中的每条轴线，韦伯积累分布函数拟合得以检测，并对 a 与 b 两个参数进行估算。表 3.2 总结了拟合优度，即非线性回归的 R 方（R2），以及相对应的参数的平均值、最大值以及最小值。图 3.2 显示了每个案例的 R 方、参数 a 以及 b 的统计分布模式。除了伦敦道克兰区，所有案例的轴线都有高于 0.99 的 R 方值。特别是 99.2% 的伦敦中心区轴线、82% 的大伦敦轴线、69% 的北京轴线以及 67% 的阿姆斯特丹轴线具有高于 0.999 的 R 方值。即使对于伦敦道克兰区，即东伦敦新的开发区，也有 82% 的轴线具有高于 0.99 的 R 方值，以及 100% 的轴线具有高于 0.978 的 R 方值。

基于每个案例的轴线模型，空间数与半径之间非线性相关性的 R 值、以及 a 和 b 值的最大值、最小值以及中值　　表 3.2

地区与城市	Max_R2	Mean_R2	Min_R2	Max_a	Median a	Min_a	Max_b	Median b	Min_b
北京	1	0.999	0.995	29.9	15.8	10.2	6.36	3.33	2.07
伦敦中心区	1	0.999	0.997	30	16.6	10.3	6.17	3.35	2.15
伦敦道克兰区	1	0.994	0.978	66	29.3	21.6	6.94	2.74	1.47
大伦敦	1	0.999	0.996	82.3	47.2	30.4	5.38	2.92	2.11
芝加哥	1	0.997	0.993	21.7	9.35	5.8	9.61	3.51	1.95
阿姆斯特丹	1	0.999	0.993	18.9	11.3	6.9	8.92	4.12	2.56

（资料来源：作者自绘）

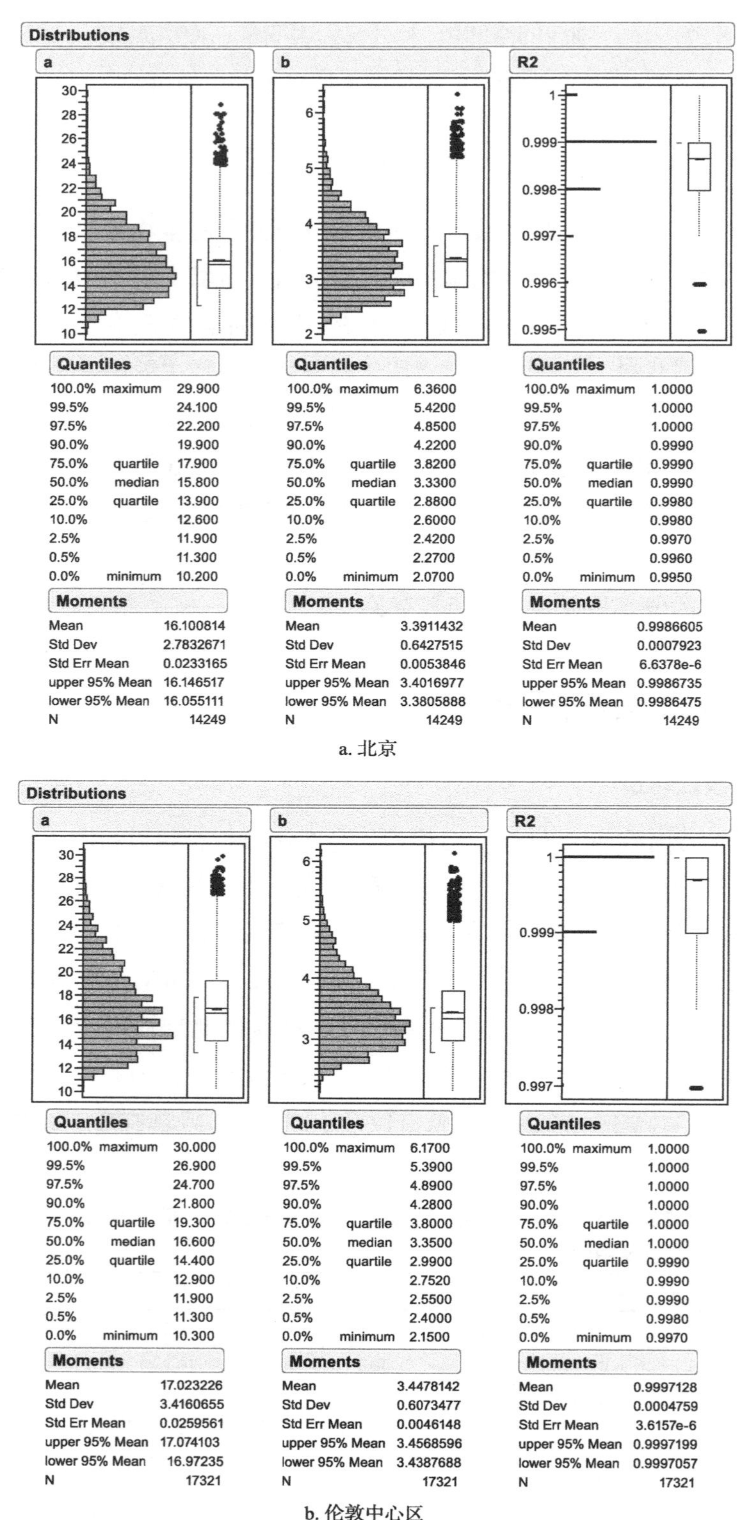

a. 北京

b. 伦敦中心区

图 3.2 基于轴线图的韦伯积累分布函数拟合的 R 方值、参数 a 和 b 的统计分布图（一）

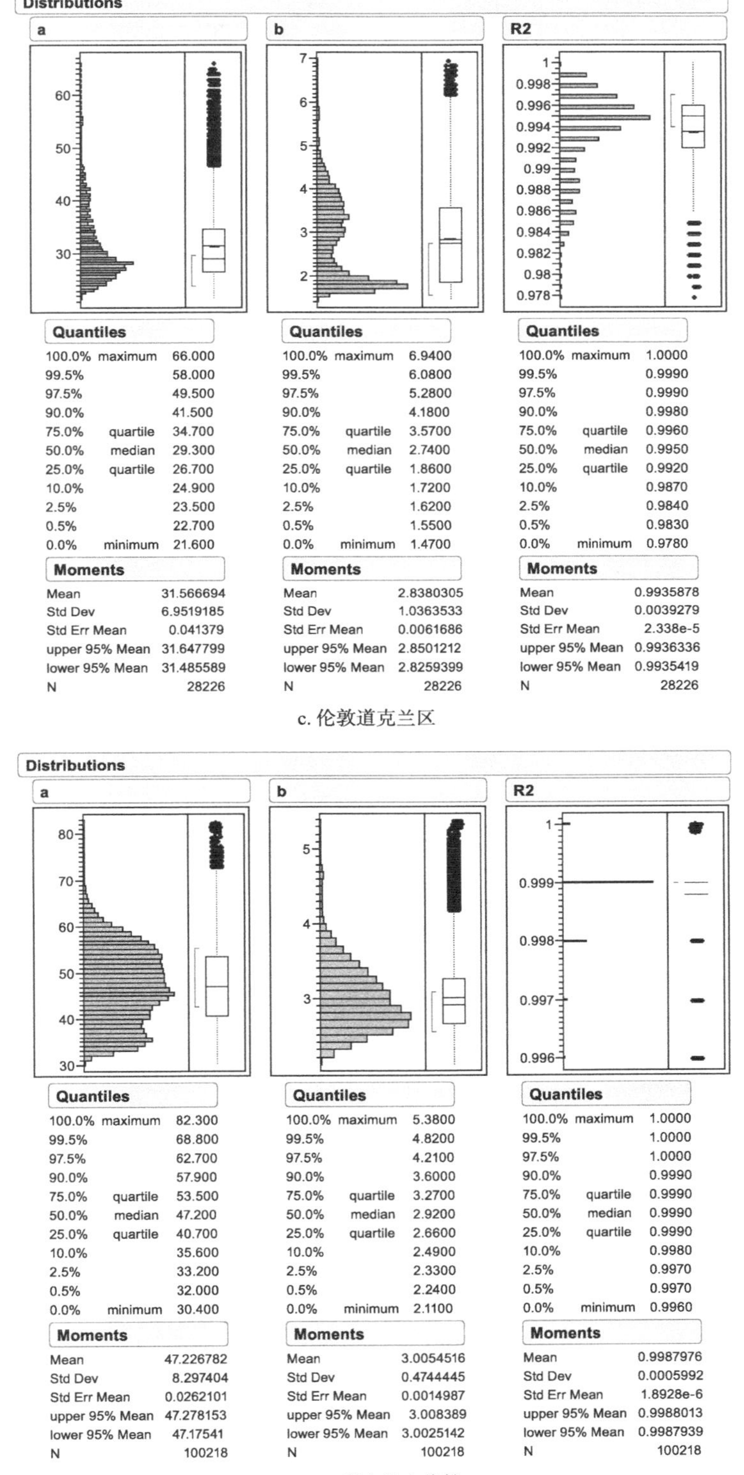

c. 伦敦道克兰区

d. M25 以内的大伦敦

图 3.2　基于轴线图的韦伯积累分布函数拟合的 R 方值、参数 a 和 b 的统计分布图（二）

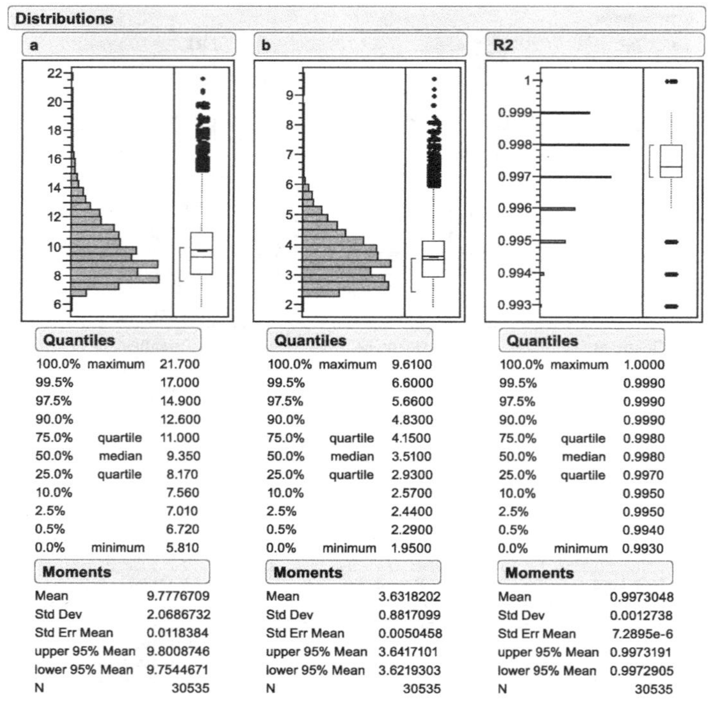

Quantiles

		a	b	R2
100.0%	maximum	21.700	9.6100	1.0000
99.5%		17.000	6.6000	0.9990
97.5%		14.900	5.6600	0.9990
90.0%		12.600	4.8300	0.9990
75.0%	quartile	11.000	4.1500	0.9980
50.0%	median	9.350	3.5100	0.9980
25.0%	quartile	8.170	2.9300	0.9970
10.0%		7.560	2.5700	0.9950
2.5%		7.010	2.4400	0.9950
0.5%		6.720	2.2900	0.9940
0.0%	minimum	5.810	1.9500	0.9930

Moments

	a	b	R2
Mean	9.7776709	3.6318202	0.9973048
Std Dev	2.0686732	0.8817099	0.0012738
Std Err Mean	0.0118384	0.0050458	7.2895e-6
upper 95% Mean	9.8008746	3.6417101	0.9973191
lower 95% Mean	9.7544671	3.6219303	0.9972905
N	30535	30535	30535

e. 芝加哥

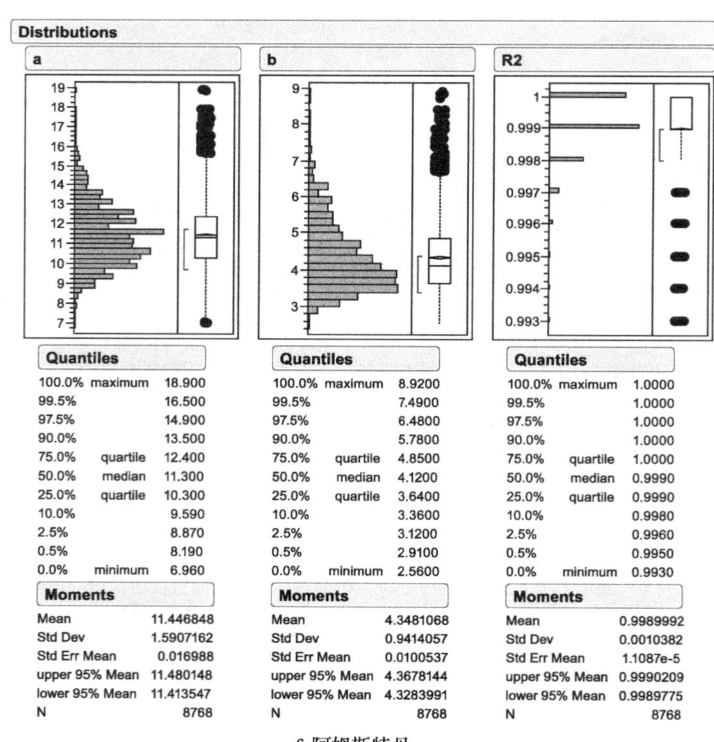

Quantiles

		a	b	R2
100.0%	maximum	18.900	8.9200	1.0000
99.5%		16.500	7.4900	1.0000
97.5%		14.900	6.4800	1.0000
90.0%		13.500	5.7800	1.0000
75.0%	quartile	12.400	4.8500	1.0000
50.0%	median	11.300	4.1200	0.9990
25.0%	quartile	10.300	3.6400	0.9990
10.0%		9.590	3.3600	0.9980
2.5%		8.870	3.1200	0.9960
0.5%		8.190	2.9100	0.9950
0.0%	minimum	6.960	2.5600	0.9930

Moments

	a	b	R2
Mean	11.446848	4.3481068	0.9989992
Std Dev	1.5907162	0.9414057	0.0010382
Std Err Mean	0.016988	0.0100537	1.1087e-5
upper 95% Mean	11.480148	4.3678144	0.9990209
lower 95% Mean	11.413547	4.3283991	0.9989775
N	8768	8768	8768

f. 阿姆斯特丹

图 3.2 基于轴线图的韦伯积累分布函数拟合的 R 方值、参数 a 和 b 的统计分布图（三）

（资料来源：作者自绘）

这说明了非线性的拟合度非常好，虽然不很完美。与之同时，这表明了：在整个尺度范围之内，六个案例中所有的轴线的空间数与半径之间存在两个参数的韦伯积累规律。换言之，双参数的韦伯积累法则可用于近似地描述拓扑嵌入轨迹，体现了每条轴线从局部到整体的构成规律。

可以发现，规模参数 a 和形状参数 b 都是非正态分布，因此表 3.2 中选取了这两个参数的中值，可以更为精确地反映这两个参数的平均值。简单而言，不同案例的规模参数 a 的变化幅度较大，而形状参数 b 的变化幅度较小。这说明了这些案例的拓扑嵌入轨迹的规模幅度差异较大，而这些轨迹的形状很可能比较类似。

3.3.2　米制嵌入轨迹

基于线段模型，我们再研究一下米制距离的嵌入轨迹，即每条线段根据其与其他线段的实际距离，逐步嵌入到整个城市空间网络的过程。表 3.3 总结了拟合优度，即非线性回归模型的 R 方值，以及相对应的参数。表 3.3 显示了 R 方值以及参数 a 和 b 的分布模式。73% 的伦敦线段具有高于 0.999 的 R 值，且 99.97% 的伦敦线段具有高于 0.99 的 R 值，其中最小 R 值为 0.984。30% 的北京线段具有高于 0.99 的 R 值，100% 的北京线段具有高于 0.9 的 R 值，最小的 R 值为 0.924。虽然北京的相关性弱于伦敦的，然而其相关性在统计上还是相当显著。这表明，在整个城市的米制距离半径区间内，北京和伦敦的空间数与半径之间存在双参数的韦伯函数规律。换言之，对于这两个几何形态明显不同的城市，从统计上，米制双参数的韦伯函数适用于描述更为精细的嵌入轨迹。此外，这两个案例的规模参数 a 之间的差别，远远大于形状参数 b 之间的差别。在一定程度上，这反映了两个案例之间的空间规模差异，不过也体现了它们嵌入其周边网络的轨迹比较类似。

基于北京和伦敦的线段模型，空间数与半径之间非线性相关性的 R 方值以及参数 a 与 b　　表 3.3

城市	Max_R2	Mean_R2	Min_R2	Max_a	Median a	Min_a	Max_b	Median b	Min_b
北京	0.999	0.973	0.924	26600	15900	11900	3.63	2.55	1.87
伦敦	1	0.999	0.984	18000	11100	7540	3.41	2.34	1.64

（资料来源：作者自绘）

3.3.3　限制城市空间网络构成的空间参数

那么，上述分析之中参数 a 与 b 的形态内涵是什么？从数学的角度而言，尺度参数 a 决定了空间数 _k（NC_k）在分析区间内的分布均匀或集中程度。参数 a 越大，空间数 _k 的分布也就更为平均。参数 b 是形状参数，它影响空间数 _k 的分布形式。

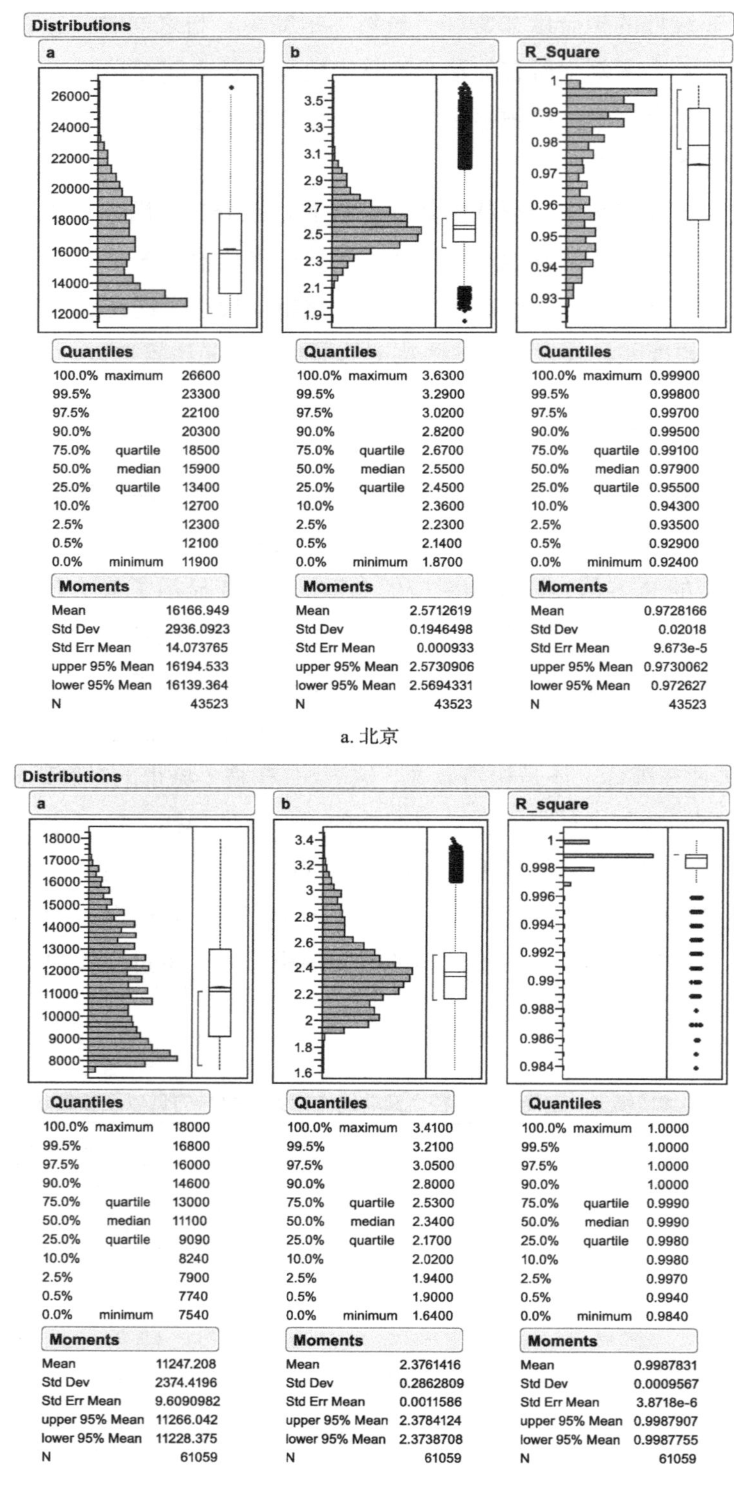

b. 伦敦

图 3.3　基于北京和伦敦线段模型的韦伯拟合的 R 值以及参数 a 和 b 的分布模式

（资料来源：作者自绘）

基于拓扑和米制距离的分析，表 3.2 和表 3.3 都表明了：不同案例的参数 a 的中值差异较大，而参数 b 的中值差异相对较小。对于每个案例而言，不同轴线或线段的参数 a 分布差异较大，而参数 b 差异较小，基本上围绕中值而变化。虽然每条轴线或线段的空间数本身变化很大，然而每条轴线或线段的曲线所代表的嵌入轨迹形状（如图 3.2 和图 3.3 所示，）则变化较小。那么，这两个变量是否与其他基本的空间句法变量有某种关系？

对于轴线分析，我们选取了基本的几何与句法变量，如轴线长度（Line Length）、连接度（Connectivity）、半径 3 的总拓扑深度（Total Depth R3）、半径—半径的总拓扑深度（Total Depth Radius-radius）、全局的总拓扑深度（Total Depth Rn）、半径 3 的平均拓扑深度（Mean Depth R3）、半径—半径的平均拓扑深度（Mean Depth Radius-radius）、全局的平均拓扑深度（Mean Depth Rn）、半径 3 的整合度（Integration R3）、半径—半径的整合度（Integration Radius-radius）、全局的整合度（Integration Rn）。这些变量分别与参数 a 与 b 做线性相关性分析，用于校验哪些几何与句法变量显著地影响上述两个参数。

分析结果表明：对于每个案例，参数 a 与全局的平均拓扑深度之间都存在几乎完美的线性相关。图 3.4 显示了每个案例的散点图（左），其中横轴是全局的平均拓扑深度，纵轴是参数 a。伦敦中心区、伦敦道克兰区、M25 以内的大伦敦、北京、芝加哥、阿姆斯特丹的 R 值分别是 0.998、0.995、0.998、0.997、0.996 以及 0.994（表 3.4）。对于每个案例，进一步比较横轴与纵轴的区间范围，可以发现其结果非常类似。这表明了平均拓扑深度与参数 a 很可能在统计上是类似的。既然参数 a 用于度量韦伯累积规律的尺度参数，那么通过乘法的计算方式，可将参数 a 调整为平均拓扑深度。在一定程度上，可认为参数 a 就是平均拓扑深度。

基于轴线图，参数 a 与全局平均拓扑深度（MD）的线性相关的 R 值、参数 b 与平均拓扑嵌入速率（Avg Emd）之间的 R 值、以及参数 a 与参数 b 之间的 R 值　　**表 3.4**

地区 / 城市	a 与 MD 的 R 方值	b 与 Avg Emd 的 R 方值	a 与 b 的 R 方值
北京	0.997	0.748	0.663
伦敦中心区	0.998	0.717	0.772
伦敦道克兰区	0.995	0.872	0.612
M25 大伦敦	0.998	0.751	0.756
芝加哥	0.996	0.801	0.662
阿姆斯特丹	0.994	0.539	0.463

（资料来源：作者自绘）

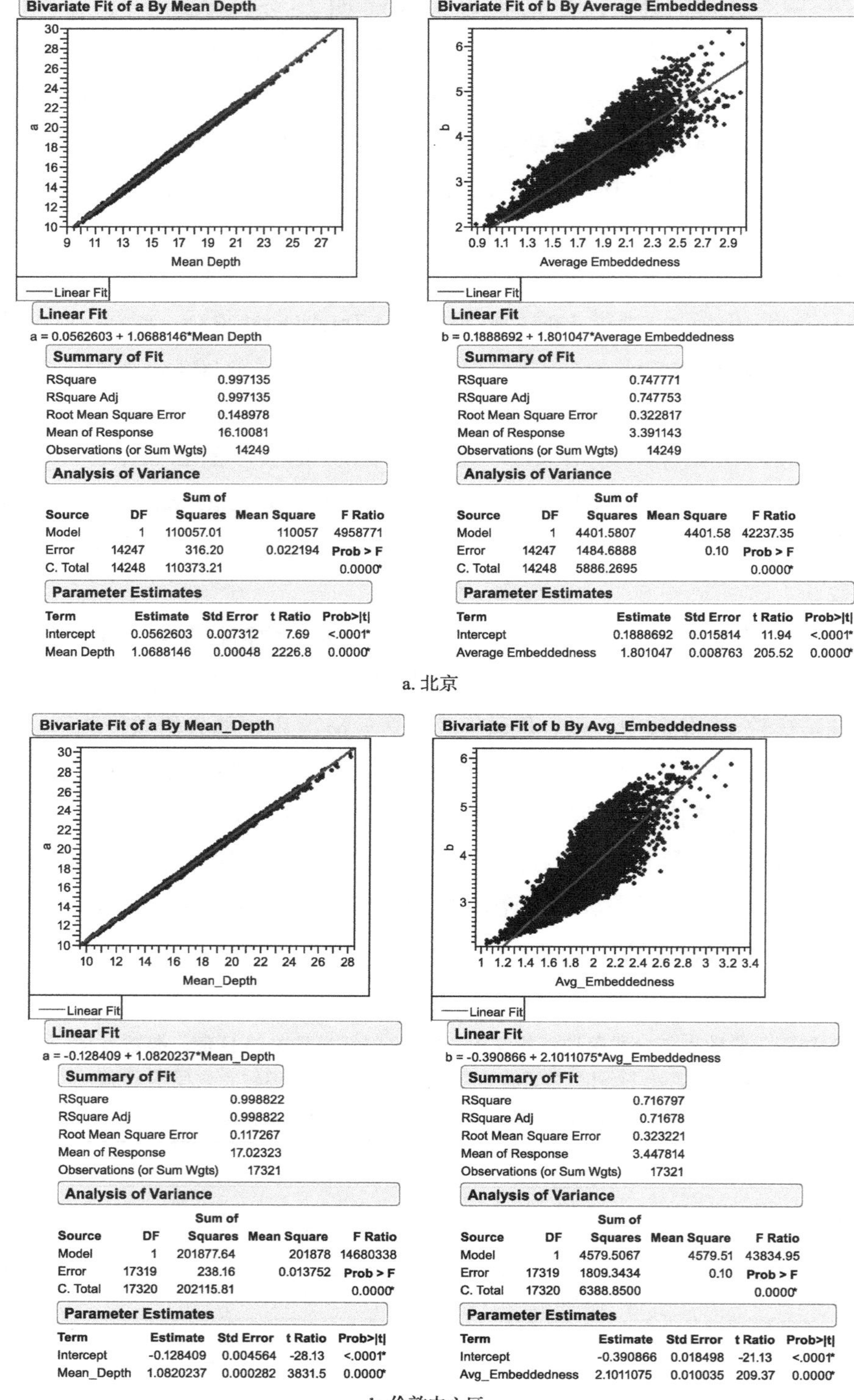

a. 北京

b. 伦敦中心区

图 3.4　基于轴线图，参数 a 和全局的拓扑深度均值存在线性相关（左）以及参数 b 和拓扑嵌入速率存在线性相关（右）(一)

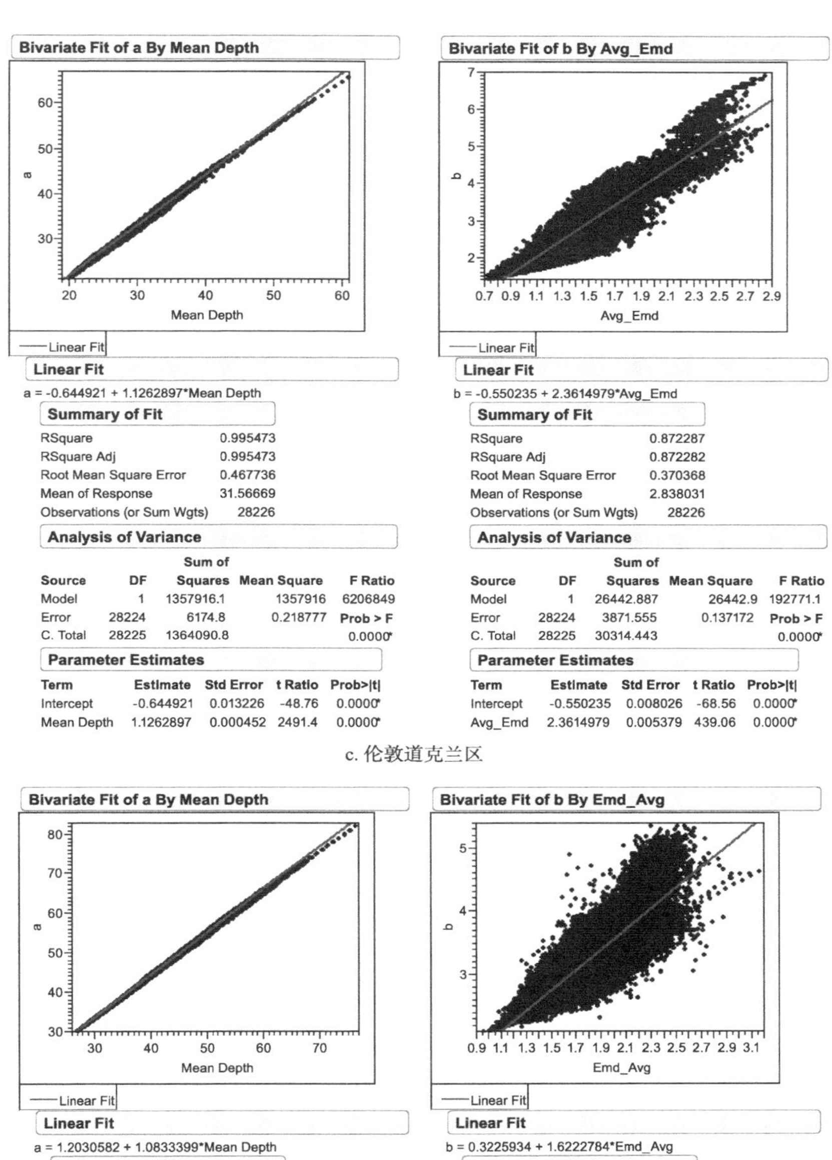

Bivariate Fit of a By Mean Depth

Linear Fit

a = -0.644921 + 1.1262897*Mean Depth

Summary of Fit

RSquare	0.995473
RSquare Adj	0.995473
Root Mean Square Error	0.467736
Mean of Response	31.56669
Observations (or Sum Wgts)	28226

Analysis of Variance

Source	DF	Sum of Squares	Mean Square	F Ratio
Model	1	1357916.1	1357916	6206849
Error	28224	6174.8	0.218777	Prob > F
C. Total	28225	1364090.8		0.0000*

Parameter Estimates

Term	Estimate	Std Error	t Ratio	Prob>|t|
Intercept	-0.644921	0.013226	-48.76	0.0000*
Mean Depth	1.1262897	0.000452	2491.4	0.0000*

Bivariate Fit of b By Avg_Emd

Linear Fit

b = -0.550235 + 2.3614979*Avg_Emd

Summary of Fit

RSquare	0.872287
RSquare Adj	0.872282
Root Mean Square Error	0.370368
Mean of Response	2.838031
Observations (or Sum Wgts)	28226

Analysis of Variance

Source	DF	Sum of Squares	Mean Square	F Ratio
Model	1	26442.887	26442.9	192771.1
Error	28224	3871.555	0.137172	Prob > F
C. Total	28225	30314.443		0.0000*

Parameter Estimates

Term	Estimate	Std Error	t Ratio	Prob>|t|
Intercept	-0.550235	0.008026	-68.56	0.0000*
Avg_Emd	2.3614979	0.005379	439.06	0.0000*

c. 伦敦道克兰区

Bivariate Fit of a By Mean Depth

Linear Fit

a = 1.2030582 + 1.0833399*Mean Depth

Summary of Fit

RSquare	0.998777
RSquare Adj	0.998777
Root Mean Square Error	0.290228
Mean of Response	47.22678
Observations (or Sum Wgts)	100218

Analysis of Variance

Source	DF	Sum of Squares	Mean Square	F Ratio
Model	1	6891189.6	6891190	81811765
Error	100216	8441.4	0.084232	Prob > F
C. Total	100217	6899631.0		0.0000*

Parameter Estimates

Term	Estimate	Std Error	t Ratio	Prob>|t|
Intercept	1.2030582	0.00517	232.69	0.0000*
Mean Depth	1.0833399	0.00012	9045.0	0.0000*

Bivariate Fit of b By Emd_Avg

Linear Fit

b = 0.3225934 + 1.6222784*Emd_Avg

Summary of Fit

RSquare	0.750657
RSquare Adj	0.750655
Root Mean Square Error	0.236911
Mean of Response	3.005452
Observations (or Sum Wgts)	100218

Analysis of Variance

Source	DF	Sum of Squares	Mean Square	F Ratio
Model	1	16933.779	16933.8	301704.5
Error	100216	5624.826	0.056127	Prob > F
C. Total	100217	22558.605		0.0000*

Parameter Estimates

Term	Estimate	Std Error	t Ratio	Prob>|t|
Intercept	0.3225934	0.004941	65.28	0.0000*
Emd_Avg	1.6222784	0.002953	549.28	0.0000*

d. M25 以内的大伦敦

图 3.4　基于轴线图，参数 a 和全局的拓扑深度均值存在线性相关（左）以及参数 b 和拓扑嵌入速率存在线性相关（右）（二）

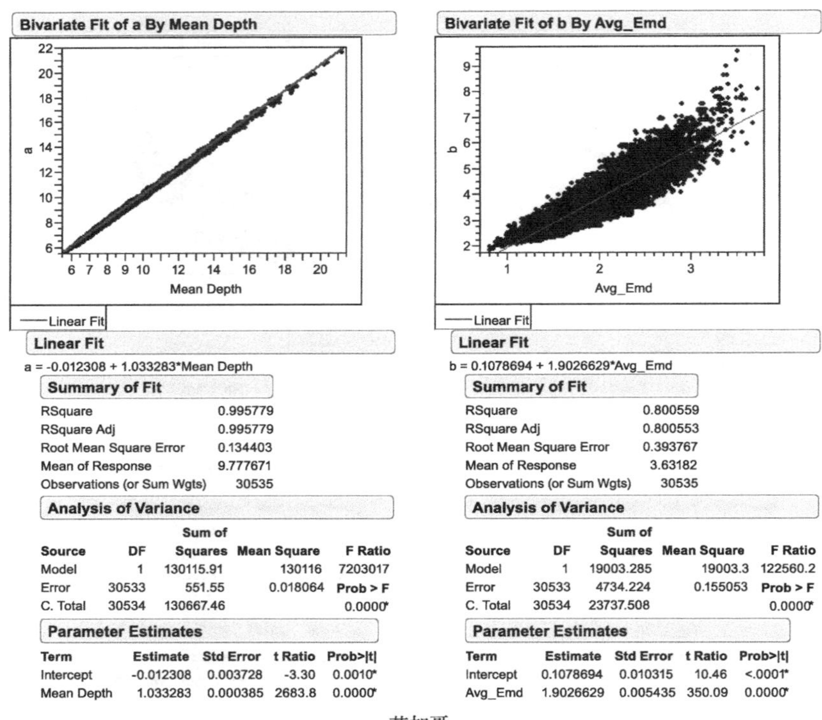

Linear Fit

a = -0.012308 + 1.033283*Mean Depth

Summary of Fit

RSquare	0.995779
RSquare Adj	0.995779
Root Mean Square Error	0.134403
Mean of Response	9.777671
Observations (or Sum Wgts)	30535

Analysis of Variance

Source	DF	Sum of Squares	Mean Square	F Ratio
Model	1	130115.91	130116	7203017
Error	30533	551.55	0.018064	Prob > F
C. Total	30534	130667.46		0.0000*

Parameter Estimates

Term	Estimate	Std Error	t Ratio	Prob>|t|
Intercept	-0.012308	0.003728	-3.30	0.0010*
Mean Depth	1.033283	0.000385	2683.8	0.0000*

Linear Fit

b = 0.1078694 + 1.9026629*Avg_Emd

Summary of Fit

RSquare	0.800559
RSquare Adj	0.800553
Root Mean Square Error	0.393767
Mean of Response	3.63182
Observations (or Sum Wgts)	30535

Analysis of Variance

Source	DF	Sum of Squares	Mean Square	F Ratio
Model	1	19003.285	19003.3	122560.2
Error	30533	4734.224	0.155053	Prob > F
C. Total	30534	23737.508		0.0000*

Parameter Estimates

Term	Estimate	Std Error	t Ratio	Prob>|t|
Intercept	0.1078694	0.010315	10.46	<.0001*
Avg_Emd	1.9026629	0.005435	350.09	0.0000*

e. 芝加哥

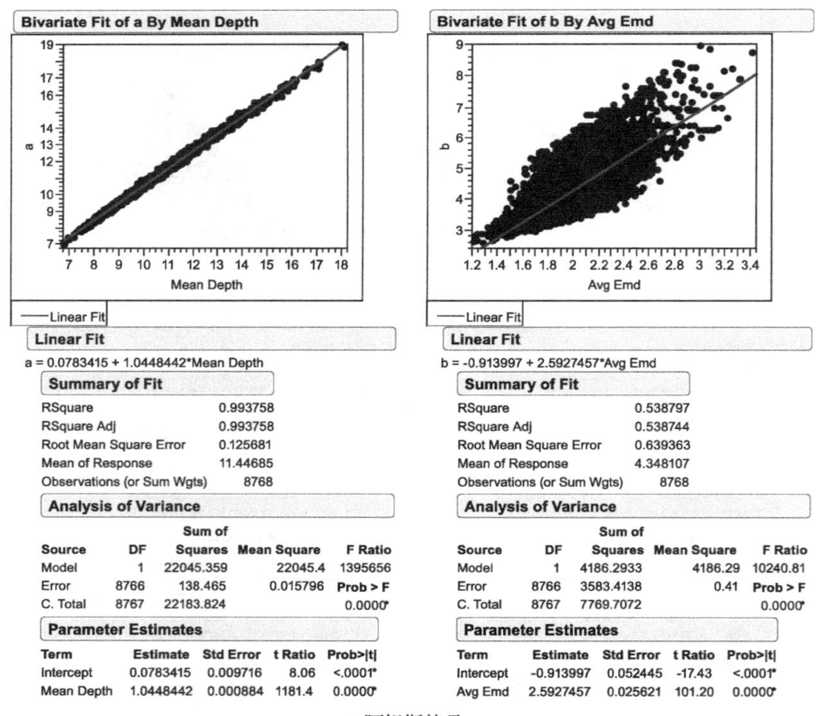

Linear Fit

a = 0.0783415 + 1.0448442*Mean Depth

Summary of Fit

RSquare	0.993758
RSquare Adj	0.993758
Root Mean Square Error	0.125681
Mean of Response	11.44685
Observations (or Sum Wgts)	8768

Analysis of Variance

Source	DF	Sum of Squares	Mean Square	F Ratio
Model	1	22045.359	22045.4	1395656
Error	8766	138.465	0.015796	Prob > F
C. Total	8767	22183.824		0.0000*

Parameter Estimates

Term	Estimate	Std Error	t Ratio	Prob>|t|
Intercept	0.0783415	0.009716	8.06	<.0001*
Mean Depth	1.0448442	0.000884	1181.4	0.0000*

Linear Fit

b = -0.913997 + 2.5927457*Avg Emd

Summary of Fit

RSquare	0.538797
RSquare Adj	0.538744
Root Mean Square Error	0.639363
Mean of Response	4.348107
Observations (or Sum Wgts)	8768

Analysis of Variance

Source	DF	Sum of Squares	Mean Square	F Ratio
Model	1	4186.2933	4186.29	10240.81
Error	8766	3583.4138	0.41	Prob > F
C. Total	8767	7769.7072		0.0000*

Parameter Estimates

Term	Estimate	Std Error	t Ratio	Prob>|t|
Intercept	-0.913997	0.052445	-17.43	<.0001*
Avg Emd	2.5927457	0.025621	101.20	0.0000*

f. 阿姆斯特丹

图 3.4 基于轴线图，参数 a 和全局的拓扑深度均值存在线性相关（左）以及参数 b 和拓扑嵌入速率存在线性相关（右）（三）

（资料来源：作者自绘）

然而，我们并未发现那些基本的几何和句法变量与参数 b 有很显著的相关性。不过，由于该参数控制了图示中曲线的形状，所以从数学上推理，该参数与空间数的变化速率有一定的关系。于是，我们提出了假设：形状参数 b 与每条轴线嵌入其周边网络的拓扑速率有关，即拓扑平均嵌入速率（average embeddedness pace）。这可由如下公式进行计算（Yang & Hillier，2007）。

$$Emd(Rk)=\frac{\log(NC_{\_Rk})-\log(NC_{\_Rk-1})}{\log(k)-\log(k-1)} \qquad \text{式（3.3）}$$

其中，Emd（Rk）表示在半径 k 时的拓扑平均嵌入速率；NC_Rk 代表半径 k 时的空间数；而 k 则表示半径。

每条轴线的平均拓扑嵌入速率定义为：从拓扑半径 2 到该轴线最大拓扑半径的区间内所有拓扑嵌入速率的平均值。对参数 b 与平均拓扑嵌入速率，进行线性回归分析。图 3.4（右）为它们的相关性散点图。表 3.4 为六个案例的 R 方值：北京、伦敦中心区、伦敦道克兰区、M25 以内的大伦敦、芝加哥以及阿姆斯特丹的 R 值分别为 0.748、0.717、0.872、0.751、0.801 and 0.539。这表明了参数 b 与平均拓扑嵌入速率之间存在较强的相关性，也就意味着参数 b 影响了每条轴线以拓扑方式嵌入周边空间网络的平均速率。换言之，平均拓扑嵌入速率也是一个主要空间因素影响拓扑嵌入轨迹。

基于上述研究的启发，我们进一步推论到：对于线段模型，参数 a 与米制平均距离（即从出发点的线段到其他所有线段的米制距离均值）有相关性，且参数 b 与米制嵌入速率（即出发点的线段以米制的方式嵌入周边空间网络的速度）有关联性。米制嵌入速率根据下述公式计算（Yang & Hillier，2007）。

$$Emd(k,\sigma)=\frac{\log(NC_{\_k})-\log(NC_{\_k-\sigma})}{\log(k)-\log(k-\sigma)} \qquad \text{式（3.4）}$$

其中，Emd（k，σ）指半径 k 下的米制嵌入速率；NC_k 指半径 k 下的空间数；σ 是半径增加的间隔。

任意线段的平均米制嵌入速率为整个研究区间范围内的米制嵌入的平均值，从 500 米到那条线段的最大米制半径，间隔为 500 米。基于伦敦和北京的线段图，平均米制嵌入速率和全局平均米制距离得以分别计算；然而分别进行参数 a 与全局平均米制距离、以及参数 b 与平均米制嵌入速率的线性相关分析。表 3.5 显示了伦敦和北京的 R 值；而图 3.5 则分别显示了它们的散点图。

基于伦敦和北京线段图，参数 a 与全局米制距离的 R 值、参数 b 与平均米制嵌入速率的 R 值、以及参数 a 与参数 b 的 R 值　　表 3.5

地区 / 城市	a 与 MD 的 R 方值	b 与 Avg Emd 的 R 方值	a 与 b 的方值
北京	0.961	0.401	0.234
伦敦	0.964	0.665	0.578

（资料来源：作者自绘）

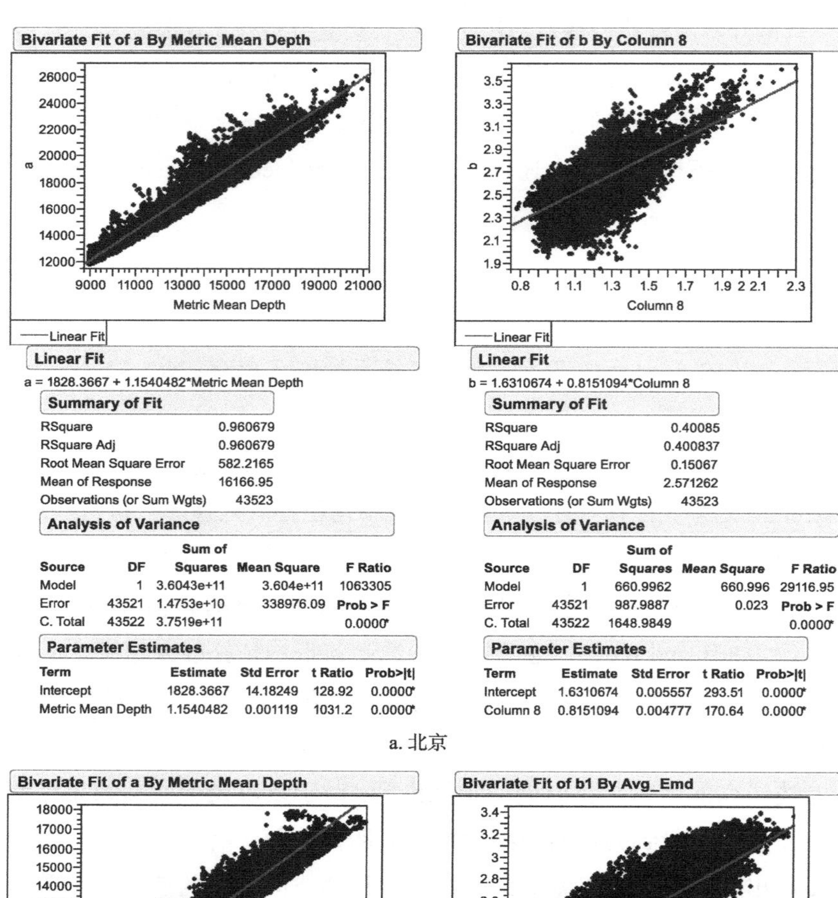

Linear Fit

a = 1828.3667 + 1.1540482*Metric Mean Depth

Summary of Fit

RSquare	0.960679
RSquare Adj	0.960679
Root Mean Square Error	582.2165
Mean of Response	16166.95
Observations (or Sum Wgts)	43523

Analysis of Variance

Source	DF	Sum of Squares	Mean Square	F Ratio
Model	1	3.6043e+11	3.604e+11	1063305
Error	43521	1.4753e+10	338976.09	Prob > F
C. Total	43522	3.7519e+11		0.0000*

Parameter Estimates

Term	Estimate	Std Error	t Ratio	Prob>|t|
Intercept	1828.3667	14.18249	128.92	0.0000*
Metric Mean Depth	1.1540482	0.001119	1031.2	0.0000*

Linear Fit

b = 1.6310674 + 0.8151094*Column 8

Summary of Fit

RSquare	0.40085
RSquare Adj	0.400837
Root Mean Square Error	0.15067
Mean of Response	2.571262
Observations (or Sum Wgts)	43523

Analysis of Variance

Source	DF	Sum of Squares	Mean Square	F Ratio
Model	1	660.9962	660.996	29116.95
Error	43521	987.9887	0.023	Prob > F
C. Total	43522	1648.9849		0.0000*

Parameter Estimates

Term	Estimate	Std Error	t Ratio	Prob>|t|
Intercept	1.6310674	0.005557	293.51	0.0000*
Column 8	0.8151094	0.004777	170.64	0.0000*

a. 北京

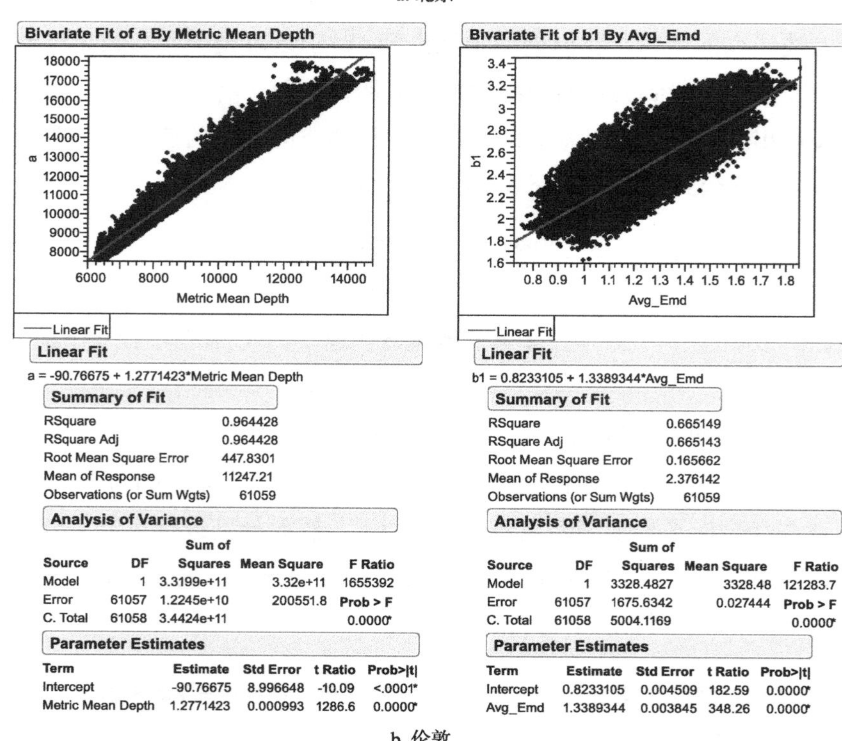

Linear Fit

a = -90.76675 + 1.2771423*Metric Mean Depth

Summary of Fit

RSquare	0.964428
RSquare Adj	0.964428
Root Mean Square Error	447.8301
Mean of Response	11247.21
Observations (or Sum Wgts)	61059

Analysis of Variance

Source	DF	Sum of Squares	Mean Square	F Ratio
Model	1	3.3199e+11	3.32e+11	1655392
Error	61057	1.2245e+10	200551.8	Prob > F
C. Total	61058	3.4424e+11		0.0000*

Parameter Estimates

Term	Estimate	Std Error	t Ratio	Prob>|t|
Intercept	-90.76675	8.996648	-10.09	<.0001*
Metric Mean Depth	1.2771423	0.000993	1286.6	0.0000*

Linear Fit

b1 = 0.8233105 + 1.3389344*Avg_Emd

Summary of Fit

RSquare	0.665149
RSquare Adj	0.665143
Root Mean Square Error	0.165662
Mean of Response	2.376142
Observations (or Sum Wgts)	61059

Analysis of Variance

Source	DF	Sum of Squares	Mean Square	F Ratio
Model	1	3328.4827	3328.48	121283.7
Error	61057	1675.6342	0.027444	Prob > F
C. Total	61058	5004.1169		0.0000*

Parameter Estimates

Term	Estimate	Std Error	t Ratio	Prob>|t|
Intercept	0.8233105	0.004509	182.59	0.0000*
Avg_Emd	1.3389344	0.003845	348.26	0.0000*

b. 伦敦

图 3.5　基于线段图，参数 a 和全局的米制距离均值存在线性相关（左）以及参数 b 和米制嵌入速率存在线性相关（右）

（资料来源：作者自绘）

一方面，参数 a 与全局米制距离半径有较强的相关性，伦敦的 R 值为 0.964，而北京的为 0.961。这表明了每条线段的尺度参数 a 显著地受到了全局米制距离的影响。既然参数 a 是尺度参数，那么该参数可用于近似表达全局米制距离。从这个意义上，全局米制距离可视为韦伯规律的一部分。可解释为北京和伦敦城市空间网络根据其各条街道的米制距离远近展开形态构成。

另一方面，参数 b 与平均米制嵌入速率具有一定的相关性，即伦敦的 R 值为 0.665，而北京的 R 值为 0.401。在一定程度上，这说明形状参数 b 受到了平均米制嵌入速率的影响，或者说每条线段以米制距离的方式嵌入周边空间网络的速率影响到形状参数 b 的数值。从数学角度而言，形状参数 b 实际上控制了散点图中空间数与半径之间的曲线形状（如图 3.1 所示）。于是，可认为米制嵌入速率就是韦伯函数的形状变量，在一定程度上影响了北京与伦敦空间网络的米制构成方式。

普遍而言，上述拓扑与米制分析表明：尺度参数 a 可视为从每条街道到其他所有街道的拓扑或米制距离的平均值；而形状参数 b 可解释为每条街道以拓扑或米制方式嵌入到整个城市空间结构的速率。这两个参数是相互影响的，且上述研究表明这两个参数具有一定的关联性。

3.4 局部与整体的关系

3.4.1 整体空间网络自上而下的限制作用

既然在从局部到整体的区间范围内，嵌入轨迹基本上符合双参数韦伯函数，那么该轨迹是否影响局部或中等尺度的空间构成？从理论模型角度，我们进一步研究拓扑嵌入轨迹模型。如图 3.6 所示，空间数 _k（NC_k）在纵轴上，半径 k（Rk）在横轴上。如果半径从 Rk 增加到 Rk+s，其中 s 表示半径无限小的步长。那么，总拓扑深度的增加值近似为（NC_k+s – NC_k）× Rk，等于梯形 B1B2O1O2 的面积。当半径 k 从 1 增加到 n，全局总拓扑深度为（NC_k+s – NC_k） × Rk 之和。实际上，总拓扑深度等于形状 A1A2A3 的面积，即黄色部分的面积。

对于每条轴线而言，灰色的面积代表了总拓扑深度；而对于每条线段而言，灰色的面积代表了总米制距离。这形象地表明了总拓扑深度或总米制距离在很大程度上由嵌入轨迹所决定的，即从最局部到最整体的嵌入轨迹与横纵轴所形成了包络部分的面积就是总拓扑深度或总米制距离。对于任意半径 k 的总拓扑深度或总米制距离，这等价于 A1B1O1 的面积，其中曲线 A1O1 代表了从半径 1 到半径 k 的嵌入轨迹。

前文的研究表明了，空间数 _k 与半径之间存在双参数的韦伯规律，那么在半径 k 的嵌入轨迹的模式由两个空间因素所影响，即全局平均拓扑深度或全局平均米制距离、

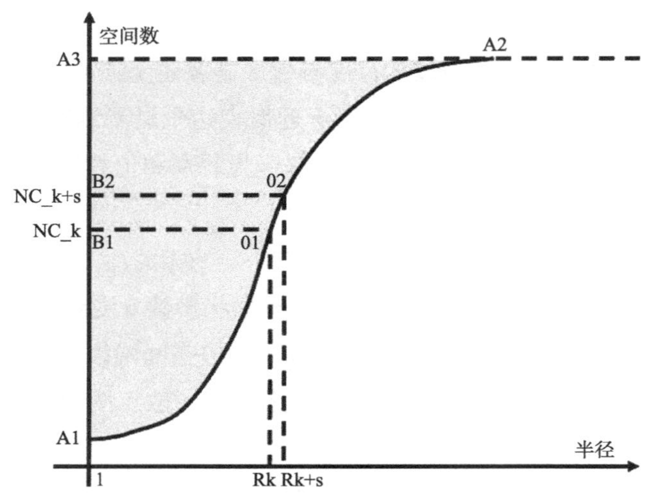

图 3.6　空间数与半径之间的关系适用于对全局拓扑总深度的诠释

（来源：作者自绘）

以及嵌入速率的平均值。既然每个空间嵌入轨迹决定了总拓扑深度或总米制距离，那么这也表明该变量也受到了全局平均拓扑深度或全局平均米制距离、以及嵌入速率的平均值的影响。在这种意义上，这表明了每个空间的空间构成，不管是局部，还是整体的空间构成，都受制于整个城市空间网络的构成模式。

3.4.2　城市空间网络构成的非随机性

正如前文所说，六个案例中的韦伯函数的参数 a 与参数 b 具有较强的正相关性（如表 3.4）。伦敦、伦敦道克兰区、M25 以内的大伦敦、芝加哥以及阿姆斯特丹的 R 值分别为 0.772、0.612、0.756、0.663、0.662 以及 0.463。从统计而言，参数 a 越大，参数 b 就越大。这意味着全局总拓扑深度均值越大，平均嵌入速率越快，或者说嵌入的空间数的变化率越快。然而，我们一般认为越快的嵌入速率对应于越小的全局总拓扑深度均值，这是由于我们直观而感性地假设更快的嵌入速率表明较小的半径下将会遇到更多的空间。然而，为什么更快的平均嵌入速率反而与更大的全局总拓扑深度均值相关？

在实证研究中，参数 b 大于 1.47（表 3.4）。从数学角度而言，当参数 b 大于 1.5 时，在较小的半径下，空间数与半径所构成了曲线具有较小的斜率。这表明较小半径下具有较小的空间数变化率，即较小的嵌入速率（图 3.7）。当参数 b 增加时，如从 1.5 变化到 3、6、12，嵌入速率在较小半径下变得更为缓慢，而在中等半径下变得更快。这意味在较小半径下遇到较少的空间，而在较大半径下遇到较多的空间，这就导致了全局总拓扑深度均值变大。由于在中等半径下，嵌入速率变得很快，所以从局部到整体的嵌入速率平均值变得更大。于是，在统计上，这导致了更大的嵌入速率均值与更大的全局拓扑总深度均值存在正相关的联系。实际上，这从数学上纠正了我们感性的推论。较快的嵌入速率其实意味着在较大的半径下遇到更多的轴线，那么就有更多的轴线远离出发点的轴线，导致了出发点轴线与周边其他轴线的拓扑距离更远。

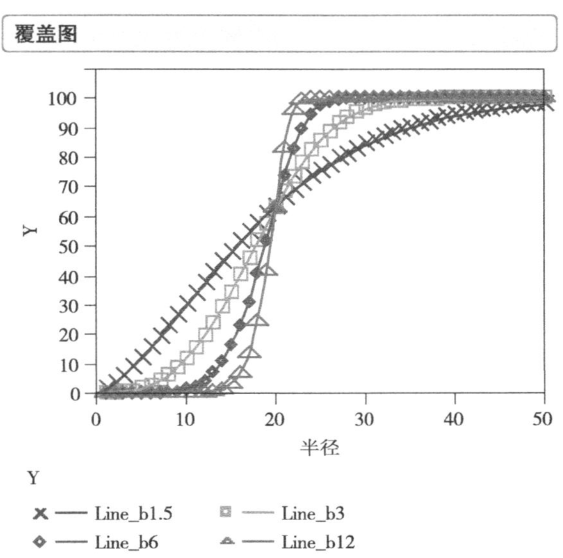

图 3.7　遵循双参数的韦伯累计函数的空间数与半径之间的关系图，其中参数 a 是固定的，而参数 b 则分别为 1.5、3、6、12。Line_b1.5 表示参数 b 为 1.5 的曲线，Line_b3 表示参数为 3 的曲线，Line_b6 表示参数为 6 的曲线，而 Line_b12 则表示参数为 12 的曲线

（资料来源：作者自绘）

采用米制距离做个类比，这个结论将会更为明确。对于一条线段的中点，随半径的增加，每次增加的空间数为两个点，米制嵌入速率为 1；而对于一个圆的圆心，随半径的增加，每次增加的空间数位 $2 \times \pi \times r$（其中 r 为距离圆心的长度），米制嵌入速率为 2。换言之，一条线段为一维空间，一个圆为二维空间；那么这两种不同空间构成的差别体现为空间维度，前者为 1，而后者为 2。然而，圆心的总米制距离的均值为 2k/3；线段中点的总体米制距离的均值为 k/2。显然，直线的总体米制距离要小些，对应于较低的维度变化。因此，米制嵌入速率越快，出发点在较大半径下所遇到的新空间数量越多，总米制距离也就越大。在这种意义上，嵌入速率可视为空间维度的一种体现。

正如前文所讨论，表 3.4 也表明了形状参数 b 在比较狭窄的区间内浮动，这与尺度参数 a 差别较大，后者在较大范围的区间内变化，且每个案例都差别较大。这表明了拓扑嵌入轨迹的形状本身并不是千差万别的，而是相对来说比较类似。在一定程度上，这证实了希列尔在《空间是机器》第 8 章的一个假设，即城市空间网络的空间构成并不是随机的过程，而是局限在相对狭窄的可能性区间之内（Hillier，1996）。

3.4.3 句法变量的一种标准化思路

因此，上述的分析提供了一种思路去实现句法变量的标准化，使得那些变量可用于比较规模大小不一的城市或子系统。基于不同规模大小的系统，可计算出句法变量，而这些变量往往受到了规模本身的影响，即系统规模越大，变量的数值越大或越小。一旦这些系统的空间构成只是在较为狭窄的区间内变化，那么这些变量的数值也将收敛。于是，可选取一个标准的系统，其他系统中所生成的变量与之比较，而将这些变量标准化。《空间的社会逻辑》一书中就是采用这种策略。选取了“钻石形状”的空间系统作为参考系统，即如果将“钻石形状”转换为调整图（Justified Graph），那么该图中半径等于平均拓扑深度的那一层上有 k 个空间，其邻近的上下两层上有 k/2 个空间，再邻近的上下两层上有 k/4 个空间，如此下去，直到最底层和最高层分别由 1 个空间（Hillier & Hanson，1984：111-112）。位于真实城市空间系统的相对非对称度（Relative Asymmetry）与“钻石形状”的空间系统的相对非对称度进行了比较，从而将真实城市的相对非对称度进行了标准化（Hillier & Hanson，1984：108）。

不过，那个时期的空间句法研究还只是基于实验性的案例探索，并未深入研究采用“钻石形状”作为参考系统的理论原因，而更多关注标准化的实际效果。根据北京、伦敦中心区、伦敦道克兰区、M25 以内的大伦敦、芝加哥、阿姆斯特丹这六个案例的空间数 _n（NC_n），我们建立起六个案例的“钻石形状”。当分析一下这些“钻石形状”的拓扑嵌入轨迹，可仍然发现双参数的韦伯函数可对此进行解释，其参数仍然是尺度参数 a 和形状参数 b（见表 3.6）。

根据六个案例而转换的六个“钻石形状”的全局拓扑深度的均值（MD Rn）以及参数 a 和 b。后者分别表示为 D_a 和 D–b。 **表 3.6**

钻石案例	D_a	D_b	MD Rn 的均值
北京	15	10.6	15
伦敦	15	10.6	15.9
芝加哥	16	11.3	9.5
阿姆斯特丹	14	9.8	10.9
伦敦道克兰区	16	11.3	28.6
M25 的大伦敦	18	12.8	42.5

（资料来源：作者自绘）

表 3.6 总结了六个案例的“钻石形状”空间结构的参数 a 与 b（分别标记为 D_a 和 D_b）的平均值、以及全局总拓扑深度的平均值。伦敦、北京、阿姆斯特丹的参数

a 与全局总拓扑深度的平均值非常接近，然而芝加哥、伦敦道克兰区以及 M25 以内的大伦敦中这两个变量之间差别较大。实际上后三个案例中包含了较大部分的郊区和新建设区，这部分的空间网络与城市中心区的差别较大。因此，可认为“钻石形状”的空间结构作为参考系统，与郊区或新建设区系统的差别较大，反而更多适用于城市中心区的空间结构的标准化。空间句法的大量实证研究也表明了“钻石形状”对于历史城市或城市中心区的空间标准化非常有效。

此外，可发现，相对于真实城市空间网络而言，“钻石形状”的参数 a 和参数 b 的变化幅度都较小，这说明了真实城市的空间丰富程度是远远超过“钻石形状”的。由于可得到一个假设：如果采用基于参数 a 和参数 b 的韦伯函数去标准化句法变量，那么效果也许更为显著。然而，这已经超越了本书的研究范畴。

3.5　讨论

本章认为任意个体街道的整体嵌入轨迹（即该街道根据其距离的远近逐步连接到周边其他所有街道的过程）可用双参数的韦伯函数来描述，其中一个参数为全局拓扑总深度均值或全局米制总距离均值，另一个参数为嵌入速率的均值或空间的平均维度。这两个参数在很大程度上反映了城市空间网络构成的两方面的目的：1）每条街道尽可能地距离其他街道更近，拓扑总距离更近将使得人们在空间网络中的认知更为便捷，米制总距离更近将使得人们在空间网络中的出行更为快速；2）随半径的增加，每条街道尽可能地连接到更多的街道，使得整个空间网络可以覆盖更多的范围。前者体现为全局拓扑深度均值或全局米制总距离均值尽可能小；而后者体现为嵌入速率的均值尽可能大，或空间维度尽量大。拓扑或米制嵌入速率越大，拓扑总深度或米制总距离越大。因此，这两个参数是相互制约、互相依存。城市空间网络在这两个方面相互发展，获取某种平衡状态。

从嵌入轨迹的角度看待城市空间网络的构成，还可发现城市空间局部与整体之间的构成关系。一方面，从任何一条个体街道出发，逐步连接其周边其他所有街道时，整个空间网络也就立刻形成了。城市空间网络作为一个整体的突现往往被视为所有个体空间的集体构成的过程，而每个个体空间的嵌入轨迹则折射出这种集体构成。

实际上，这是从最基本的空间组构的角度理解整体空间网络。正如希列尔所说：“组构指考虑到其他所有其他空间关联的一组关联”（Hillier，1996：6）。每个个体空间的调整图使得某个空间的组构关联得以可视化，用于表明随尺度增大，出发点空间如何按先后秩序连接到其他所有空间。本书，称之为嵌入轨迹。一旦调整图绘制出来，其实整个空间网络就被显示出来，只不过显示的是从某个出行点空间来审视整个空间网络。在这种意义上，整个城市空间网络与每个个体空间之间通过嵌入轨迹联系起来。

换言之，整个城市空间网络的构成也受制于每个空间的个体构成方式。既然每个空间的嵌入轨迹可由双参数的韦伯函数来描述，那么整个城市空间网络的构成也可视为符合双参数的韦伯规律。这个嵌入轨迹是从局部到整体的生长过程，体现了城市如何逐步变大或者在地理空间中扩散的过程，那么双参数的韦伯函数在一定程度上定量地描述了这种扩散的过程，称之为城市空间网络形态的扩散模式。因此，在这种意义上，嵌入轨迹也可视为一种方法，可用于研究城市空间网络的局部与整体形态模式。不过，这种研究方法更多是关注于空间之间的比邻关系，实现最优化的空间整合程度。根据空间句法的其他研究，我们可以发现城市空间网络的扩散，也可以从空间彼此穿行的方式去研究。下一章将从穿行空间的角度进一步讨论城市空间网络形态特征。

第 4 章　空间网络形态的效率

4.1　非匀质空间网络的问题

前一章从街道空间嵌入到其周边街道的过程之中，研究了城市空间网络形态的构成机制，发现了两个空间因素，即每个街道空间之间的全局的最短拓扑或米制距离均值以及每个街道空间连接到其他街道空间的速率，它们影响了城市空间网络形态的构成。在案例实证研究之中，代表上述这两个变量的参数都呈现出了非均质的统计分布，这意味着不少街道与周边其他街道的嵌入过程并不完全一样，也就是说城市空间网络形态并不是完全匀质的，这也基本上符合我们的感性认识。即使是完全正交网格的城市，随城市的演变，也往往能发现尽端路或某些大小不一的地块。

一方面，以往的空间句法研究也发现了类似的现象，较长的街道要远远少于较短的街道，且街道长度的分布符合幂律统计，即存在分形的规律（Hillier，1989）。这往往被解释为实际距离和视线拓扑距离之间的悖论（Hiller，1996）。如果保持所有街道的长度之和不变，那么从实际出行的角度而言，无限延长的直线具有最远的实际出行距离，而圆形则具有最短的实际出行距离。然而，无限延长的直线上各个点都能彼此“看到对方”，那么从视线的角度而言，直线具有最短的视线拓扑距离，即一眼望穿。不过视线上无比复杂的迷宫，往往其每个空间到达其他所有空间的实际距离并不是最大。城市既不可能是无限延长的直线，也不可能是迷宫。同时，城市作为社会集体，需要同时满足局部和整体出行最短，因此也不可能出现匀质的方格网，而会呈现出几何分形的分区模式（Yang & Hillier，2007）。这些都从不同角度说明了，城市物质空间网络的构成方式并不是无序的，而是遵循某些符合人们视线或出行距离适宜度的几何规律。

另一方面，空间句法方法往往受到质疑的一个思维案例就是：对于横纵轴线数目一样的完全正交网格，其每条轴线具有一样的总拓扑深度，这是由于每条轴线与其他轴线相交的方式是一模一样的。对于上述质疑，一种解释性回答是：真实城市总是根植于某个外部更大的区域空间系统，而外部系统与城市内部系统的联系并不是均匀的；即使真实城市的内部系统最初是完全正交格网，然而内部系统与外部系统的不均匀连接，必然导致内部系统的格网演变得不均匀。这种回答在本质上是认可完全正交而匀质的格网的确具有完全均匀的句法变量数值，而把问题转换为真实城市并不存在完全正交的网络。

那么，是否可从城市空间网络形态自身几何构成的角度探讨其不均匀分布的内在原因呢？或者说，城市空间网络为什么会出现主干路和尽端路？为什么某些地区的路网更为密集，而某些更为稀疏？为什么有不同等级的中心？当然这些问题背后肯定存在社会、经济、环境、乃至认知方面的因素。然而，几何因素是否具有较大的影响？这是本章研究的重点。

为了回答上述研究问题，本章首先从数学的角度，探讨空间句法的两个最基本、最常用的变量，即整合度（Integration）与穿行度（Choice）。正如第 2 章所说，整合度就是总拓扑深度或总米制距离的标准化，用于度量每个街道空间到其他街道空间的远近距离或远近的视线距离；而穿行度则是度量每个空间被最短路径所穿行的次数或概率。针对这两个变量之间的数学关系的探讨，有助于我们更深刻地认识到城市空间网络的构成机制。其次，依据实验型的案例，从整合度与穿行度两个方面，深入分析不同形状的“城市空间网络形态”的特征，以此去辨析产生不匀质的网络形态的几何机制；之后，从整合度在全局和局部两个尺度的表征，去研究空间聚集的现象，揭示其潜在的几何内涵。最后，以前面两个实验型案例为基础，从人们使用空间的角度，剖析整合度与穿行度的新内涵，提出空间效率的概念，以此从理论上去解释城市空间网络形态自身的构成规律；然后根据世界 50 多个城市的案例，从实证的角度去说明空间效率概念的适用性。

因此，本章的结构大体上是从实验型的理论案例研究，推导出概念和方法，然后在实证案例中进行检验。这与第 3 章的结构有较大的差别，因为那一章的逻辑是从实证的案例中发现规律，再进行理论上的推测，特别是城市空间网络形态非匀质的推论。基于该理论上的推论，本章从实验型案例开始研究，因此这两章的逻辑关系是密切关联的。

4.2 整合度与穿行度的形态内涵

4.2.1 两个变量之间的形态悖论

不严格地说，整合度（Integration）为总深度（Total Depth）的倒数，即从某个空间到指定半径内所有其他空间的深度总和的倒数。以往的研究表明（Hillier，Yang，Turner，2012），某些道路的总深度越大，其穿行度越高。这其实意味着那些道路的整合度相对较低，往往有可能是背街、支路或胡同等，然而其被人们穿过的概率更高，这显然不符我们对城市的常识认知。特别是在空间句法的实践项目之中，从 2005 年到 2012 年期间，伦敦大学学院空间句法实验室曾一度发现，某些锯齿形的布局或空间上隔离的社区反而具有较高的穿行度，这也给实践项目带来了很大的困扰。

因此，在较长的时期内，这个发现成为了整合度与穿行度之间在形态学上的悖论：越整合的空间布局，其空间被穿越的可能性越低；而越隔离的空间布局，其空间被穿越的可能性越高。这也曾经构成了空间句法理论上的一片乌云，因为这两个变量可以说是空间句法理论中重要的基石。因此，曾经一度在空间句法研究的早期，基于轴线图的穿行度被放弃不用，而仅仅关注整合度，因为从形态的角度，并不能很好地解释穿行度的内涵。直到 2005 年更为精细的线段模型被实现之后[①]，穿行度才再次被广泛地使用。然而，其与整合度之间的悖论一直未得以良好的解决。

虽然这个悖论来自实证案例，不过这是否的确存在数学上的理论依据？那么我们建立一个理论上的实验型案例。假设某个理想城市有 k 条街道，彼此相互连接，构成了城市空间网络，其中共有 k×(k-1) 条最短路径，即从所有街道到其他所有街道的最短路径。如图 4.1 所示，我们将每一条街道简化为一个点，而街道之间的交叉联系简化为两点之间的联系线，于是每一条最短路径就可以简化为起点 O_m（1 ≤ m ≤ k×(k-1)）到终点 D_m 之间的一组彼此连接的点，而其起点和终点都分别只有一个点。

当我们计算任何起点 O_m（1 ≤ m ≤ k×(k-1)）到终点 D_m 的深度时，就是计算从 O_m 到 D_m 这条最短路径上所有点的数量，然后再减去起点。对于计算起点 O_m 的总深度，就是计算从 O_m 到其他所有点的最短路径上点的总和，本质上在计算最短路径。那么，对于计算整个城市的总深度，可换一种计算思路，就是去整体性地考虑所有最短路径，而不是从每个起点考虑它与其他所有点之间的关系。于是，对于整个城市而言，总深度等于所有最短路径上点的总数减去所有的起点，即等于图 4.1 中黑点和灰点的数量之和。因此，新的算法使得总深度与图中的点直接对应起来。

而对于穿行度，也可考虑类似的算法。传统的计算方法是从每个点出发，计算所有最短路径穿过该点的次数。然而，换一种思路，从最短路径本身来考虑。对于最短路径 O_m D_m，除了起讫点之外，其他所有点都被这条最短路径穿过一次。那么，如果把所有最短路径上被穿过的点统一考虑，那么整个城市的穿行度的总和等于所有最短路径上除了起点和终点的所有点之和，也就是图 4.1 中除了 O_m D_m 之外所有点的数量之和，即等于图中灰色点的数量之和。

简单而言，图 4.1 中所有的灰色点代表了穿行度，而所有的黑色点加上灰色点代表了总深度。黑色点的数量等于最短路径之和，即 k×(k-1)。于是，总深度之和等于穿行度之和加上 k×(k-1)。对于某个城市而言，k 条街道可视为常数。那么，这数学上证明了：整体而言，总深度等价于总的穿行度。换言之，越整合的城市，其穿行度

① 线段模型的原型是由道尔顿（Dalton）最早提出，详见：Dalton，N.，2001. Fractional Configurational Analysis and A Solution to the Manhattan Problem. In：Proceedings of 3rd International Space Syntax Symposium Atlant 2001，26.01-26.13。

越低。虽然这貌似于常识有所违背，然而这揭示了城市空间网络形态的一个基本特征，即整合度和穿行度只是度量同一个城市空间网络形态的两个方面，类比为一个硬币的两面。那么，我们需要进一步研究一下这两个变量更为明确的形态内涵。

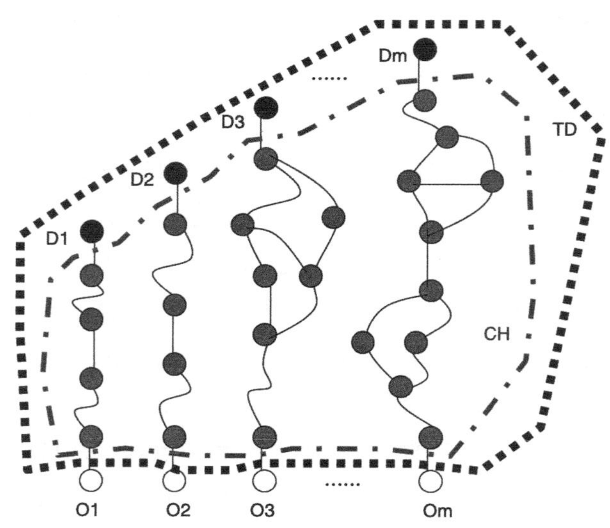

图 4.1　某个城市中所有最短路径的集合
（O_m 是出发点，D_m 是目的地，CH 是穿行度，TD 是总深度）
（资料来源：作者自绘）

4.2.2　两个变量的形态内涵

从数学理论的探讨，回到实际案例。以伦敦为例[②]，在半径无限大的尺度下，建立总深度（Total Depth）和穿行度（Choice）的散点图（图 4.2 右），横轴为总深度，纵轴为穿行度；然后根据这两个变量去选择散点，观察那些散点对应于伦敦线段图中那些线段，并分析是否形成了某种形态模式。

如图 4.2 中的 a 所示，在散点图中选取左下角的部分，显示为浅灰色。这部分浅灰色散点在其左侧的线段图中显示为伦敦市中心的次干路和支路，而这部分中深灰色的线段大体为市中心区中的主干路。这表明了较低的穿行度和较高的整合度对应于市中心区的次干路和支路。如图 4.2 中的 b 所示，选取散点图中下部分，显示为浅灰色。这部分浅灰色的散点对应于伦敦的次干路和支路，而深灰色散点则大体对应于主要干道网络。这说明了穿行度可较好地识别出伦敦的主要干道网。如图 4.2 中的 c 所示，

② 伦敦轴线图和线段图基于 2013 年 Open Street Map 绘制。

选取散点图右下角的部分，显示为浅灰色。这部分浅灰色散点对应于伦敦郊区的次干路和支路。这表示了较低的穿行度和较低的整合度对应于郊区部分的次干路和支路。

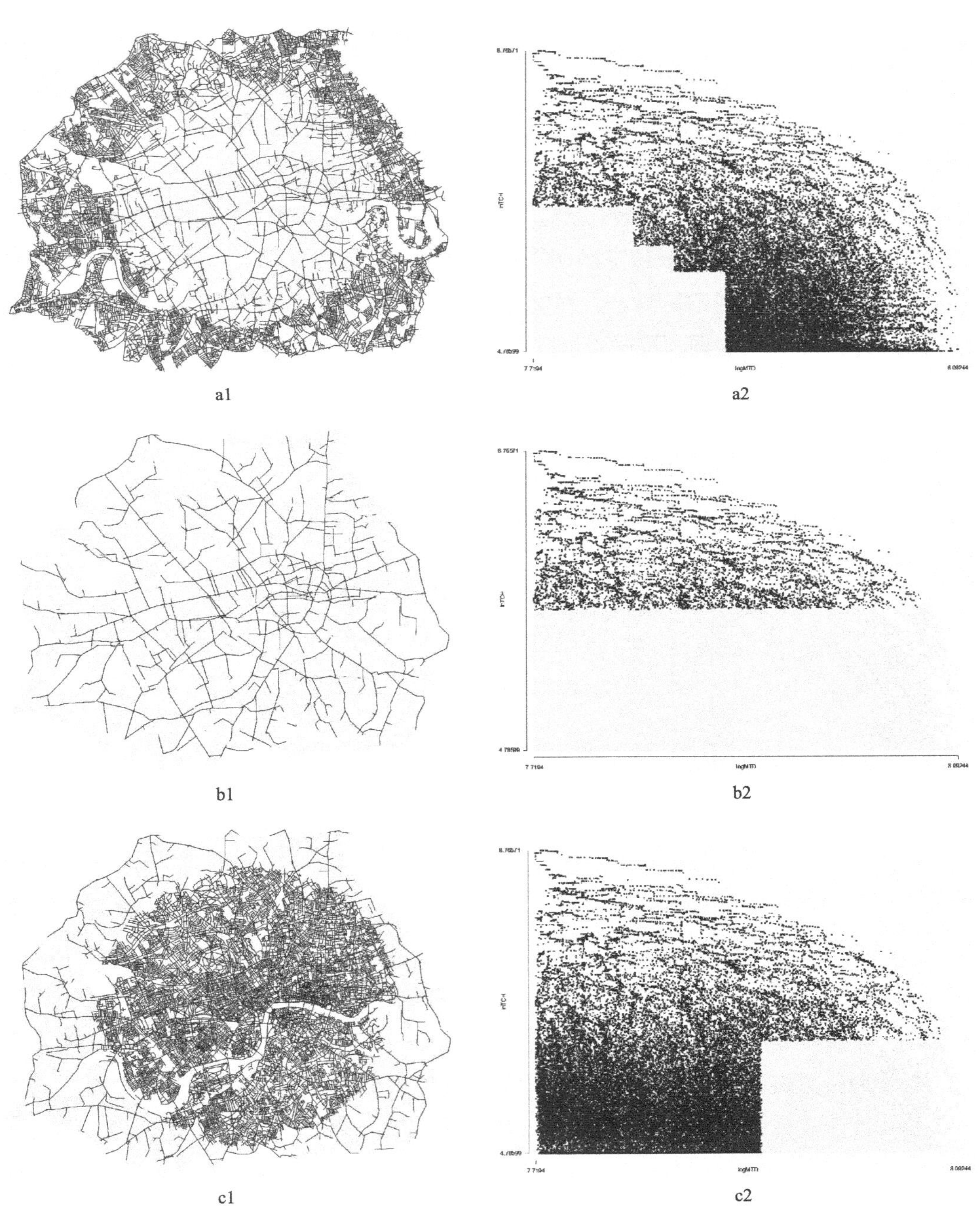

图 4.2　伦敦穿行度（CH）和总深度（TD）的形态差别（a1、b1、c1 为伦敦轴线模型；a2、b2、c2 穿行度（纵轴）与总深度（横轴）的相关性分析）

（资料来源：作者自绘；模型 @UCL）

根据此简单方法，可知该散点图四个象限所，大致对应的内容分别是（图 4.3）：伦敦中心区的主街和支路，以及边缘地区的主路和支路。不严谨地说，这表明穿行度（CH）大约区分了主路与支路，而总深度（TD）大约区别了城市中心与边缘。也就是说这两个变量反映了城市空间网络形态两方面的特征。而根据上一节的分析，任何网络的穿行度（CH）之和等于总深度（TD）之和加上最短路径数量之和。其实，在计算穿行度（CH）时，如果将目的地也视为最终穿越的场所，那么穿行度（CH）之和就等于总深度（TD）之和。在这个意义上，这两个变量反映了同一个空间网络的两种不同特征：较高的穿行度折射出前景城市空间网络，即城市活跃程度较高的空间网络；而较高的整合度则体现了城市空间网络的中心区。在这种意义上，可以推论：穿行度计算了城市空间网络扩散的特征，而整合度则度量了城市空间网络聚集的特征。下一节将以实验型的案例为例，进一步论述之。

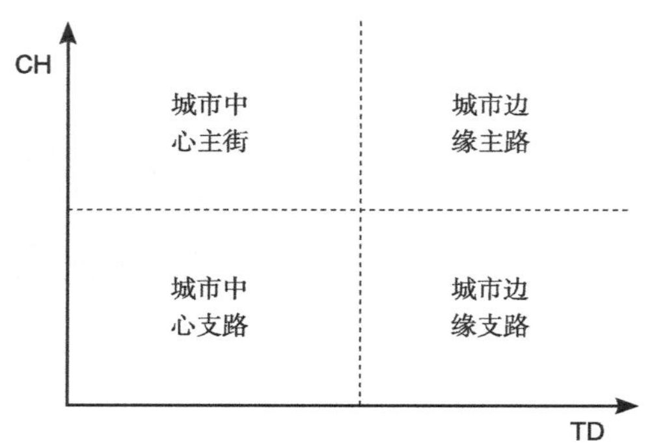

图 4.3　伦敦穿行度（CH）和总深度（TD）的概念分析图

（资料来源：作者自绘）

4.2.3　断裂的方格网

针对总深度和穿行度，以基本的形态进行比较研究，去探索基本形态本身的构成方式。正如 4.2.1 所论述，对于整个系统而言，总深度比穿行度的总和多了最短路径的总数量。在本节，我们重新定义穿行度，对于目的地的尽端空间，如目的地的尽端路，也视为最短路径穿过该目的地尽端空间一次。于是，整个系统的总深度将等于穿行度的总和。这样便于本节的理论上的探讨。对于基本的形态，我们选择了线、星、环、网四种（图 4.4）。对于网，4 个要素顺次而连为基本单元，类似于方格网的模式；对于未纳入基本单元的要素，我们视其为尽端空间，如图 4.4 最右侧。图 4.4 实际上为 5 个要素的图，其中黑色数字为总深度，而浅灰色数字为穿行度。大致可发现：总深度等于总的穿行度；星形的穿行度分布最不均匀，极大值与极小值差别最大；而环形的穿行度分布最为均匀。

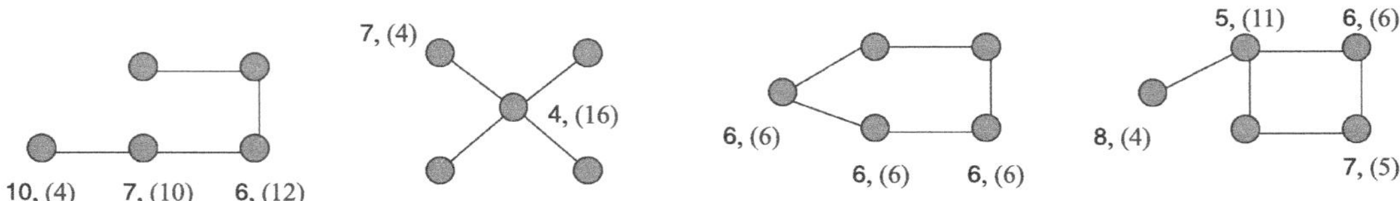

图 4.4　5 个要素的图，自左到右分别为线、星、环、网，其中黑色数字为总深度，而浅灰色数字为穿行度

（资料来源：作者自绘）

对于从 3 到 10 个要素的系统，分别计算了总深度的均值、总穿行度的均值，以及穿行度分布的均匀程度，即穿行度的熵 。熵值越高，表示穿行度分布越均匀。深灰色表示数值高，浅灰色表示数值低（表 4.1）。首先，再次证实了总深度等于总穿行度。其次，除了 3 个要素的系统，线的总深度都是最大的，且穿行度分布的均匀程度较低;除了 4 和 5 个要素的系统，星的总深度都是最小的，然而其穿行度分布最不均匀，即存在一个穿行度最高的中心要素；环的穿行度分布是最为均匀的，然而随要素增加，如大于 5 个要素，其总深度开始增大，且仅仅低于线的总深度；网的总深度比线和环都要低，且穿行度也比线和环分布均匀一些；2 行的网络比 1 行的网络具有更小的总深度，以及更为均匀的穿行度。

不同系统规模的线、星、环、网的对比，其中 Mean TD =CH 表示总深度 / 总穿行度的均值，而 CH_Entropy 表示穿行度的熵。网（1×m）表示 1 行的网格，网（2×m）表示 2 行的网格。对于每一行，深灰色表示数值高，浅灰色表示数值低　　表 4.1

系统规模	变量	线	星	环	网（1×m）	网（2×m）
3	Mean TD=CH	2.67		2		
	CH_Entropy	0.95		1		
4	Mean TD=CH	5	4.5	4	4	
	CH_Entropy	0.94	0.9	1	1	
5	Mean TD=CH	8	6.4	6	6.4	
	CH_Entropy	0.94	0.86	1	0.96	
6	Mean TD=CH	11.67	8.33	9	8.33	
	CH_Entropy	0.94	0.84	1	0.98	
7	Mean TD=CH	16	10.29	12	11.43	
	CH_Entropy	0.95	0.82	1	0.96	
8	Mean TD=CH	21	12.25	16	14	13.5
	CH_Entropy	0.95	0.8	1	0.97	0.96
9	Mean TD=CH	26.67	14.22	20	17.78	16
	CH_Entropy	0.95	0.79	1	0.96	0.97
10	Mean TD=CH	33	12.6	25	21	19.8
	CH_Entropy	0.95	0.78	1	0.97	0.97

（资料来源：作者自绘）

上述的分析表明：在系统规模较小的情况下，环状结构具有一定优势，即更为整合，且穿行度分布较为均匀；而随系统规模增大，网状结构的优势就变得明显，其整合度增强，穿行度更为均匀。根据整合度和穿行度之间的关系，一定程度上也证实了空间句法的早期研究（Hillier & Hanson，1984），即较小的欧洲村落往往呈现出环状结构，而较大的城市则出现了网状结构。

那么，我们进一步分析网格结构。例如，选取 6 个不同类型的方格网，保持其线段数量都一样，均为 220 根，以确保总深度或穿行度的对比不会受到系统规模的影响。这些方格网分别是 1 × 73、3 × 31、5 × 19（+6 根）、7 × 14（+3 根）、10 × 10，以及断裂的 10 × 10，即图 4.5 中右下角的图中黑圈标示出来的交叉点都断开了，表示尽端路。在本章中，这称之为 10 × 10 断裂方格网。对于这些方格网，分别计算其总深度（total depth）、选择度或穿行度（choice）、熵值（entropy）。对于熵，选择了四个相邻的小方格作为计算的单元，这类比于城市中的社区或邻里单元。熵值越大，穿行度分布越均匀。与前述分析图示类似，黑色表示数值更高，浅灰色表示数值更低。

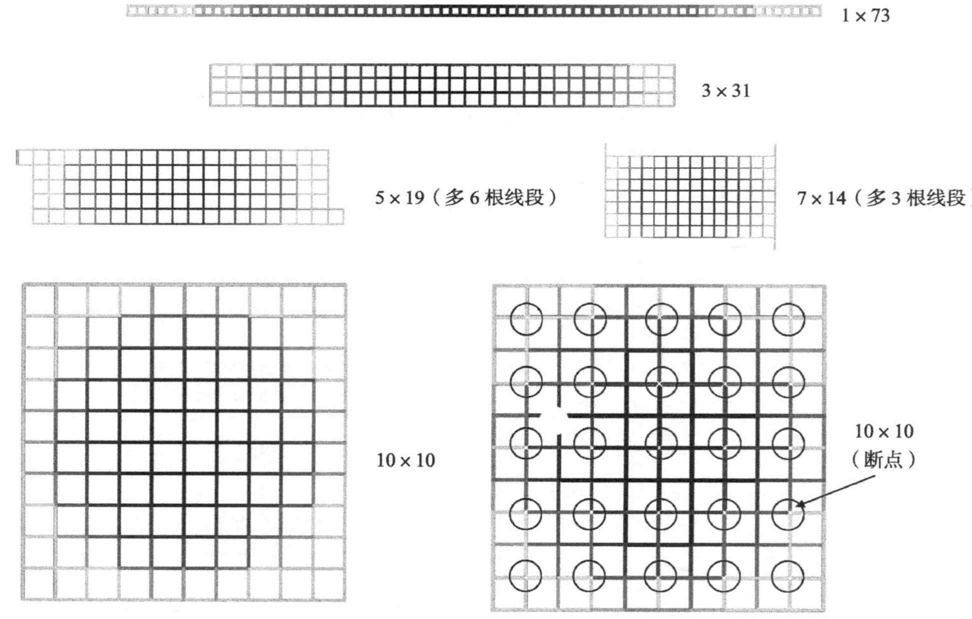

图 4.5　6 个图形的总深度对比

（资料来源：作者自绘）

首先，相同图形的穿行度之和等于总深度之和，因为穿行度计算时将目的地视为穿行场所。例如 1 × 73 方格网的穿行度和总深度都是 5500，这印证了本章开始部分的分析。此外，长条形比方形的总深度要更深，穿行度要更高。这也说明了长条形比方形具有更多被穿行的概率，同时也具有更多空间上隔离的空间。

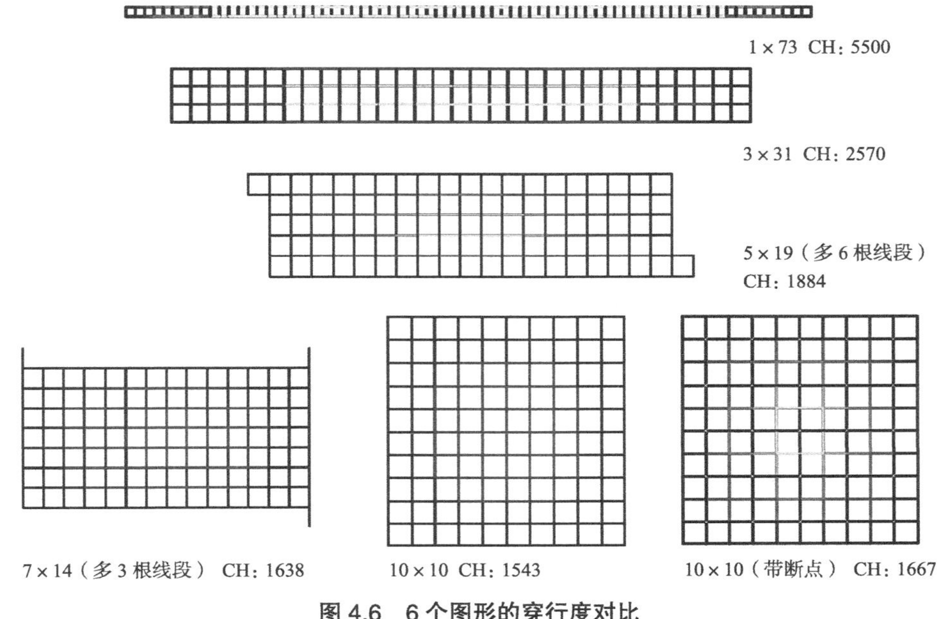

图 4.6 6 个图形的穿行度对比

（资料来源：作者自绘）

其次，对于穿行度而言，较高的数值（浅灰色表示数值大）都分布在长向的线段上，例如 1×73 方格网中较高的数值都集中在水平上的两条线上，且几乎贯通了这个方格网；随图形变成方形，较高的数值则更为均匀地分布在中心区；10×10 的方格网呈现出较为均匀的分布模式，且浅灰色的部分都消失了。而对于 10×10 断裂方格网，不仅浅灰色出现在中心部分，而且向四个方向都延伸出去。对比这 6 个图形穿行度的统计分布，10×10 断裂方格网类似于 1×73 方格网，而与 10×10 的方格网完全不一样。这说明了：从穿行度的角度而言，10×10 断裂方格网可视为“折叠”为方块的 1×73 方格网。

再次，对于总深度而言，较低的数值（黑色表示数值小）都分布在图形的中央，这表示中央部分的整合度较高。10×10 断裂方格网与 10×10 的方格网的分布模式较为相似，且它们的统计分布图形也高度相似；而 10×10 断裂方格网与 1×73 方格网的统计分布完全不一样。这说明了，从整合度的角度而言，10×10 断裂方格网可视为近似于 10×10 的方格网。

最后，如果将每四个小方格视为计算单元，计量穿行度的空间分布，即熵值（图 4.7）。随图形变方，熵值增加。而 10×10 断裂方格网有最高的熵值（0.986），比 10×10 的方格网增加了 6%。这说明了：在 10×10 断裂方格网中，穿行度的空间分布更为均匀，虽然 10×10 断裂方格网具有浅灰色的线段。

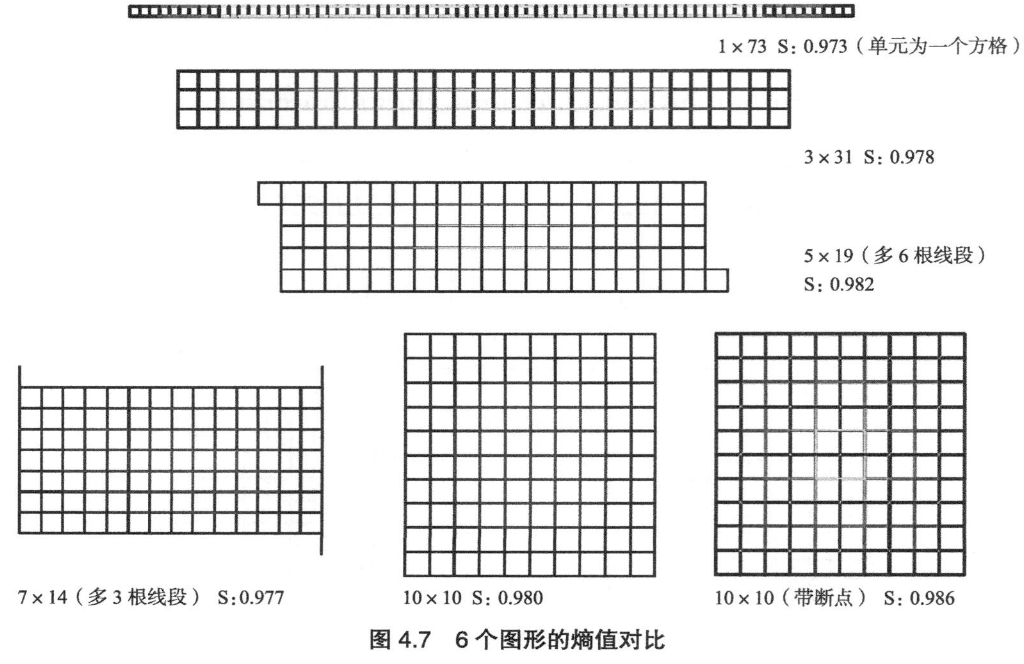

图 4.7 6个图形的熵值对比

（资料来源：作者自绘）

因此，10×10断裂方格网不仅具有相对较低的总深度，即相对较高的整合度，而且其较高的穿行度分布更为均匀。在很大程度上，这说明了真实的城市为什么几乎不会是完全均匀的方格网，而会呈现出或多或少的尽端路。这反映了城市空间形态的两种“几何形态目标”：一是尽可能地减少总深度，保持较高的整合度，即保持城市空间的各个地方尽可能地彼此靠近；二是尽可能地让穿行频率较高的街道均匀分布，即保持城市空间的各个地方都有较高的偶遇机会（杨滔，2017）。因此，城市空间形态常常不会无限地延长，同时也会保持适度的断点，而不会无限地连续延长街道。这两个几何形态规律使得真实的城市呈现出不均匀的空间网络形态结构，于是断点式的方格网成为了一种常见的城市形态。

4.3 多中心的城市空间网络机制

4.3.1 疏密交替的路网

上述不均匀的空间网络结构也往往与城市的空间分区机制有关。以往大量的研究都表明了城市存在分区的现象，大多数都是从社会经济的角度加以阐明；在实际城市规划设计实践之中，功能或形式的分区也是常态，特别是邻里单位等概念强化了其理念。在空间句法研究之中，城市空间形态分区的现象也得以揭示（Yang & Hillier，2007；

Hillier，Yang and Turner，2012），这与空间网络的米制实际距离密切相关。根据平均米制总深度，即从任意空间到其他空间的米制实际距离均值，可以发现绝大部分城市都呈现出分区的现象。例如，图 4.8a 表示了根据 1200 米的米制距离均值而形成伦敦市中心区的空间分区现象；深灰色表示米制距离均值低，而浅灰色表示米制距离均值高；这也与伦敦的分区地名有一定关系。

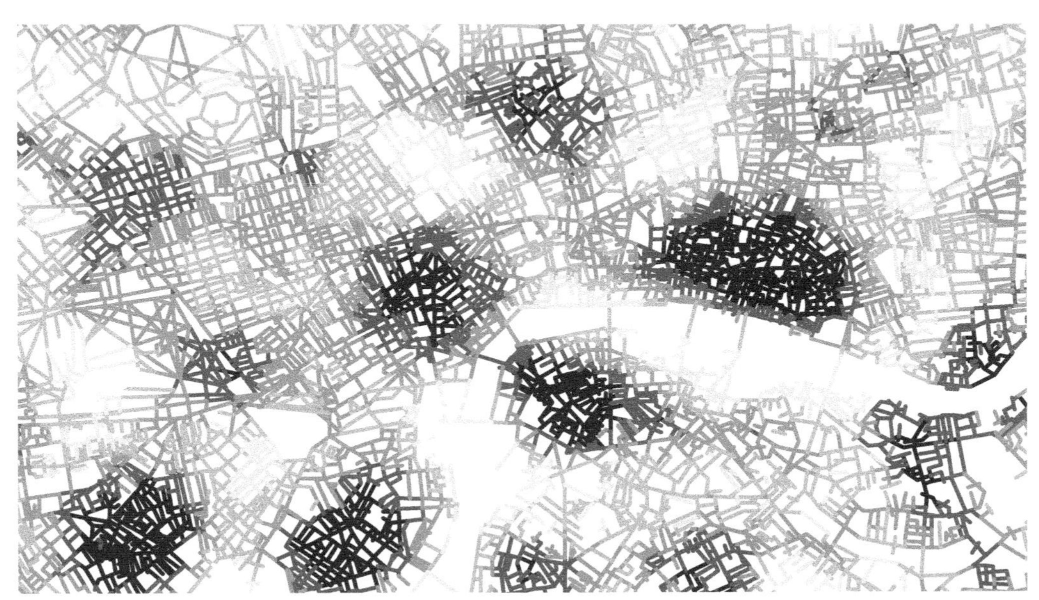

a. 根据 1200 米的米制距离均值而形成空间分区现象

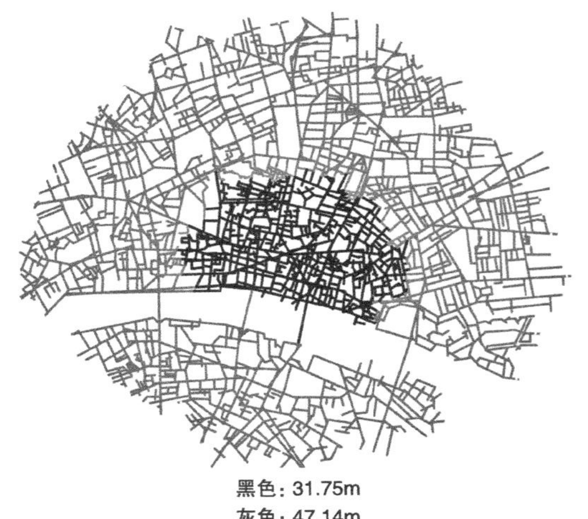

黑色：31.75m
灰色：47.14m

b 左 . 伦敦金融城（黑色部分）与 1200 米范围内的街道（灰色部分）

黑色：79.74m
灰色：50.12m

b 右 . 伦敦布鲁姆伯利区（Bloomsbury）（黑色部分）与 1200 米范围内的街道（灰色部分）

图 4.8　伦敦空间句法的分区

（资料来源：作者自绘）

对于深灰色的地区，可发现其周边的街道相对较长。如图 4.8b 左所示，黑色部分表示伦敦金融城（The City），与图 4.8a 中最右侧的深灰色地区相对应；灰色部分表示距离那个深灰色地区 1200 米之内的街道，这些街道都参与到那个深灰色地区的形成过程之中。黑色部分的内部道路均值为 32 米，而其周边灰色部分的街道均值为 47 米。这表明：在 1200 米的半径之下，金融城内部的街道密度高于其周边地区的。换言之，金融城内部的街坊块要小于其周边的街坊块。

如图 4.8b 右所示，黑色部分表示伦敦布鲁姆伯利区，即传统意义上的大学区，伦敦大学学院（UCL）和伦敦大学亚非学院（SOAS）以及伦敦大学总部位于该地区。与图 4.8a 中左上侧的浅灰色地区相对应。同理，灰色部分表示距离那个浅灰色地区 1200 米之内的街道，这些街道都参与到那个蓝色地区的形成过程之中。黑色部分的内部道路均值约为 80 米，而其周边灰色部分的街道均值为 50 米。这说明了布鲁姆伯利区（Bloomsbury）周边的街道密度较大，也就是布鲁姆伯利区内部的街坊块要大于其周边的。这在一定程度上也适应了大学校园的需求。

因此，这个简单的案例表明了伦敦的功能分区与其道路网密度的不均匀分布有一定的关系。不过，这仅仅是一个现象，是否有其背后的几何机制？抑或，这只是一个巧合？

4.3.2 整体与局部空间聚集的悖论

希列尔（Hillier，2001）的研究表明，城市为了达到最佳的米制距离整合度，需要保持中心区较小的街坊块和边缘区较大的街坊块。如图 4.9 所示，他通过比较了四个概念性的小镇定量地说明这个论点。A 案例是中心区的街坊块较大，而边缘地区的较小；B、C、D 三个案例都是逐步地加大中心区与边缘区的街坊块的对比，逐步形成了中央街坊块更小、更密集，而周边的地块将变得更大。可明显地发现：D 所代表的非均匀强化的空间网络具有最小的总深度均值，大约为 1.509。

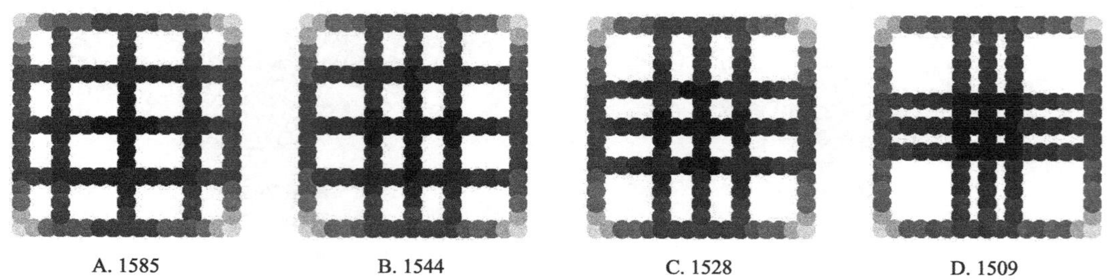

图 4.9 四个概念性小城镇的比较，图中数据为任意空间到其他任意空间的距离之均值

（资料来源：Hillier，2001）

因此，他提出了城市空间网络的非匀质性本身是微观社会经济活动的需求或结果，如保持整个城市的出行距离尽可能的短。上一节讨论了城市分区现象，如伦敦金融城表现为中心小街坊块，而周边较大街坊块的空间模式，称之为“中心—边缘”网络模式；而布鲁姆伯利区则体现为中心较大街坊块，而周边较小街坊块的空间模式，称之为“边缘—中心”网络模式。那么，希列尔的研究也激发了一个新的思考：是否在局部尺度上也存在米制距离整合度优化的空间机制？以及，在几何意义上，为什么会出现中心较大街坊块，而周边较小街坊块的空间模式？

对于“中心—边缘”和“边缘—中心”网络模式，都可以从数学上进行更为抽象的研究分析，以发现其内在的规律。如图 4.10 所示，我们对两种模式进行了进一步的抽象与简化。一方面，对于“中心—边缘”网络模式，中心区的街坊块可以极大地压缩，当接近无限小的时候，可以抽象为一个“空间方块”，如图 4.10 上的黑色方块；而边缘则可抽象为尽可能放大的街坊块，即围绕“空间方块”的巨大街坊块，如图 4.10 中灰色部分。换言之，“中心—边缘”网络模式可最大化地抽象为一个有明确边界的二维空间。另一方面，对于“边缘—中心”网络模式，边缘的街坊块也可尽可能地压缩，当接近无限小的时候，可抽象为一条线，如图 4.10 下的黑色环线；而中心的街坊块则可以尽量地放大，可抽象为被一圈线围绕所围绕的巨大街坊块。

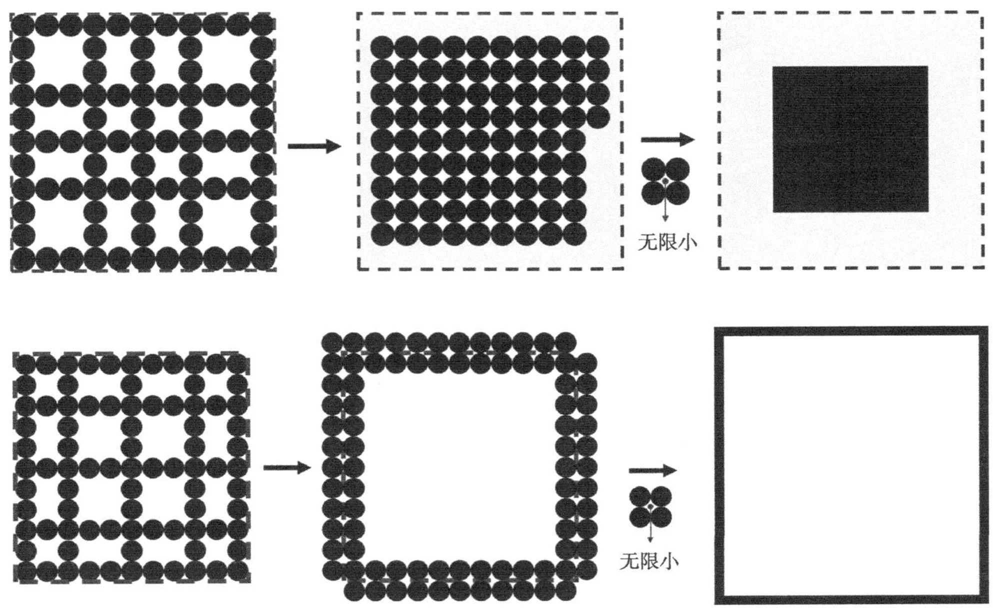

图 4.10　“中心—边缘”和“边缘—中心”网络模式的最大化抽象模型
（上：“中心—边缘”模式的抽象过程；下：“边缘—中心”模式的抽象过程）
（资料来源：作者自绘）

于是，建构两个面积相同的理论模型，即 100 × 100 的空间“方块”与 2500 × 2500 的宽度为 1 的空间“方框”，分别代表了“中心—边缘”和“边缘—中心”网络模式的极端抽象情况。显然，从整体而言，“方块”比“方框”更为整合。不过，以半径为 30 为例，在该半径下，米制距离总深度均值的大小对比发生了变化。“方块”的为 19.8，而“方框”为 15.6。于是，“方框”更为整合。换言之，在整体层面上，“方块”更为整合；而在局部层面上，“方框”更为整合。

构建两个更为抽象的模型，如图 4.11 所示，左侧是边长为 L 的方形，而右侧为边长为 L^2/4，而线宽为 1 的环线，其中 L 大于 4。一方面，在半径 n，“中心—边缘”抽象模式（方形）的米制距离总深度最大的点位于顶点，数值为 0.765 × L，而“边缘—中心”抽象模式（环线）的米制总深度最大的点为其中任意一点，数值为 0.25 × L^2。显然，前者比后者要小很多。如果我们选择 L 为 100，在空间句法软件 DepthMap 中可以得到：“中心—边缘”抽象模式的米制总深度的均值和最大值分别为 52 和 76，而“边缘—中心”抽象模式的分别为 2500 和 2500（图 4.12）。

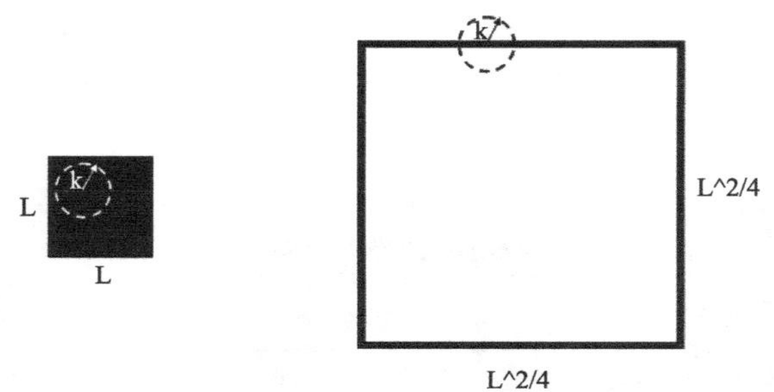

图 4.11 两个抽象模型的米制总距离的计算方式
（左：“中心—边缘”抽象模式；右：“边缘—中心”抽象模式）
（资料来源：作者自绘）

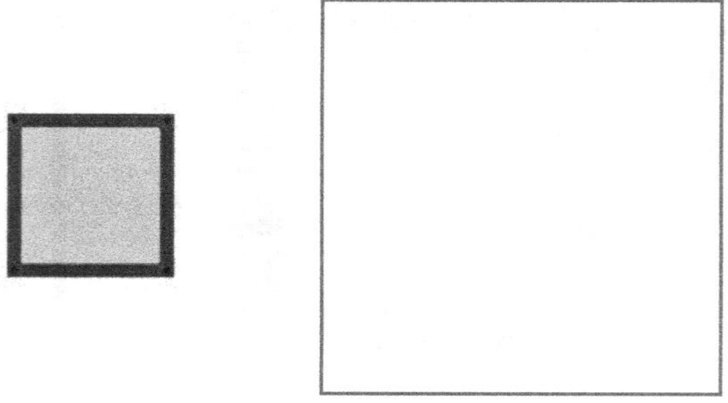

图 4.12 两个抽象模型的米制总距离的可视化表达（左：“中心—边缘”抽象模式；右：“边缘—中心”抽象模式），其中浅灰表示总深度数值小，深灰表示总深度数值大
（资料来源：作者自绘）

另一方面，在半径 k 小于 L/2 的情形下，“中心—边缘”抽象模式（方形）的米制距离总深度均值为 2k/3；而“边缘—中心”抽象模式（环线）的米制总深度均值为 k/2。如果我们选择 L 为 100，在空间句法软件 DepthMap 中可以得到：“中心—边缘”抽象模式（方形）的米制总深度的均值和最大值分别为 6.6 和 6.7，而“边缘—中心”抽象模式（环线）的分别为 5.2 和 5.2（图 4.12）。这再一次说明了在整体层面的尺度上，“中心—边缘”抽象模式更为整合；而在局部的层面上（度量半径小于系统本身的半径），“边缘—中心”抽象模式反而更为整合。这种随度量尺度而变化的几何规律，在一定程度上说明了城镇空间形态发展的某些规律。例如，在局部层面上，线性的商业街反而比一大片的商业区更为整合，那么在中小尺度的层面上，线性商业街的空间组织形式更为有效；而在整体层面上，成片的商业区具有更为有效的空间组织模式。因此，空间模式的出现与空间尺度本身有密切的关系。

4.3.3　多尺度空间聚集的概念模型

不过，上一节的论述还较为抽象，并未形象地揭示其内在的几何规律。本节将首先分析一下稍微具象的三个理论案例（图 4.13）。它们分别是 300×300 的方格网 A、中心小街坊块的格网 B、中心大街坊块的格网 C。比较它们不同半径下的米制距离总深度均值。可发现：在 300 以上的半径中，格网 B 最为整合；在 100 到 200 之间和 20 到 40 之间，格网 C 最为整合；在 60 到 80 之间，格网 A 最为整合。这说明了：在较大尺度上，中心街坊块小而边缘街坊块大的格网（“中心—边缘”网络模式）更为整合；在中小尺度上，中心街坊块大而边缘街坊块小的格网（“边缘—中心”网络模式）则更为整合。

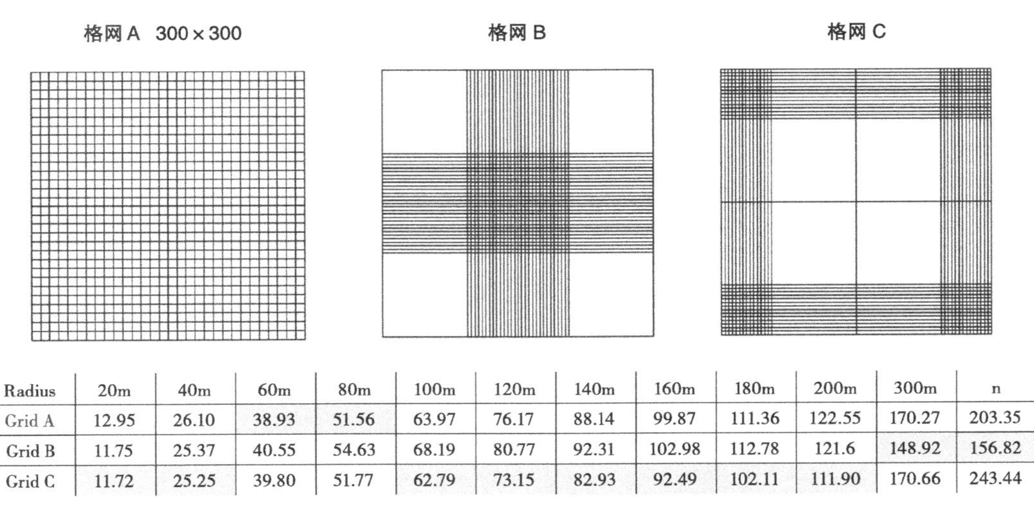

Radius	20m	40m	60m	80m	100m	120m	140m	160m	180m	200m	300m	n
Grid A	12.95	26.10	38.93	51.56	63.97	76.17	88.14	99.87	111.36	122.55	170.27	203.35
Grid B	11.75	25.37	40.55	54.63	68.19	80.77	92.31	102.98	112.78	121.6	148.92	156.82
Grid C	11.72	25.25	39.80	51.77	62.79	73.15	82.93	92.49	102.11	111.90	170.66	243.44

图 4.13　三个理论案例

（资料来源：作者自绘）

因此，对于城市而言，在整体情况下，“中心—边缘”网络模式一定更为整合；而在某些特定的中小尺度上，“边缘—中心”网络模式也会变得更为整合。由于“边缘—中心”网络模式在局部层面上，不可能独立存在，那么必然会出现了两种模式在空间上的彼此交替。然而，城市中包含了所有尺度的建设、使用和管理，城市空间形态是在多重尺度的作用下形成的。在所有尺度共同作用的情况下，“中心—边缘”模式和“两种模式的交替”会进一步叠加（图 4.14），形成更为复杂的城市空间分区模式，即模糊边界（Yang & Hillier，2007）。也就是说：分区的边界取决于观测或体验城市系统的尺度；在特定尺度半径限定下，其分区内部与外部空间之间的相互空间联系，决定了分区边界的明确性：联系越紧密，边界越模糊；联系越松散，边界越明确。不管哪种分区边界模式，其总体“空间目标”是实现多尺度下的空间整合程度最佳。那么，在多重尺度作用下，路网密度会疏密交替的现象，这称之为城市空间网络的多尺度聚集机制。

图 4.14 不同尺度的空间分区

（资料来源：作者自绘）

在很大程度上，这构成了多尺度的空间聚集的概念模型（图 4.14），适用于从空间总距离均值最优的角度去解释城市空间网络的多中心现象。不仅是空间网络的不同部分密集化而形成了多中心的格局，而且尺度的作用效应使得每个中心具有不同的影响范围，并通过整个城市空间网络传递出去。可以认为，从各种尺度的米制总距离均值最优化的角度而言，城市空间网络形态将会逐步变得非均匀化，而不会一直保持完全匀质的方格网状态。因此，对于“窄马路、密路网”的原则，不能仅仅考虑如何加密路网，还需要进一步考虑合理的“中心—边缘”和“边缘—中心”网络模式，保持适度的疏密相间的模式，从而以优化城市多尺度的整合程度。

4.3.4　空间维度的波动

那么，上述这两种空间网络模式是否还能从空间维度的角度去解释？虽然城市本身是三维，然而相对于城市本身的尺度，绝大部分建筑物的高度都可忽略不计。因此，我们暂时仅仅从二维平面的角度去讨论城市空间网络，而城市高度的维度不属于本书研究的范畴，将在今后进一步研究。我们还是从匀质的网格开始，如图 4.15 所示。这个匀质的网络是 20 米 ×20 米的，其中每个单元的边长由 3 条 1 米的线段构成，于是整个网络的边长为 60 米。20 米 ×20 米格网中央加密，边缘变得稀疏，构成了“中心—边缘”的格网;同时，20 米 ×20 米格网边缘加密，中间变得稀疏，构成了“边缘—中心”的格网。此外，还建构了一个“十”字轴，水平和垂直方向都是 60 米，由 1 米的线段构成，其目的是考虑到不少城镇是从“十”字轴发展而来，期望对比研究这种空间结构与其他网络之间的关系。那么，我们研究这些网络中的子系统具有何种空间维度，以此去识别它们之间的差别。

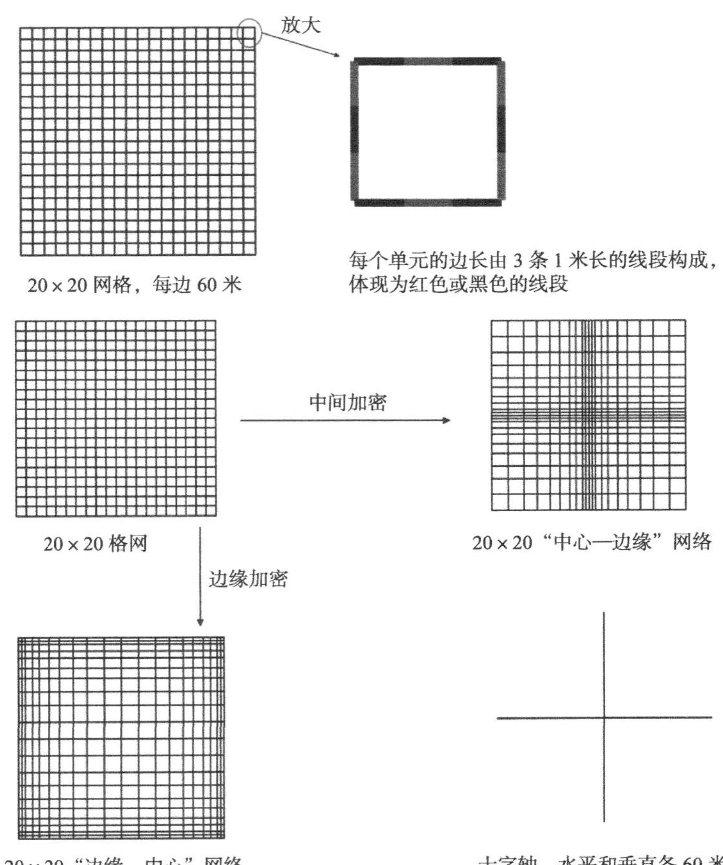

图 4.15　20×20 的匀质格网、“中心—边缘”格网、“边缘—中心”格网、以及十字轴

（资料来源：作者自绘）

如图 4.16 所示，中央浅灰色部分属于四个网络的子系统，仍然分别对应于匀质格网模式、“中心—边缘”格网模式、“边缘—中心”格网模式，以及十字轴模式，只是规模变小；而黑色部分是其周边 20 米以内的网络，同样也反映了各自向四周网络的发展趋势。于是，针对这四个子系统，分别采用非线性回归统计方法，分析其空间数（Node Count）与半径（k）之间的关系；分析的半径范围选择在 20 米以内，避免受到这个格网系统的边界影响，完全体现这些子系统本身的空间网络特征。图 4.17 显示匀质格网模式、“中心—边缘”格网模式、“边缘—中心”格网模式具备几乎完美的幂律规律；它们的幂指数分别为 2.087、1.803 以及 2.205。对于十字轴而言，不用回归统计方法，就可知道其幂指数为 1，因为随半径增加，空间数总是增加 4 个。

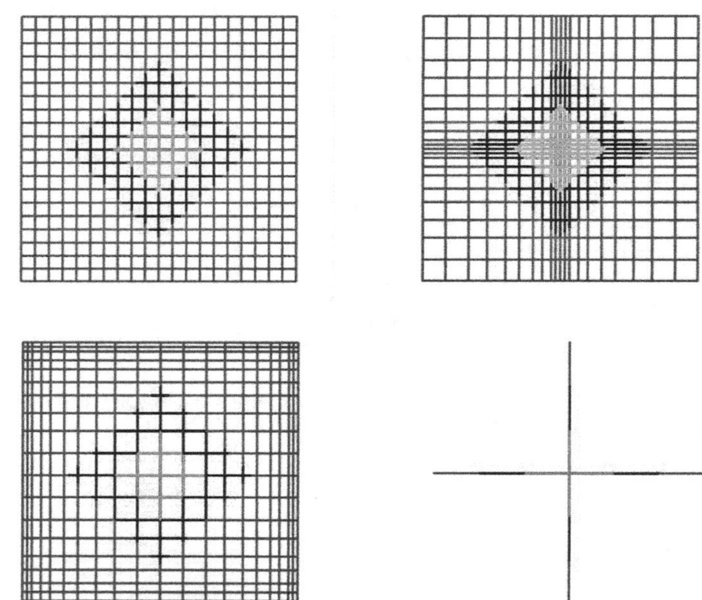

图 4.16　四个格网，其中中央浅灰色部分是研究的子系统，蓝色部分是其周边 20 米的网络

（资料来源：作者自绘）

因此，可大致推断出：匀质格网的空间维度就是 2，这代表了二维平面，也就是城市空间网络所嵌入的地表平面；“中心—边缘”格网的空间维度小于 2，这意味着这部分空间网络在此降低了维度，减少了空间选择的自由度，同时也反映出这部分空间网络内部的聚集效应；“边缘—中心”格网的空间维度大于 2，表明这部分空间网络比二维平面更为复杂，空间选择的自由度更多，同时也暗示了这部分空间网络内部的发散扩展效应；而对于十字轴，则体现了以一维的方式去“占据”二维空间的趋势，而一维的特征则体现出人行走的趋势，即街道本质的几何形态所孕育的功能与认知内涵。

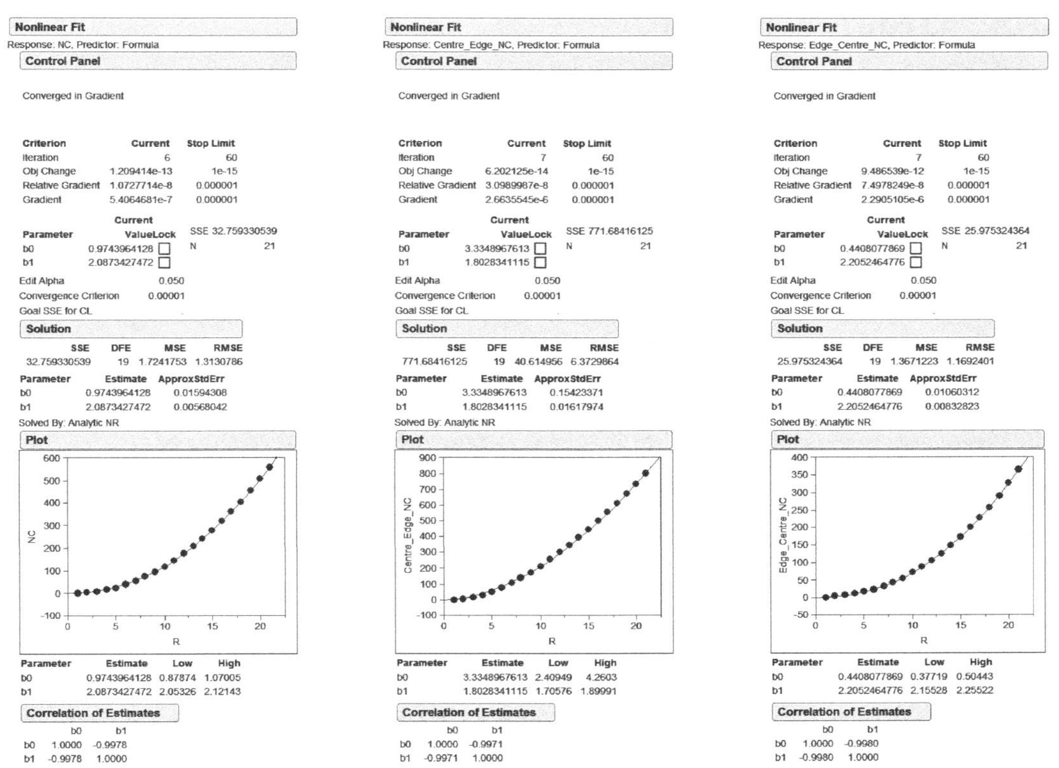

图 4.17　三个空间格网的空间数与半径之间的幂律关系
（从左至右分别是匀质格网、“中心—边缘”格网、“边缘—中心”格网）
（资料来源：作者自绘）

于是，在一定程度上，这可以推论出城市空间网络形态的另一种“空间目标”：首先，尽量地占据更多的二维平面空间，这通过均质的方格网建构就可以简单而快速地实现，很多新城或殖民城市就具有这种二维空间占据的特征；其次，尽量地降低维度，以适应人行走的一维空间的几何方式，在城镇建设初期这也许体现为十字轴的模式，而在城市发展时期则表现为“中心—边缘”格网模式。然而，一旦“中心—边缘”格网模式得以形成，那么“边缘—中心”格网就会随之而产生，因为这是匀质网络变形所带来的两种结果。此外，对于较高维度的“边缘—中心”格网，这也提供了较多空间选择的自由度，对应于城市未来的发展。总而言之，城市在二维平面上进行空间建构，可以视为城市空间网络本身选择了不同的空间维度，去适应人对空间维度的认知，同时也适应于人对二维空间的占据，那么最终体现为空间维度作为一个核心参数，影响了城市空间网络形态的建构。这称之为“空间维度的波动”。

4.4 空间效率

4.4.1 穿行度和整合度的再认识

本章开篇提到穿行度与整合度之间的悖论，即任何城市空间网络系统的穿行度之和等于总深度之和。这表明了越整合的城市空间网络系统，其穿行程度越低。前面三节对此两个变量做了深入的分析，并实际上从数学上和案例实证上证实了这个悖论；然而同时也发现了这两个变量对于城市空间网络形态的影响是完全不一样的，整合度或总深度与空间网络的集聚相关，而穿行度则与空间网络的分散相关。这表明了这两个变量是城市空间网络形态这个硬币的两个面，且相辅相成。

从空间聚集和分散的角度，它提供了对总深度和穿行度再认识的新视角。一方面，根据定义，穿行度可视为从其他空间穿越某个空间的潜力。换言之，如果人们停留在该空间内，不用移动，就可以接收到其他空间人们的到访，这体现为一种由空间带来的信息或交往收益，即提供了更多不用外出就能获得的交流机会。某个空间的穿行度越高，该空间所能获得被访问的概率越高，表明该空间的收益越大。另一方面，总深度则可视为从某个空间到达其他所有空间所消耗的总距离。这可解释为，为了获得在其他空间的交流机会，而需要跨越其他空间所付出的空间距离或时间等。这可称之为空间成本。那么，穿行度与总深度之间的比值可视为空间效率。其数学公式如下：

$$E = CH / TD \qquad \text{式（4.1）}$$

其中 E 表示空间效率，CH 表示穿行度，TD 表示总深度。

从理论上而言，空间效率应该为无纲量的变量。如图 4.18 所示，对于线段上的中点，其总深度为 k^2，穿行度为 2k^2，那么空间效率为 2；对于圆心，其总深度为（2πk^3）/3，穿行度为 πk^3，那么空间效率为 1.5；对于球心，其总深度为 πk^4，穿行度为（4πk^4）/3，那么空间效率为 4/3。因此，一维空间的空间效率为 2，二维平面为 1.5，三维空间为 4/3；维数越高，空间效率越高。对于方格网而言，中心线段的空间效率最

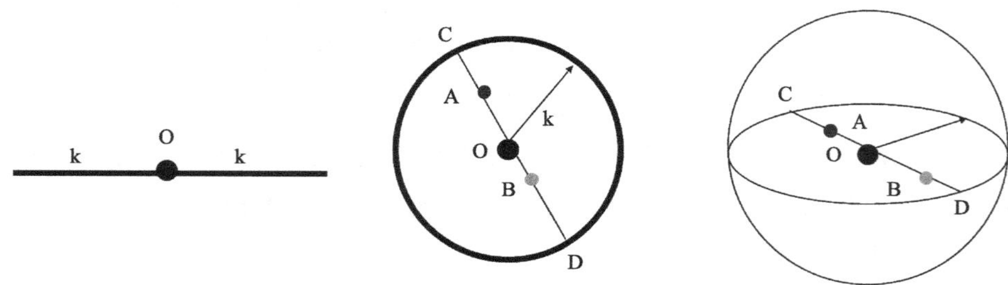

图 4.18　线、圆、球的空间效率

（资料来源：作者自绘）

大值为 1.5，最小值为 0.768；而边缘线段的空间效率最大值为 1，最小值为 0.455。当然，尽端空间的穿行度为 0，其空间效率也为 0。因此，在不考虑较小角度变化的情况下，如 5 度变化，空间效率往往存在最大值和最小值，且无刚量，适用于不同城市或不同尺度之间的比较。

4.4.2 城市空间效率的类型

由于真实城市空间网络中存在不少较小角度相交的街道，基于角度变化的总深度有可能会比穿行度小一个数量级，那么在实际案例的应用之中，取对数的方式用于消除那种数量级之间的差别，同时保持基于角度变化的空间效率与系统规模没有关系（Hillier，Yang，Turner，2012）。其数学公式如下：

$$E=(\log(CH+1))/(\log(TD+3)) \quad \text{式（4.2）}$$

其中 E 表示空间效率，CH 表示穿行度（Choice），TD 表示总深度（Total Depth）。

在以往的研究之中，基于角度的空间效率被视为是角度穿行度的标准化（NACH，即 Normalised Angular CHoice），这是由于在半径 n 下，城市空间网络的空间效率与穿行度具有非常高的相关性，且空间效率本身不受系统大小的影响（Hillier，Yang，Turner，2012）。然而，在较小半径下，城市空间网络的空间效率与穿行度的相关性并不显著，这表明了空间效率具有穿行度不一样的特征，即该变量包含了总深度的因素。在本书中，我们采用空间效率的内涵[③]。

基于世界 50 个城市的线段图[④]，我们计算了这些城市的空间效率的极大值和均值（图 4.19）。可发现，这 50 个城市的空间效率均值和极大值基本上呈正态分布。对于均值而言，最大值为 1.187，最小值为 0.719，平均值为 0.904；对于最大值而言，最大值为 1.683，最小值为 1.403，平均值为 1.566。这说明了均值的平均值 0.9 和最大值的最小值 1.4 可以作为空间效率可视化的参考数值，用于色彩的控制，以便最好地显示城市空间网络的结构特征。特别是 1.4 还可以作为判断城市前景网络（即主干路所构成的空间网络）的依据；而 0.9 可做为判断城市背景网络（即以住宅为主的城市空间网络）的依据[⑤]。这在下一章将会有进一步的论述。

③ 在角度穿行度标准化的文章（Hillier，B. Yang，T. and Turner，A. Advancing DepthMap to Advance our Understanding of Cities：comparing streets and cities，and streets to cities. In：Green，M and Reyes，J and Castro，A，（eds.）Proceedings of the 8th International Space Syntax Symposium. pp.18-27. Pontifica）中，作者也在正文中提到了空间效率的概念，并在附录 2 中对空间效率的内涵进行了解释。

④ 这 50 个城市的线段图来自伦敦大学学院空间句法实验室。

⑤ 这种色彩分类的方式已经成为英国空间句法公司标准的操作手册。

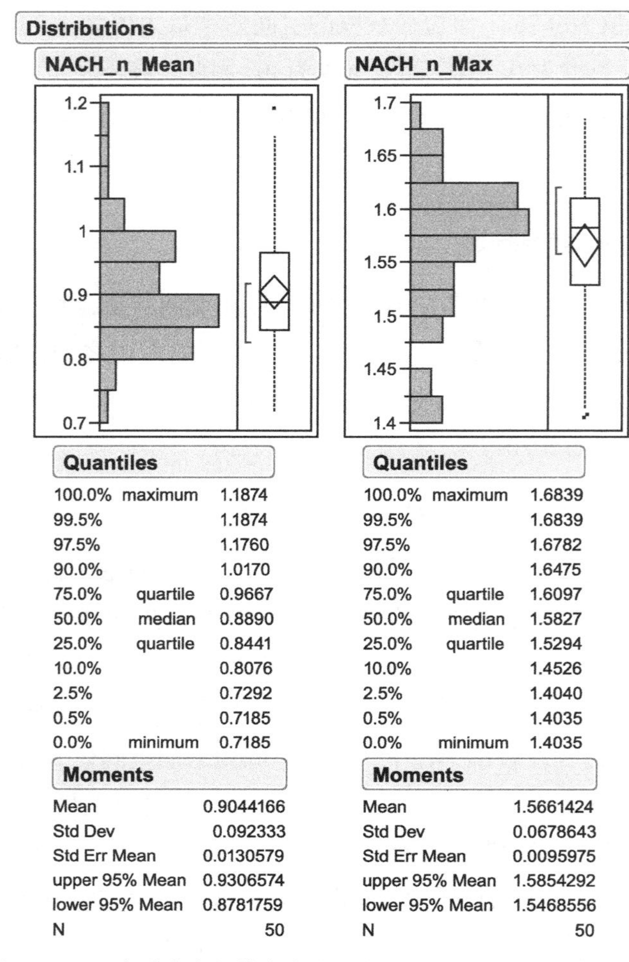

图 4.19　50 个城市空间效率均值（左）和极大值（右）的分布

（资料来源：作者自绘）

根据空间效率均值和极大值之间的关系，这 50 个城市可分为六大类。一是均值最大、极大值较高的极端城市，包括曼哈顿、好莱坞。这种空间模式体现了前景网络与背景网络之间的高度融合与统一，折射出经济与娱乐的高效生产，并充分地交织在住宅区之中。

二是均值较高、极大值一般的城市，包括三个小组，即查尔斯顿、墨西哥城；亚特兰大、安特卫普、乌贝兰迪亚、丹佛、华盛顿；芝加哥、雅典、新奥尔良、巴塞罗那。这些以美国的方格网城市为主，其原型是雅典，与殖民地城市有一定关联，不过体现了城市空间网络的均好性，即背景网络具有较好的活力。

三是均值一般、极大值较高的城市，包括四个小组：西安、拉斯韦加斯、北京、伊斯坦布、京都；里约热内卢、荷兰的高达、阿尔克马尔、累西腓、坎特伯雷；米蒂利

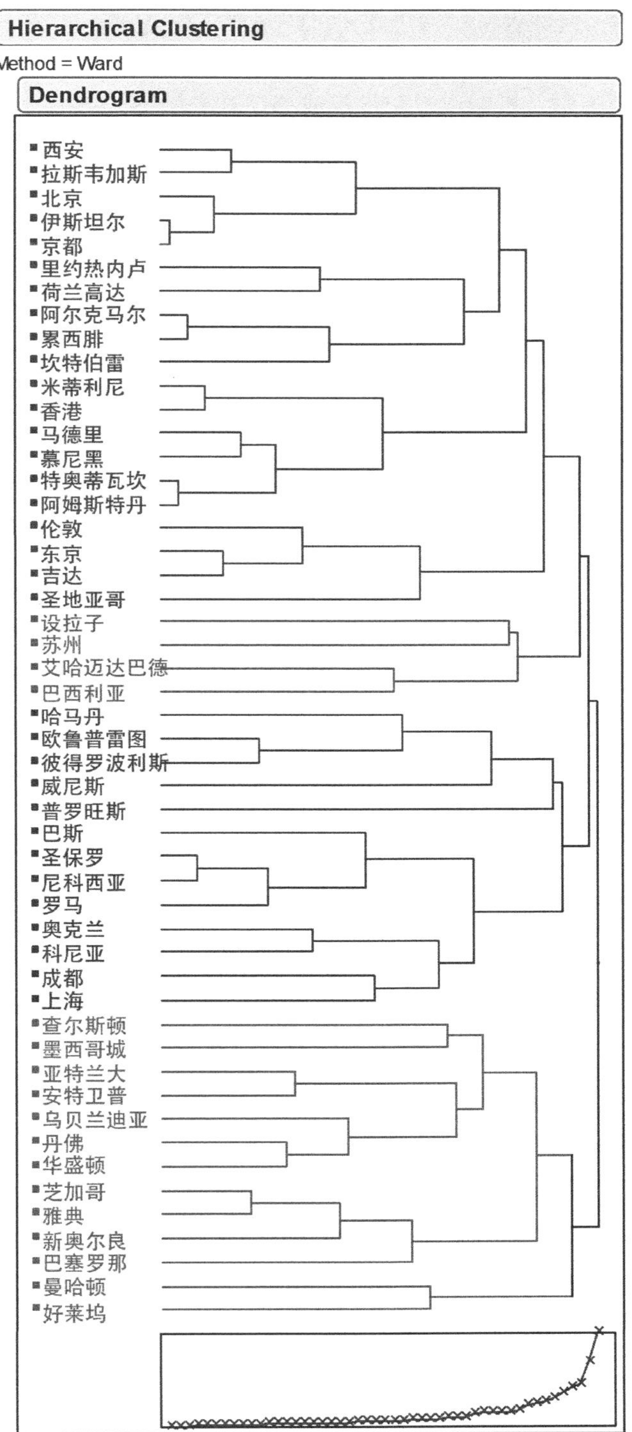

图 4.20　50 个城市空间效率均值和极值的聚类分析

（资料来源：作者自绘）

尼、香港、慕尼黑、马德里、特奥蒂瓦坎、阿姆斯特丹;伦敦、东京、吉达、圣地亚哥。这涵括了欧亚以及南美很多历史城市，体现了空间效率的层次丰富，也反映了前景网络对于背景网络的限定，折射出组团发展或分区演变的空间特征。

四是均值一般、极大值一般的城市，包括两个小组：巴斯、圣保罗、尼科西亚、罗马和奥克兰、科尼亚、成都、上海。这也体现了城市前景网络与背景网络之间在一定程度上的交织，只是融合的强度较低。

五是均值一般，极大值偏低的城市，包括设拉子、苏州、艾哈迈达巴德、巴西利亚。这类型的城市背景网络强于前景网络，不过体现为城市日常生活的片区之间缺乏更好的空间联系，前景网络未能完全起到整合各个片区的作用。

六是均值很低，极大值很低的极端城市，包括哈马丹、欧鲁普雷图、彼得罗波利斯、威尼斯、普罗旺斯的艾普图。这体现了文化独特性较强的城镇，前景网络更为多元化，并不是以空间效率而导向地发展，而是成为体现当地特色行为的背景网络的一部分。

以上在本质上反映了这些城市的前景网络与背景网络相互融合与支撑的程度。在绝大部分城市中，前景网络的空间效率要强于背景网络，前者涵括了更多的微观经济活动,而后者蕴含了更多的文化（Hillier,2009）。这种差别被空间效率这一变量所揭示，反映出了城市空间网络的非匀质性,对应于非匀质的功能活动,可用于给城市分门别类。

4.5 讨论

本章认为城市空间网络形态的建构过程之中，物质空间形态本身在一定程度上受制于几何规律，体现为多个方面的空间效率的自我优化，因此城市空间网络形态往往不会呈现出完全均质发展的正交方格网，而是在不同尺度上，以提升空间效率为目标，空间网络发生变异、聚集以及扩散等。

首先，城市空间网络形态的根基是环形，只是体现为更为复杂的模式。城市空间网络形态寻求最大的空间整合度，并保持穿越频率较高的空间更为匀质遍布在空间形态之中，形成城市空间结构的骨架。因此，城市空间形态会在长条形空间格网和方形空间格网之间摇摆，最终使得长条形空间格网“折叠”在方形空间范围之内，形成“断裂方格网”，实现空间效率的最佳配置的一种模式。在乡镇发展初期，较短的线形或十字轴是常见模式；在乡镇较大的时期，环形也是常见模式；在城镇发展的早期，正交方格网也是之中常见模式；而在城镇成熟时期，“断裂方格网”将会成为主导模式。

其次，城市空间网络形态存在不同尺度的分区的几何需求，受制于人们对二维空间的占据和对一维空间的认知。在较大尺度下，“中心—边缘”模式，即中心小街坊而边缘大街坊的模式，将有效地增加城市空间的全局整合性，而在中小尺度上，“边缘—

中心”模式,即边缘小街坊而中心大街坊的模式,也有可能增加城市空间的局部整合性。这体现为城市空间在发展之初，往往呈现“一张皮”的发展模式，寻求较小尺度的整合性，而在成熟之后，将会向“一张皮”的两翼发展，形成片区，最终形成多中心的格局，以获得不同尺度的整合程度的综合优化。于是，在此空间几何规律的限制之下，城市空间形态将呈现出非均匀的格局，如城市分区或城市不同规模中心的出现等。

再次，从空间聚集和分散的角度，重新认识总深度和穿行度。一方面，根据定义，穿行度可视为从其他空间穿越某个空间的潜力。换言之，如果人们停留在该空间内，不用移动就可以接收到其他空间人们的到访，这体现为一种由空间带来的信息或交往收益，即提供了更多不用外出就能获得的交流机会。某个空间的穿行度越高，该空间所能获得被访问的概率越高，这表明该空间的收益越大。另一方面，总深度则可视为从某个空间到达其他所有空间所消耗的总距离。可解释为，为了获得在其他空间的交流机会,而需要跨越其他空间所付出的空间距离或时间等。这可称之为空间成本。那么,穿行度与总深度之间的比值可视为空间效率。这种空间效率的视角消除了总深度和穿行度之间的悖论，并在 50 个城市的案例中得以检验。

最后，城市空间网络形态体现为前景网络和后景网络的相互穿插与协作，实现不同功能的最大效率。不同的城市选择不同的空间发展模式，绝大部分城市的特征为前景网络强于并限制于背景网络，这也是空间网络非均质化发展的基本原因之一。

第 5 章 空间网络形态的厚度

5.1 空间效率的尺度问题

上一章从几何基本原理和概念性案例的角度对整合度和穿行度的形态内涵进行了探讨，发现了城市空间网络形态尽可能地增加其整合度，同时又尽可能均匀地分配较高的穿行度，以此实现增进每个空间的交流机会。这种交流是双向的，既有任意某个空间前往其他所有空间的机会，又有任意某个空间获得其他空间的机会。或者，这称之为空间聚集与空间分散，体现为城市空间网络形态的非均质性。基于此，上一章提出了空间效率的概念，有效解决了整合度和穿行度之间的悖论，并证实了可用于城市之间的比较。此外，上一章也初步说明尺度的变化因素也影响了城市空间网络在不同地区的密集化与稀疏化。

那么，这种非匀质的空间网络形态是否体现了城市中心的现象或结构？以及尺度的变化因素是否对城市空间网络的空间效率模式有影响？上一章对空间效率的探讨为这两个研究问题提供了研究思路与方法。此外，这种尺度因素不仅可理解为分析半径的差别，而且可解释为研究范围的不同，即城镇、城市群、超大区域等不同大小的空间网络形态。即使在过去空间句法的研究之中，对于区域的探讨也相对较少（Law & Versluis，2015），而更多关注空间密度和开发总量等属性、或社会经济的流动（Hall，2001），而在一定程度上忽视了大尺度范围内物质空间之间的联系，这受制于对传统句法变量内涵的解释以及那些变量的标准化方法的不足。

正如第 3 章的论述，城市中心区和城市郊区的空间嵌入轨迹存在不同，这影响了整合度这个标准化变量的适用范围，而无法用于更大尺度的分析。不过，空间效率的概念以及计算方法都从理论上表明这个变量是无纲量的，且度量了空间的高效程度。那么，从实证的角度，该变量是否也可适用于分析与对比不同大小的网络形态？是否能够提供了一种空间分析工具，用于描述或揭示出那些空间网络形态的内在尺度效应，包括从城市到超大区域的变化特征？本章提出一个假设，即跨越不同尺度的高效空间彼此相互协同，并在空间位置上彼此相互连接，构成了跨尺度的“立体”网络，最终形成多尺度下稳定的空间结构，称之为空间网络形态的厚度。因此，尺度这个维度将是本章研究的重点。

为了回答上述研究问题，本章首先根据上一章对 50 个城市的初步聚类分析，选取了 10 个城市，分别为曼哈顿、芝加哥、雅典、北京、伊斯坦布尔、伦敦、东京、上海、巴西利亚、威尼斯，它们的轴线图都根据 Open Street Map（OSM）2013 年的地图绘制，并在 DepthMap 中进行计算。基于计算结果，探讨这些城市案例在不同尺度下的空间效率的异同以及基本形态特征的异同，并试图发掘不同城市之间的空间效率模式的差异。这样有助于理解尺度因素如何影响城市空间网络形态中的中心聚集方式和机制。

其次，选取京津冀和长三角这两个城镇群，其轴线图根据 2014 年高德地图进行绘制。运用不同尺度的空间效率变量，去对比分析它们的空间网络形态的特征。一般而言，长三角比京津冀发育相对成熟。本节的对比研究立足于物质空间网络对于区域和城市尺度上联系的影响，使得我们可以揭示两个城镇群在不同尺度几何关联机制的差异。

最后，选取了我国大陆的大部分地区、欧洲大部分地区、美国大陆的大部分地区，其轴线图根据 2013 年的 Open Street Map（OSM）地图绘制。再次应用空间效率变量，去对比分析它们在不同尺度下的空间网络形态特征。这三个区域涵括目前城镇化较为发达的三个超大区域，也覆盖了世界上较多的城镇群或连绵发展带，本章后文称之为中国案例、欧洲案例、美国案例。这部分的分析将帮助我们发现超大区域中的空间网络形态对于城镇群发展的空间影响，同时有利于我们去检验空间效率变量的适用性。

相对于第 4 章，本章更多是偏向实证案例的应用研究，关注理论性概念和数学方法在实际案例中的应用问题，这将使得本书的研究具有实践价值。

5.2　城镇的空间网络效率

曼哈顿、芝加哥、雅典、北京、伊斯坦布尔、伦敦、东京、上海、巴西利亚、威尼斯 10 个案例的选择除了考虑上一章的聚类分析之外，也考虑了以下其他因素。首先，这些城市具有一定代表性，遍及了亚、欧、美洲，体现了不同的文化、经济和环境影响下的空间格局。其次，它们也体现了方格网和自然变形的空间网格。前者如曼哈顿、雅典、芝加哥、北京，后者如东京、上海、伦敦、威尼斯；再次，它们反映了人工规划干预较多的城市，如巴西利亚、曼哈顿、北京、芝加哥等，以及自然有机生长偏多的城市，如威尼斯和伦敦等。最后，这些城市规模大小差异较大，即大致而言，街道数量差异较大（如表 5.1 的空间数），有助于在分析过程之中判断空间效率这个变量是否排除规模大小的影响，或万一没有排除，那么可用于检测规模大小本身对于分析的影响程度。因此，本章试图揭示不同尺度之间空间效率的普遍性联系，而非独特性联系。

5.2.1 城镇案例的基本形态特征

研究一下这 10 个城市基本的形态特征，作为深入研究的前提。首先，这些城市的街道连接度与道路网密度之间显然没有必然关联。一方面，连接度表示由两两相邻路口所限定的街道段的连接程度。对于正交方格网来说，大部分线段的空间连接度都是 6，因此连接度越接近 6，越表明是正交方格网。显然，曼哈顿、雅典以及芝加哥更接近正交方格网模式，反而北京并不是严格意义上的正交方格网。另一方面，线段长度可近似地体现由两两相邻路口所限定的街道段的长度，可用于度量街坊块大小或者道路网密度。线段越短，街坊块越小，道路网密度往往越高。威尼斯、东京、雅典都有较高的道路网密度，较小的街坊块；而芝加哥、上海、北京、巴西利亚都有相对较低的道路网密度，较大的街坊块。虽然雅典和东京的连接度较高，且道路密度较高，然而芝加哥、曼哈顿、伦敦等案例表明连接度和道路网密度不存在正相关或负相关。这在一定程度上说明了从整个城市的角度而言，局部街道良好连接的城市未必完全是密路网和小街坊。结合上一章的研究，路网的疏密变化折射出城市空间网络分区的几何规律，也暗示了街道的连接度并与城市空间网络分区无关。

10 个案例城市的基本空间形态数据（空间数为 Node Count，连接度为 Connectivity，线段长度为 Segment Length，幂指数为 Power-law Exponent），其中从深灰到浅灰的色彩变化对应于每一列的数值变化，深灰色表示数值高，浅灰色表示数值低。 **表 5.1**

城市	空间数	连接度	线段长度（m）	幂指数
曼哈顿	6830	5.46	99	1.529
雅典	144335	5.07	48	1.817
芝加哥	131153	4.78	136	1.889
东京	250892	4.4	34	1.867
上海	37663	4.08	121	1.774
伊斯坦布尔	68903	4.34	63	1.829
北京	56361	4.09	111	1.704
伦敦	272642	4.09	72	1.878
巴西利亚	52713	3.97	102	1.56
威尼斯	5655	3.67	29	1.311

（资料来源：作者自绘）

其次，在整个城市角度上，空间网络存在自相似的特征，且与道路连接度、或正交网格、或道路网密度都没有必然的相关性。采用第 3 章所论述的方法，分析空间数与半径之间的关系，并限定分析范围从 100 米到 5 公里，这是由于威尼斯的半径接近

5 公里，且便于在相同分析范围内进行比较。可发现 10 个城市在这个分析范围之内都存在幂律规律，说明了这些城市都存在较小尺度的空间形态与较大尺度的空间形态有类似之处，对应于社区、邻里、片区之间的自相似关系。

根据上一章的研究，正交网格的幂指数大约为 1.8 ～ 2，而线性空间或十字轴模式的幂指数大体为 1。前者对应于二维平面空间，后者对应于一维线性空间。根据表 5.1，芝加哥、东京、伦敦、伊斯坦布尔、雅典的幂指数都在 1.8 以上，并小于 2。不过，其中东京、伦敦、伊斯坦布尔显然不是方格网城市。那么，这可推论：这些空间网络变形的城市采用了“中心—边缘”和“边缘—中心”空间模式，获得了类似于方格网城市一种空间特征，即向两个维度上连续而均衡地扩展。不过，典型的方格网城市曼哈顿和北京则具有较低的幂指数，这说明这两个案例的空间形态更偏向于一维线性空间。对于曼哈顿来说，这是由于整个曼哈顿岛呈现长条形的几何轮廓，使得“东北—西南”方向的街道具有主导性的线性空间特征，而“西北—东南”方向的街道则只是附属于前者。在一定程度上，对于街道的称呼也体现了这一点，“东北—西南”方向的是大道（Avenue），“西北—东南”方向的是街道（Street）。

而对于北京而言，这源于其超大街块模式，体现为大院、封闭小区，甚至明代里坊的空间痕迹等，这类似于上一章提到的断裂方格网模式。表面上这是大方格结构，而“尽端空间”使得大方格结构之中存在很多线性的空间组织模式，使得其幂指数降低。在很大程度上，威尼斯和巴西利亚的幂指数较低也与其内部的封闭庭院或封闭住区有一定关系。虽然这两个城市的空间网络形态更为自由（威尼斯是自然形成的，而巴西利亚是人工规划的），然而断裂方格网模式仍然是这些城市的空间原型模式。

上述这两点都表明了：不管城市空间网络的几何表象，如正交方格网或自然有机格网，还是空间网络的局部特征，如街道的连接度或道路密度，都无法完全反映出城市空间网络形态的构成机制。下一步，我们将从不同的尺度分析城市空间网络形态的构成模式。

5.2.2　空间效率的背景与前景网络

本小节重点关注 1 公里、5 公里以及 n 公里的空间效率的数值及其在相应城市中的分布状况；其中 1 公里可代表社区尺度，5 公里可代表片区尺度，而 n 代表整个城市的尺度。首先，分别比较一下 10 个案例城市在三个分析半径下的空间效率的均值和最大值。在一定程度上，均值可视为对城市背景网络的近似描述，即城市中非中心性的、以居区为主的空间网络；而最大值则可视为对城市前景网络的近似表达，即城市各类中心彼此联系而构成的空间网络，常常与主干道有一定的重合性。如表 5.2 所示，深灰色代表较大的数值，而浅灰色代表较小的数值。随分析半径从社区到片区再到整个城市，几乎所有的案例都在社区尺度上有最大的空间效率均值，而在城市尺度上有最小的空间效率均值。由此可推论：在那些城市中，社区作为背景网络的基本单元，其空间效率都更高。

10 个案例城市在三个尺度下的空间效率（E 表示空间效率），其中从深灰到浅灰的色彩变化对应于均值（或最大值）在三个分析半径下的数值变化，深灰色表示数值高，浅灰色表示数值低 表 5.2

城市	E 均值 _n	E 均值 _5km	E 均值 _1km	E 最大值 _n	E 最大值 _5km	E 最大值 _1km
曼哈顿	1.187	1.18	1.149	1.663	1.562	1.459
雅典	0.982	1.06	1.114	1.648	1.599	1.556
芝加哥	0.965	1.041	1.036	1.644	1.504	1.533
东京	0.894	0.959	1.007	1.634	1.566	1.56
上海	0.89	0.958	0.965	1.558	1.475	1.574
伊斯坦布尔	0.859	0.937	0.996	1.606	1.486	1.562
北京	0.853	0.926	0.933	1.601	1.507	1.702
伦敦	0.808	0.903	0.942	1.619	1.543	1.729
巴西利亚	0.802	0.888	0.923	1.618	1.573	1.597
威尼斯	0.757	0.76	0.831	1.405	1.404	1.479

（资料来源：作者自绘）

不过，例外是曼哈顿和芝加哥。在城市层面上，曼哈顿整个背景网络的空间效率更高，而在社区层面上其空间效率则最低。这说明了曼哈顿作为一个整体能发挥更大的空间效率。也许这种现象与曼哈顿规模偏小有关系，然而这反映了曼哈顿独特的空间网络结构。而芝加哥在片区层面上的空间效率最高，这也许与芝加哥较长街道的方格网有一定关系，将不同的社区直接联系起来了，因此在社区层面之上形成了更为高效的空间组团。

再看一下空间效率的最大值，其变化的情景比空间效率的均值更为复杂，大体分为三组。随尺度的变化，曼哈顿、雅典、东京的前景网络在城市层面上具有最高的空间效率，而在社区层面上具有最低的空间效率。不严谨地说，这表明了：对于这三个城市，社区中最主要的道路或中心并不明显，与其周边道路融合在一起，而城市中最主要的道路或中心则发挥了更大的作用。芝加哥、伊斯坦布尔、巴西利亚的前景网络在城市层面上仍然具有最高的空间效率，而在片区层面上具有最低的空间效率。这也说明了：这三个城市中，片区级的重要道路或中心与周边融合在一起，而城市级的重要干线或中心则仍然具有空间统治力。上海、北京、伦敦、威尼斯的前景网络则在社区层面上具有最高的空间效率，而在片区层面上具有最低的空间效率。可推论出：这四个城市中，社区级的空间组织更加主次有序，而在片区层面上空间结构变得更为模糊。

图 5.1 进一步对比说明了这 10 个城市的空间效率模式。根据代表背景网络特征的城市级空间效率均值，可给 10 个城市排序，由高到低分别为：曼哈顿、雅典、芝加哥、东京、上海、伊斯坦布尔、北京、伦敦、巴西利亚以及威尼斯 [图 5.1（上）]。虽然片区级和社区级空间效率均值有所细微的变化，然而这基本上与城市级空间效率均值的变化趋势一致。此外，曼哈顿在三个层面上的空间效率均值都非常接近，且城市级的占优势，表明了其背景网络在不同尺度上的表现非常一致而协调。威尼斯又是另外一个特例，其城市级和片区级的空间效率均值接近，而社区级的空间效率增强，说明了从空间效率的角度而言，其社区级空间与其他两个层级空间区别明显。芝加哥、上海、北京又体现为片区级和社区级的空间效率均值接近，且均高于城市级的。这也表示从空间效率的角度而言，三个城市的社区级和片区级的空间网络相互协调。在一定程度上，

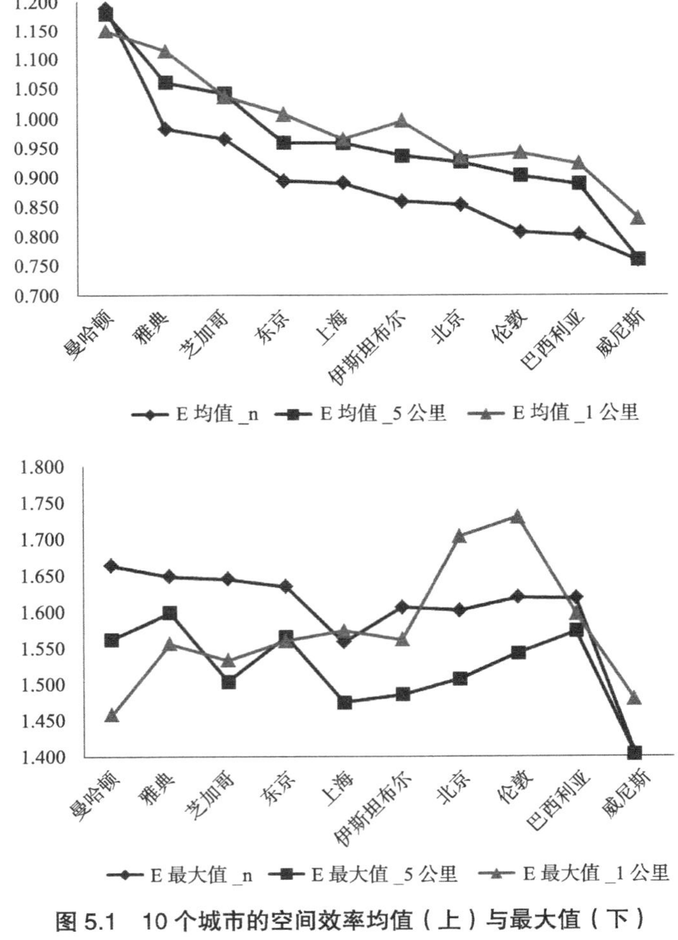

图 5.1　10 个城市的空间效率均值（上）与最大值（下）

（资料来源：作者自绘）

这种不同尺度上的协调可视为一种空间网络的厚度，即不同尺度上较高的空间效率在地理空间上彼此接近，以保持各个层级的空间结构可相互支持。

图 5.1（下）显示了空间效率最大值的变化情况，这体现了不同尺度的前景网络状况，或者也表明了空间效率最高的不同层级中心的情况。总体而言，几乎所有的城市中，三个层级的空间效率最大值都有较大的差别，除了巴西利亚。这表明：一般而言,那些城市中不同尺度的前景网络或空间效率中心的影响力各自不同。在很大程度上，说明了基于空间效率的前景网络与背景网络存在差异，不同尺度的前景网络影响力体现了空间效率中心的作用,它们在不同尺度上表现不一样,表达出不同的空间影响范围。不过，各个城市还是各有侧重。巴西利亚在三个尺度上的影响力几乎类似；芝加哥与东京在片区级和社区级的影响力接近；上海在城市级和社区级的影响力靠近；而威尼斯在城市级和片区级的影响力相似。

5.2.3 城镇案例的空间网络厚度

不同城市的空间效率的模式到底是如何的？这对于理解城市空间网络形态的特征非常必要。图 5.2 ~ 图 5.11 分别显示了曼哈顿、芝加哥、雅典、北京、伊斯坦布尔、伦敦、东京、上海、巴西利亚、威尼斯在半径 n、5 公里、1 公里的空间效率模式，大体对应于城市、片区、社区三级尺度；其中粗黑表示较高的空间效率，细灰表示较低的空间效率。对于不同尺度的空间效率模式图，可根据计算半径的高低依次连续展示其空间结构模式，可称之为空间效率图谱。这可用于对比描述并揭示城市空间网络形态中跨尺度演变的空间结构，体现为尺度迁越的动态性。下文将分别对这些城市进行描述。

图 5.2 为曼哈顿的空间效率图谱。一般而言，曼哈顿呈现出单一方向强化的方格网格局，在城市和片区尺度上更为明显；而在城市、片区和社区三个尺度上，南北向的大道（Avenue）比东西向的街道（Street）具有更高的空间效率。14 街以南的下城区（Downtown）在三个层级都明显具有较高的空间效率，体现为较为厚实的空间网络关联性；这个区也对应了曼哈顿最早、最为繁荣的金融区和多元的活力区；即使在社区层面上，空间效率较高的街道和地区明显对应着华尔街（Wall Street）、联合广场（Union Square）、苏活区（Soho）、格林尼治村（Greenwich Village）、东村（East Village）。中城商业区也在三个层级都有次一级高度的空间效率，其中百老汇（Broadway）大道一直都是空间效率最高的街道，特别是从时代广场（Time Square）到林肯中心那一段。这也证实了上一小节分析的结论，曼哈顿三个层级的空间效率中心在一定程度上是基本吻合的，这种尺度之间的相互协同，支持着活力中心的建构。

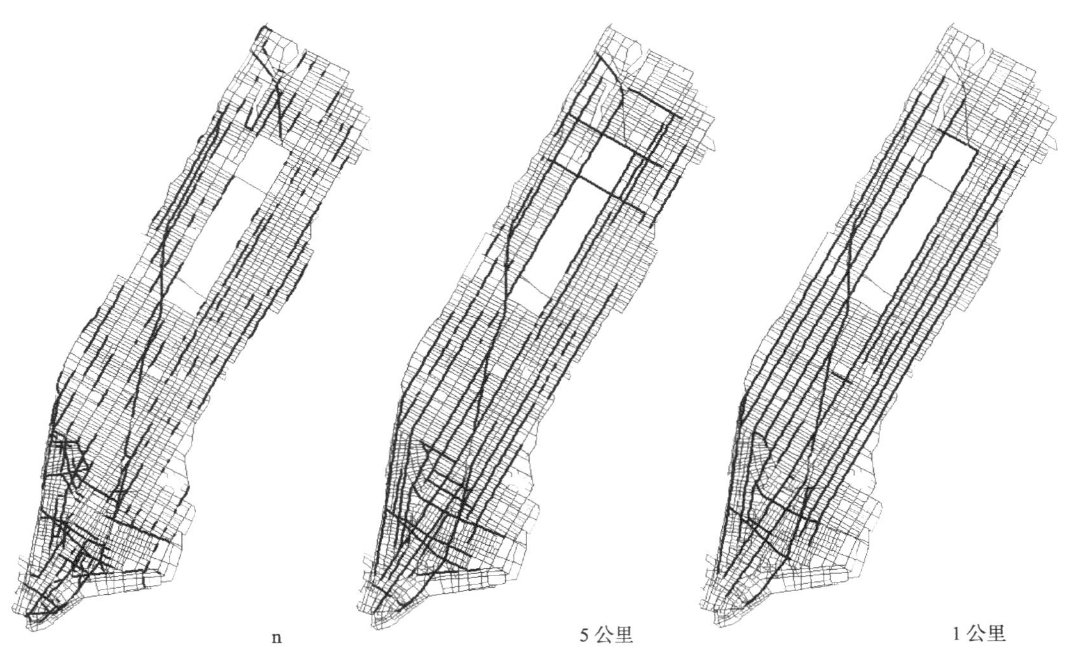

图 5.2　曼哈顿三个尺度的空间效率
（资料来源：作者自绘；模型 @UCL）

图 5.3 为芝加哥的空间效率图谱。芝加哥的方格网模式在城市和片区这两级非常明显，其中还由于芝加哥河以及运河形成了斜向的走廊；在芝加哥东侧城镇化较高的地区，基于空间效率的方格网更为细密，特别是中心商务区（The Loop）及其西侧的格网比较密集，这是芝加哥最有活力的地区。然而，与曼哈顿不同，芝加哥的方格网在城市层面上更大，且向东西和南北两个方向相对均匀地展开；而在片区层面上，那些城市级的大街坊块被进一步细化为更多细小的方格网结构，与城市级的大方格网一起编织了更为丰富的空间网络结构，体现为空间网络的厚度。这种现象体现在芝加哥片区级的空间效率均值最高。此外，在社区层级上，芝加哥的空间效率中心分布较为均匀，并未连接起来形成明显的较大中心地区；然而，从粗黑到细黑、细灰的灰度变化过程非常细致，这意味着效率不同的空间都支持着空间效率较高的社区级中心。总而言之，从空间效率来看，芝加哥的方格网结构在片区级体现得最为充分，然而这在于城市级和社区级层面上良好的空间关联，即城市级和社区级的高效空间能在片区层面上仍然获得较高的空间效率，并彼此连接成为网络状。该案例体现了城市空间网络的跨尺度的厚度。

图 5.3　芝加哥三个尺度的空间效率（一）

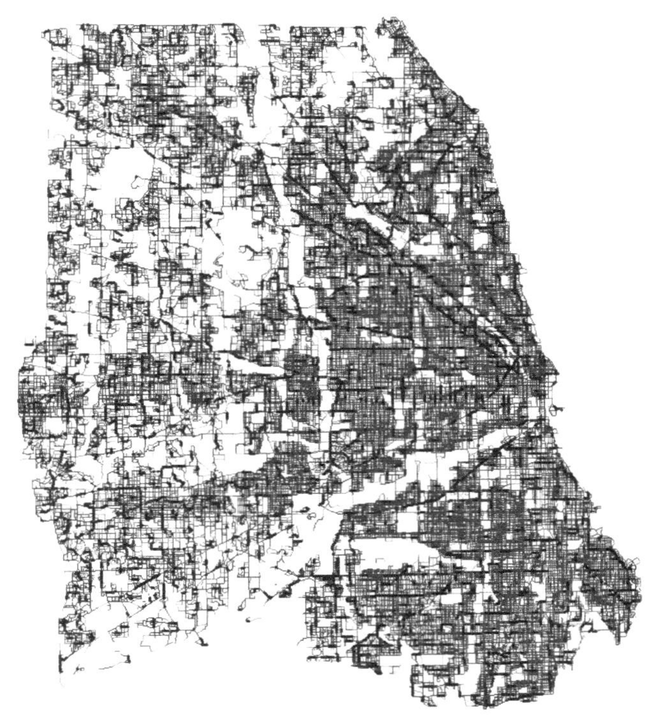

图 5.3　芝加哥三个尺度的空间效率（二）

（资料来源：作者自绘；模型 @UCL）

图 5.4 为雅典的空间效率图谱。与曼哈顿和芝加哥的方格网形成了对比，雅典在城市和片区层面上形成了以雅典卫城为中心的放射状结构，呈现出一种自然生长的形态格局。雅典卫城以北的老城区在三个尺度上都具有较高的空间效率，尤其在城市层面上尤为突出。在三个层面上，雅典这些地区，如瑞达洛斯（Korydallos）、新伊奥尼亚（Nea Ionia）、奈斯米尔尼（Nea Smyrni）、格利法扎（Glyfada）、凯雷特西尼（Keratsini）、皮瑞斯港（Pireas）等，都具有较高的空间效率。在片区层面上，还可发现雅典卫城四周的各个区都次一级的放射状结构，特别是瑞达洛斯（Korydallos）、凯雷特西尼（Keratsini）、尼凯阿（Nikaia）形成了非常密集而又规则的放射状结构，从圆心向西南方向以及向西北方向放射出现的枝权呈现出规则的方格网结构，甚至强度高于雅典卫城。在社区层面上，相对于曼哈顿和芝加哥，仍然可以发现非常密集的空间效率中心或街道，它们彼此交织成较小的网状结构，其中不乏放射状结构和方格网。因此，雅典空间效率图谱更像多个层级相互嵌套的放射状结构，其内在几何机制为各个尺度上不同方向的方格网“走廊”在物质空间上相互关联起来。

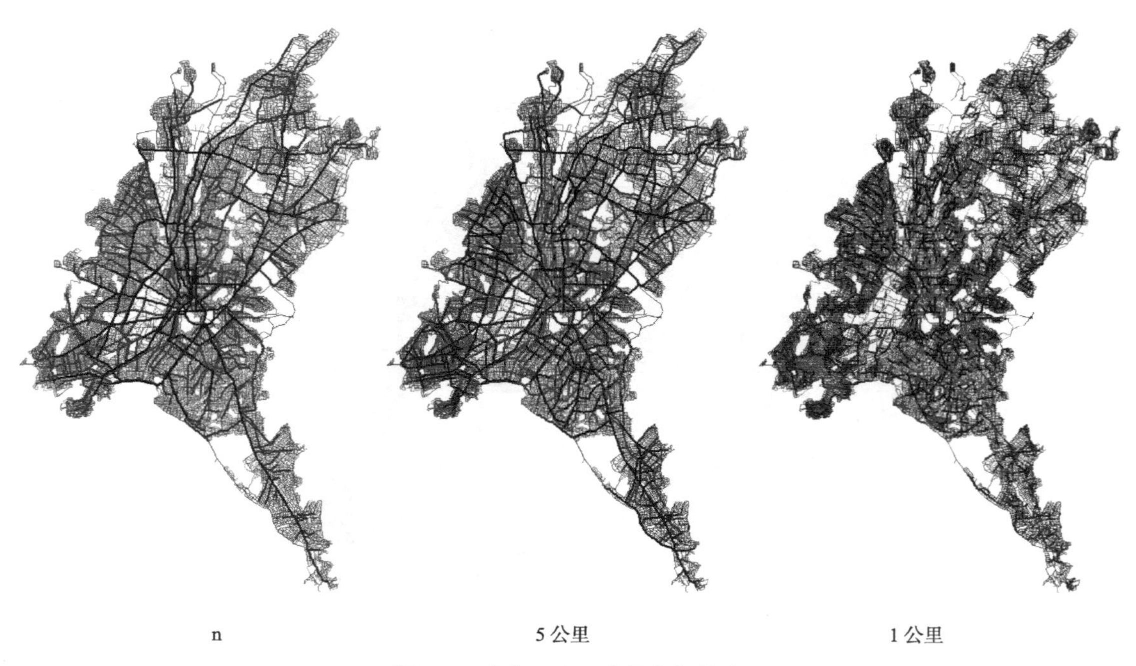

图 5.4 雅典三个尺度的空间效率
（资料来源：作者自绘；模型 @UCL）

图 5.5 为北京的空间效率图谱。与之前的案例比较，北京在城市和片区层面上，围绕故宫，呈现出“环套环”的空间结构，其放射状的结构并不明显，且只在城市级别上有所体现。在城市层面上，从空间效率角度来看，二环并不明显，反而是东单和西单与北二环和南二环构成一个长向的环；三环和四环以及长安街、平安大街、前门大街—永定门大街等具有较高空间效率；东侧 CBD 的城市级高效空间构成了相对密集的网络。在片区层面上，除了四环之外的某些地方出现了片区级的高效街道之外，二环以内的城市级的高效街道仍然保持高效，并强化了彼此的联系；中关村和望京也保持住了城市级的高效街道；朝阳路、东三环和东四环局部也出现了片区级高效的空间，不过相对于西三环和西四环更弱一些。在社区层面上，高效空间只是更为均匀的分布，并未形成更大规模的网络；只有二环以内，社区级高效中心周边有较多的橙色和黄色的空间，具备较多的空间层次。这说明了北京空间网络较厚的地方还是位于二环以内的老城区，其中三个层级的高效空间彼此交织并协调。

5 公里

图 5.5　北京三个尺度的空间效率（一）

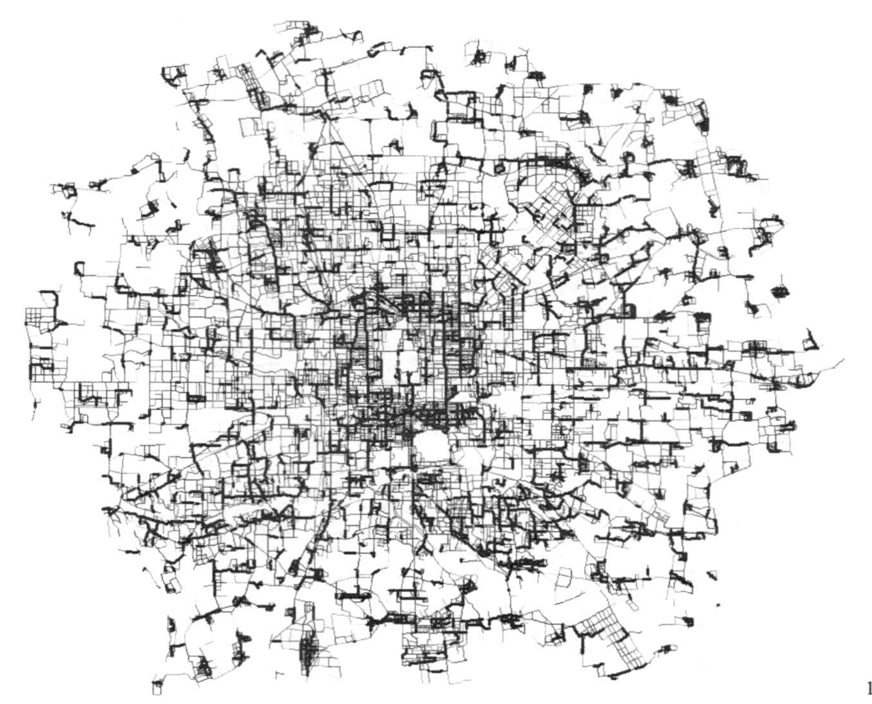

图 5.5 北京三个尺度的空间效率（二）

（资料来源：作者自绘；模型 @ 杨滔）

图 5.6 为伊斯坦布尔的空间效率图谱。与前面几个案例比较，伊斯坦布尔呈现出更为自由的空间形态，类似于“变形虫”。在城市层面上，其北侧、西侧、东侧的边缘形成了空间效率较高的“屏障”，在其内部，以法提赫（Fatih）、贝西克塔斯（Besiktas）的西侧、卡德柯伊（Kadıköy）的北侧为中心，形成了三个彼此不同的放射状结构。而在片区层面上，各个分区的边缘反而具有较高的空间效率，大致围合出来一些片区，如余玛阿尼亚（Ümraniye）、于斯屈达尔（Üsküdar）、阿塔瑟哈（Atasehir）、廷布尔努（Zeytinburnu）、拜拉姆贝沙（Bayrampasa）、贝伊奥卢（Beyoglu）、格基奥马帕萨（Gaziosmanpasa）、巴赫切利耶夫莱尔（bahcelievler）、以及小切克梅杰（Kucukcekmece）等。这与雅典的模式形成鲜明的对比，即雅典各个片区的几何中心部分是空间效率较高的地方，以高效空间走廊“穿透”各个分区，而不是围合各个分区。此外，伊斯坦布尔在社区层面上较高效率的空间中心分布并不均匀，在西侧更为密集，而在东侧和北侧则相对稀疏，且并未形成更大规模的空间结构。伊斯坦布尔与雅典的空间网络形态的差别也许反映了它们不同的文化和宗教差异。前者的空间网络更为内向，呈现一定的空间防御态势；而后者的更为外向与匀质，呈现一定的空间拓展态势。

n

5 公里

图 5.6　伊斯坦布尔三个尺度的空间效率（一）

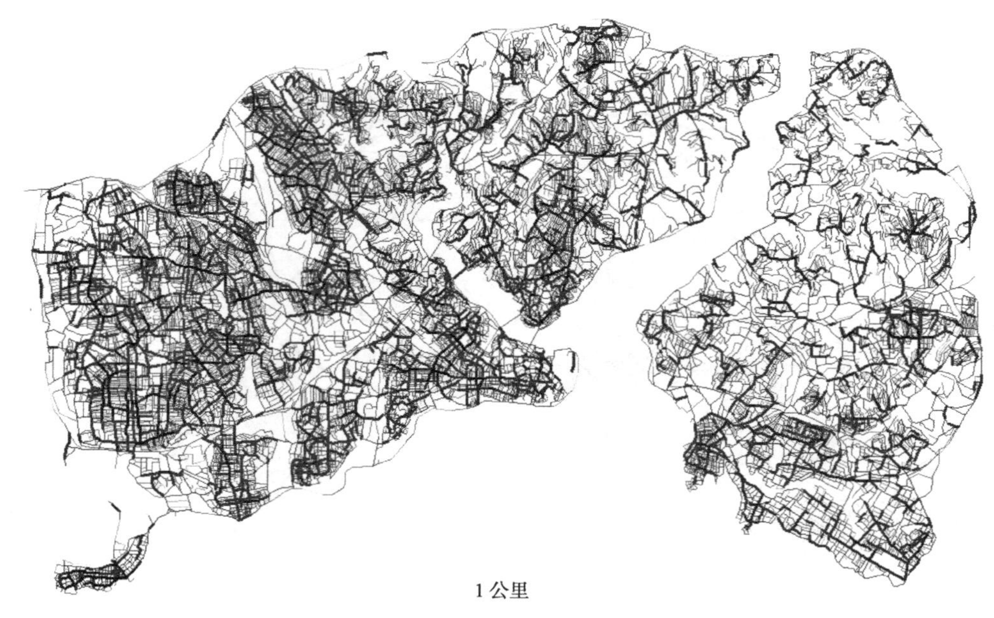

图 5.6 伊斯坦布尔三个尺度的空间效率（二）

（资料来源：作者自绘；模型 @UCL）

图 5.7 为伦敦的空间效率图谱。伦敦呈现出明显的以伦敦老金融城（The City）以及大象与城堡地区（Elephant & Castle）为中心的放射状结构，类似于有机生长的“叶脉”。在城市层面上，中心区的北侧强于南侧，其放射状的结构在西北向的埃奇韦尔（Edgware）、北向的伍德格林（Wood Green）、东北向的斯特拉特福德（Stratford）、东向的刘易舍姆（Lewisham）、南向的米彻姆（Mitcham）和克里登（Croydon）、西向的舍佩德布什（Shepherds Bush）等节点都有分叉，覆盖更为广泛的地区；M25 环城高速公路也是次一级的高效空间。在片区层面上，M25 环城高速公路消失，表明这只是用于远距离出行的交通通道，而非片区级中心；然而大部分的城市级放射状的结构仍然保持下来，且在中心区的老金融城（The City）、西区（Westend）、威斯敏斯特（Westminster）形成了黑、深灰、灰色密集交织的高效率网络。此外，沿放射结构，中心区周边的哈罗（Harrow）、伍德格林（Wood Green）、斯特拉特福德（Stratford）、伊尔福德（Ilford）、布罗姆利（Bromley）、克里登（Croydon）、米彻姆以及舍佩德布什（Shepherds Bush）形成了社区级的放射状结构。在社区层面上，仍然可发现高效空间密集地聚集在中心区，特别是老金融城（The City）和与法律产业聚集的庙区（Temple）；而在中心区之外，高效的空间也相对均匀地分布，体现了伦敦作为“都市村庄”的空间结构。总体而言，从空间效率来看，伦敦多重放射状的空间结构得益于三个层面上高效空间之间的彼此联系，这与雅典有很多类似之处，虽然雅典在放射轴上体现为方格网结构，而伦敦则表现为更为自由的结构。

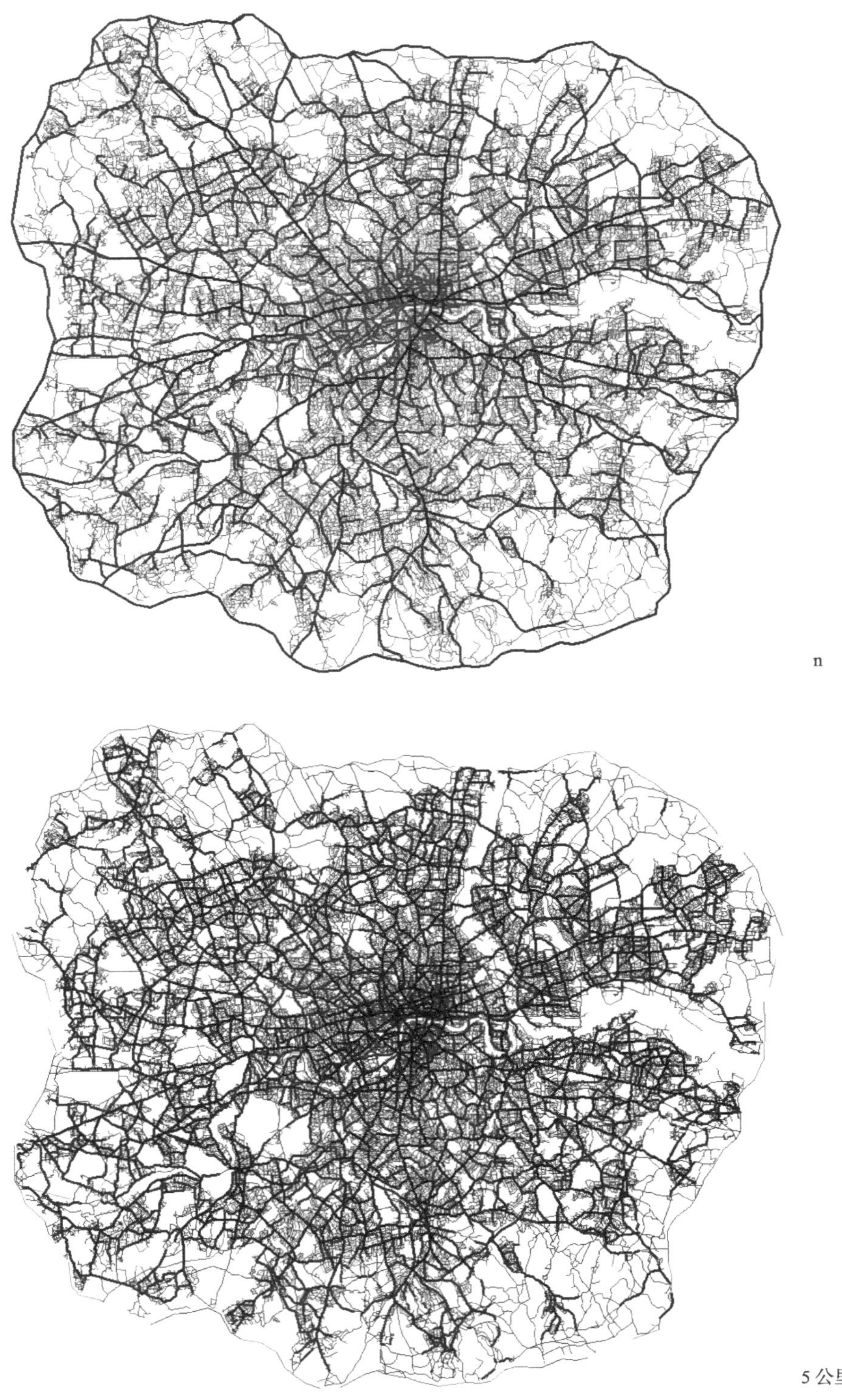

图 5.7　伦敦三个尺度的空间效率（一）

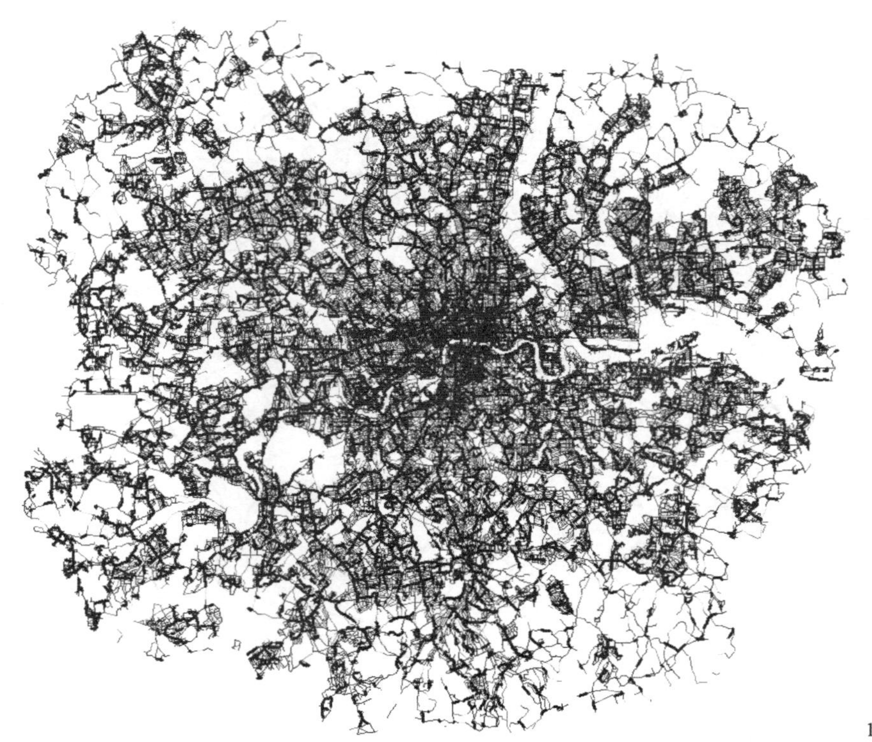

图 5.7　伦敦三个尺度的空间效率（二）

（资料来源：作者自绘；模型 @UCL）

图 5.8 为东京的空间效率图谱。对比伦敦，东京呈现出更为强烈的环状结构，同时也保持了明显的放射状结构，这可类比为“开裂的年轮”。在城市、片区、社区三个层面上，东京这种以皇宫为中的“环加放射状”结构都非常明显；特别是在社区层面上，高效的空间仍然彼此交织，形成了超越社区本身的空间结构，这在所有案例中都是独特的。此外，中央区、千代田区北部、港区、台东区、江东区西部在三个层面上都形成了空间效率较高的方格网结构，虽然这些方格网随河流和皇宫在方向上有所变化。这种跨越尺度的空间网络厚度在很大程度上对应了这些地区活跃的经济情况。另一方面，即使在外围的练马区、大田区、江户川区、立足区等，仍然能发现下一级的空间效率较高的空间聚集。因此可以认为，东京的多尺度高效空间彼此联系非常密切，其厚度相对很大。

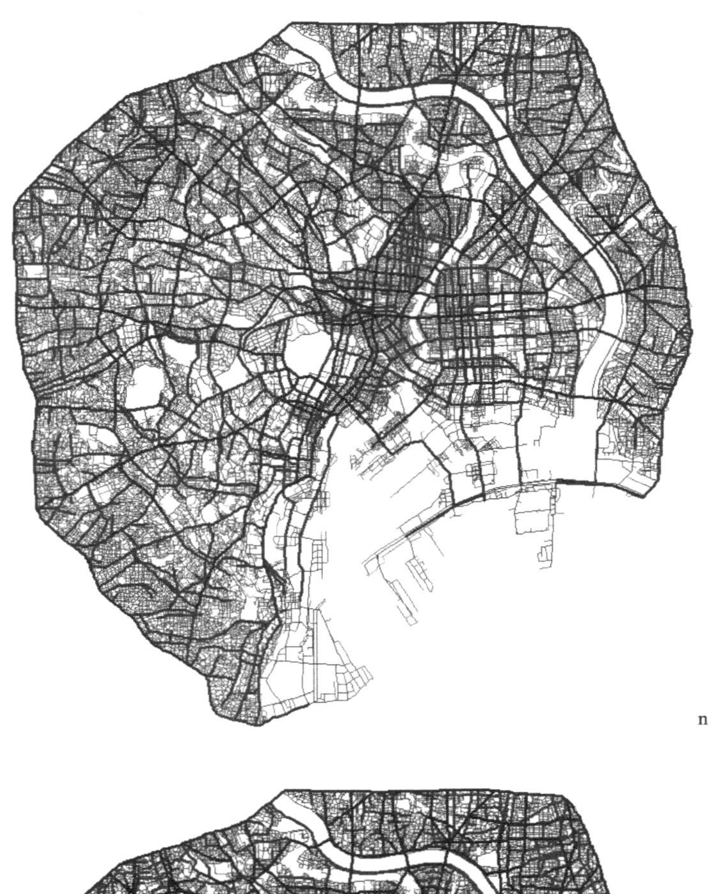

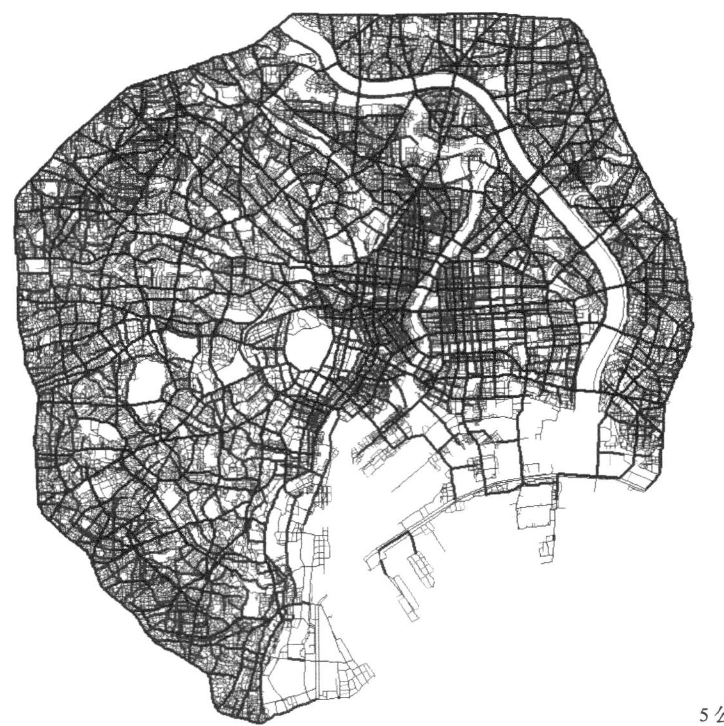

图 5.8　东京三个尺度的空间效率（一）

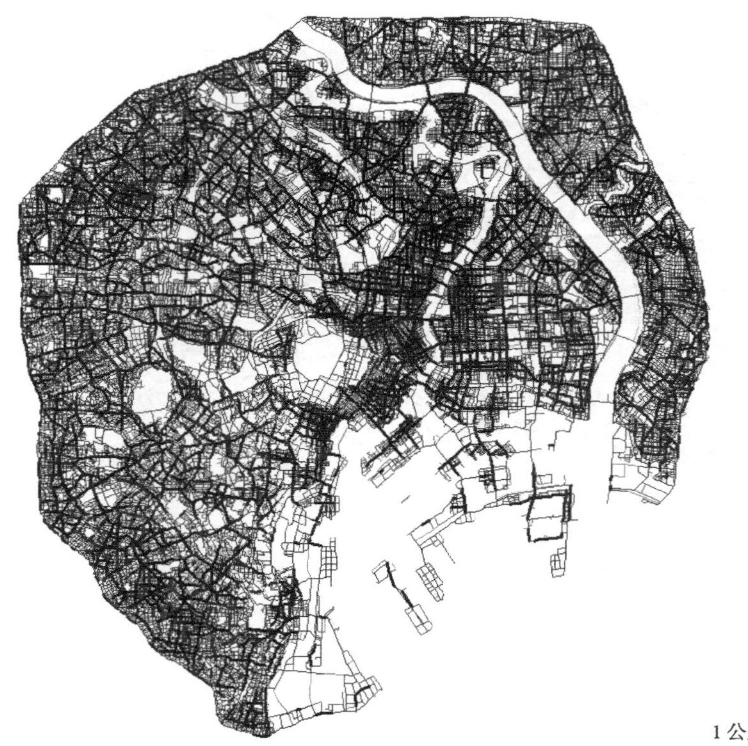

图 5.8　东京三个尺度的空间效率（二）

（资料来源：作者自绘；模型 @UCL）

图 5.9 为上海的空间效率图谱。对比其他案例，上海呈现出更为自由的“十字加环”的空间结构。在城市层面上，大致以人民广场和外滩为中心，或以成都北路（南北高架）、北京东路、河南南路、复兴东路所大约限定的地区为中心，沿南北高架、延安高架、复兴东路 / 张杨路，向东西南北呈十字轴延伸出去，且内环、中环、外环的一部分呈现出较高的空间效率，并与其他道路一起形成不规则的环形结构。此外，在浦东地区形成了明显沿黄浦江方向的高效空间走廊，即杨高北路—杨高中路—杨高南路，这在路名上都已有所体现。在片区层面上，“十字加环”的中心区仍然得以保留，成为更为密集的片区级高效空间，且向西和向北有较多延伸；海宁路—周家嘴路一线、五角场地区、高境地区、大宁地区、虹桥地区、上南地区、高行地区、金桥地区、新场镇地区等都出现的片区级的高效空间网络，且临近地区彼此之间都有一定的联系。在社区层面上，高效空间除了较为集中地分布在人民广场和豫园附近，在上海各个地区都呈现出较为匀质的分布，这与芝加哥、北京、伦敦的情况都比较类似。

图 5.9　上海三个尺度的空间效率（一）

图 5.9 上海三个尺度的空间效率（二）
（资料来源：作者自绘；模型 @ 杨滔）

图 5.10 为巴西利亚的空间效率图谱。从空间效率来看，巴西利亚的空间网络形态也比较独特，呈现出典型的分散组团模式。城市层面上的高效空间是联接各个组团的道路，除了在联邦区、瑟兰迪亚（Ceilandia）、塔瓜廷加（Taguatinga）、普拉纳尔蒂纳（Planaltina）、索布拉迪纽（Sobradinho）、莎蔓芭亚蕨（Samambaia）内部有所延伸之外，都只是在那些组团的边缘经过而已；此外，联邦区的中轴线从西向东经过办公区之后，逐步变弱。在片区层面上，大部分城市级的高效率空间走廊消失；除了瑟兰迪亚（Ceilandia）、塔瓜廷加（Taguatinga）以及普拉纳尔蒂纳（Planaltina）中形成了高效率的网格结构，其他组团内部只是出现了“鱼骨状”或“一层皮”的高效率空间。在社区层面上，绝大部分高效空间又与片区级的高效空间脱节。虽然图 5.1 表明巴西利亚在三个层面上的空间效率最大值相当接近，然而这些较高效率的空间在不同尺度上大约分布在不同的空间之中。特别对于联邦区，在三个尺度下，橙色和黄色的空间偏少，而绿色或蓝色空间偏多。这说明了不同尺度下高效的空间并未彼此良好联接，从而未能形成跨越尺度的高效空间网络。这个案例表明了空间网络厚度不足的情况。

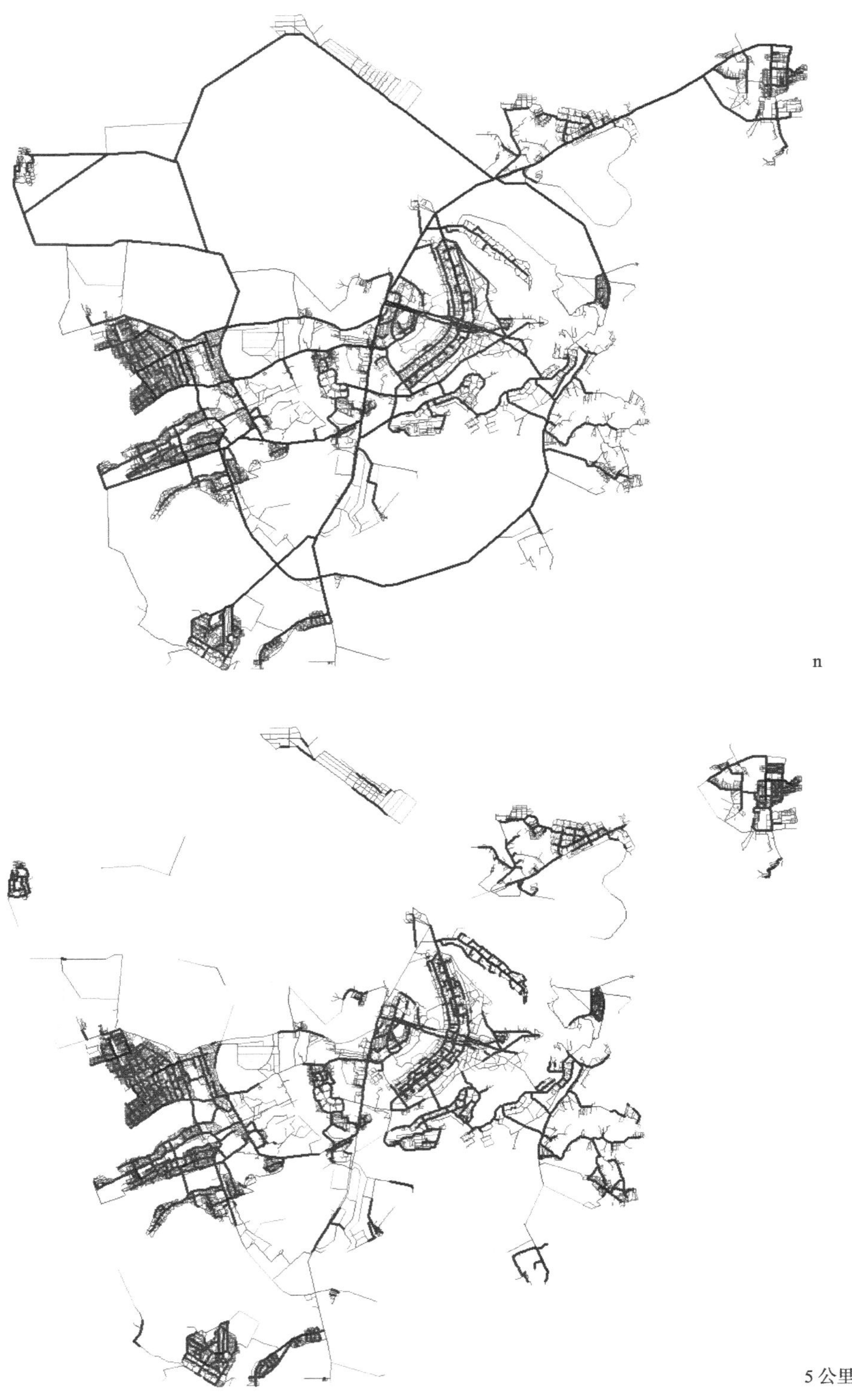

图 5.10　巴西利亚三个尺度的空间效率（一）

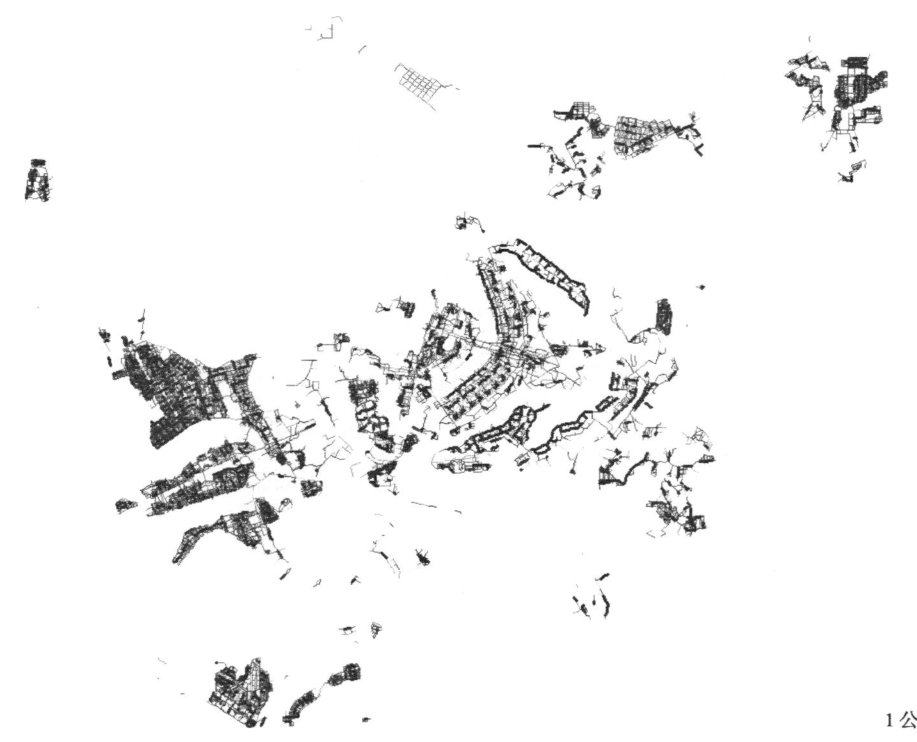

图 5.10　巴西利亚三个尺度的空间效率（二）

（资料来源：作者自绘；模型 @UCL）

图 5.11 为威尼斯的空间效率图谱。威尼斯类似曼哈顿，也是一个岛，不过呈现完全自然有机的形态。在城市和片区的层面上，较高效率的空间沿河岸与海岸展开，依次将卡纳雷吉欧区（Cannaregio）、圣克罗切区（Santa Croce）、多尔索杜罗（Dorsoduro）、圣马可（San Marco）、卡斯特略（Castello）串联起来，特别是通过圣马可广场将内河与南侧海岸线连接起来，称之为“空间效率脊梁”。整体来看，这如同将线性空间折叠起来，其中水路则起到“切断”绝大部分道路的作用，使之成为“断裂且变形的格网”。在社区层面上，较高效率的空间集中在卡纳雷吉欧区（Cannaregio）、卡斯特略（Castello）、多尔索杜罗（Dorsoduro）的东侧；虽然城市级的空间效率脊梁在社区层面上变弱不少，然而它作为橙色和黄色的中等效率的空间，仍然联系着上述三个社区级空间效率中心区。在这种意义上，威尼斯作为一个小岛，也呈现出多中心的结构，而多中心由在不同尺度上彼此关联。不过，对比曼哈顿，威尼斯的中心并未形成多重高效率街道构成的格网，而只是相对简单的一维线性街道。

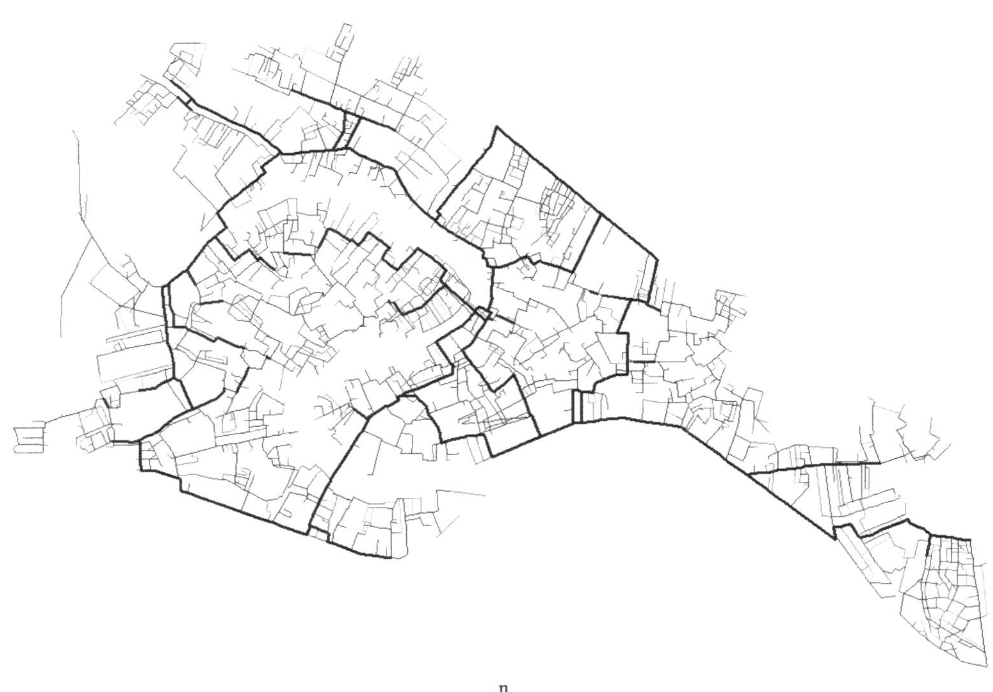

n

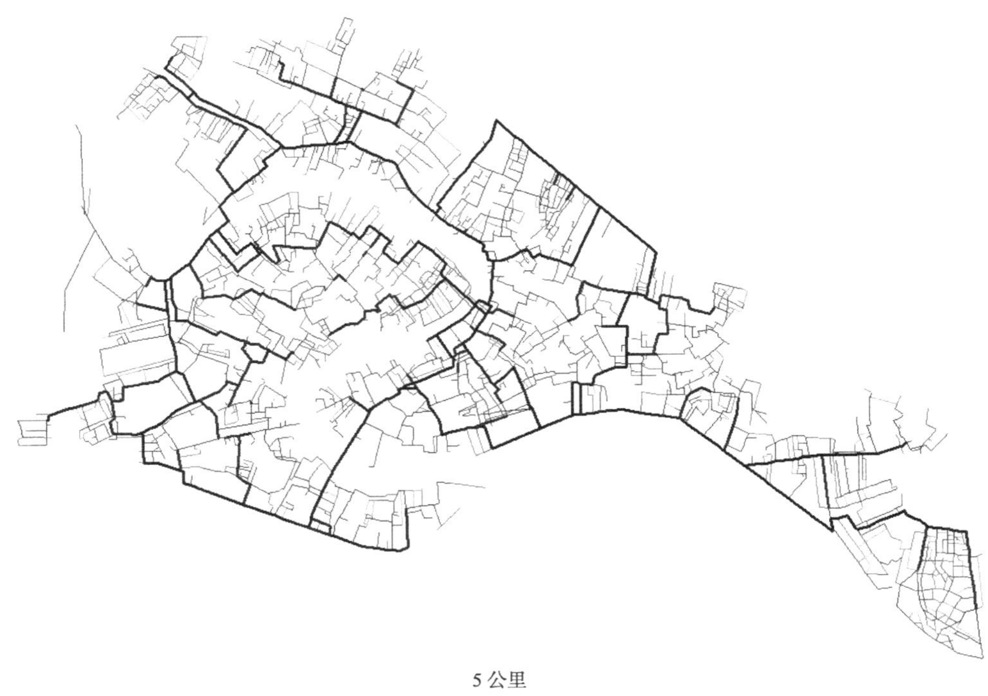

5 公里

图 5.11　威尼斯三个尺度的空间效率（一）

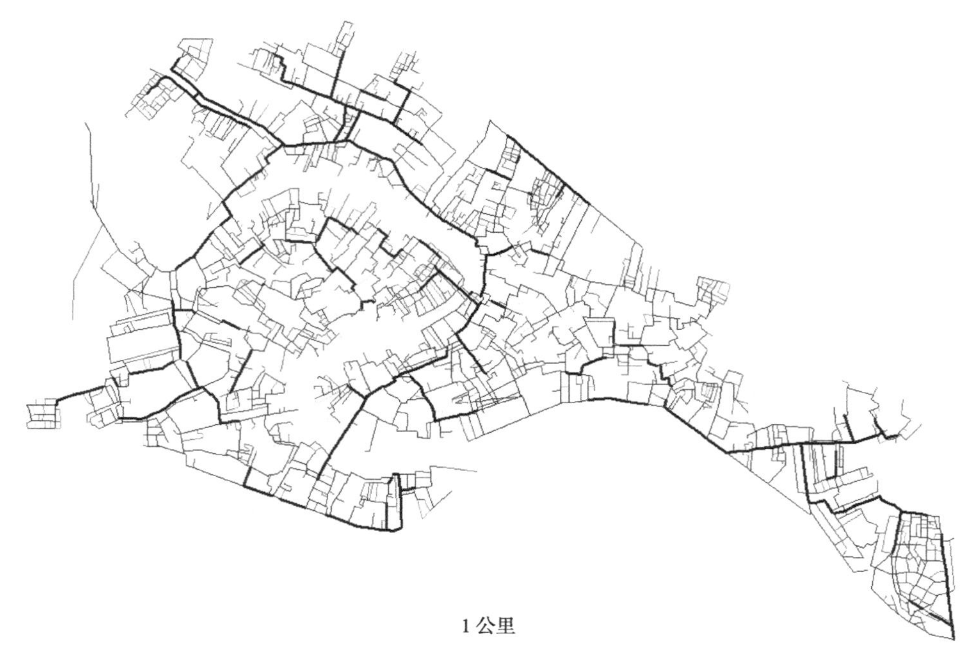

图 5.11　威尼斯三个尺度的空间效率（二）

（资料来源：作者自绘；模型 @UCL）

总而言之，这 10 个案例各有不同，从不同的角度展示了较高效率的空间在三个尺度上的相互作用，形成了不同的空间结构。除了巴西利亚不同尺度的高效率空间在地理位置上缺乏充分的联系，其他 9 个案例都表明了它们的高效率空间在地理位置上存在较多的协同和支持。曼哈顿呈现出“东北—西南”方向偏重的方格网结构，而威尼斯表现为自由而折叠的线性空间结构。这两种空间结构在本质上比较类似，体现了线性空间的特征。芝加哥显示为两个方向兼顾的正交网格，而在片区层面上更为密集；东京表达为多重放射加上多重环的模式，在社区层面上仍然保持比较清晰的结构，这可视为正交网格与极坐标网格的对比。雅典和伦敦都呈现出多重的放射状结构，并穿过片区级中心，不过雅典的放射轴为长向的方格网，而伦敦则为更加自由的格网。北京表现为“规则的环形”加“弱化的放射状”结构，在片区层面上强化其方格网的老城中心；而上海体现为“自由的环形”加“十字轴”结构，在片区层面上并未强化其最早的老城厢，而是强化了外滩部分。伊斯坦布尔呈现为自由的“变现虫”模式，较高效率的空间限定了其各个片区，而非穿过其片区，体现了相对内向的空间模式；而巴西利亚则表现为自由的分散组团结构，组团之间缺乏多尺度的联系，虽然其联邦区的空间外形类似一架飞机。因此，可认为良好的城市空间网络结构依赖于不同尺度的高效率空间彼此有机地连接在一起，同时在同一尺度下不同效率的空间适度协同，形成空间效率精细叠加的空间网络形态。这体现了不同尺度的空间联系的丰富程度和稳定程度，可视为城市空间网络形态的厚度。

5.3　城镇群的空间效率模式

那么，空间网络形态的厚度的概念是否适用于更大尺度的案例？本节采用京津冀和长三角两个城镇群作为研究案例，绘制的底图依据 2013 年高德地图。前者包括北京市、天津市以及河北省的保定、唐山、廊坊、秦皇岛、张家口、承德、石家庄、沧州、邯郸、邢台、衡水等 11 个地级市；后者包括上海、南京、苏州、无锡、常州、镇江、南通、扬州、泰州、杭州、绍兴、湖州、嘉兴、舟山、台州、宁波。本书研究采用道路中心线建立线段模型，包括国道、省道、高速公路、城市主干道以及城市次干道。不过再次明确，研究仅仅关注物质空间形态，而不涉及社会、经济、环境等方面的分析，因为本书研究的范畴是从空间网络的角度分析物质空间形态的特征，而不是从其他角度展开研究。

5.3.1　京津冀与长三角的空间网络形态厚度

我们沿用分析城镇的方法，即剖析每条线段到其他所有线段的关系，从不同的尺度探索京津冀和长三角的空间网络形态的特征。首先，这两个案例仍然体现了自相似的特征。从 5 公里到 200 公里，随尺度增加，京津冀和长三角的街道呈幂律增长，幂指数分别为 1.412 和 1.443。由此可见，整体而言，这两个城镇群介乎于线性发展与完全平面蔓延发展之间；其中长三角更偏向方格网体系，网络内部联系更为紧密。

其次，尺度效应反映了这两个案例不同的空间网络厚度。空间联系越丰富且稳定，其厚度越大。从 5 公里到 200 公里，京津冀和长三角的空间效率和整合度的均值都是由低到高，然后由高到低，表明它们都存在最佳尺度的空间效率和整合度（图 5.12）。然而，两个案例的不同点也非常之明显。一方面，在各个尺度上，长三角的空间效率高于京津冀，且长三角的最佳值在 30 公里，而京津冀的则在 10 公里。这说明平均而言，长三角城市的空间辐射能力要远远超过京津冀的。对比空间效率最大值的变化，京津冀保持相对稳定，且高于长三角（除了 200 公里），这说明了京津冀空间效率较高的空间通道更为集中，而长三角的更为分散。

另一方面，除了 5 公里，长三角在各个尺度上的空间整合度均值高于京津冀的，且保持了相当的稳定程度（图 5.13）。与之同时，在 50 公里以下，京津冀的空间整合度最大值则高于长三角；而在 50 公里以上，两者的数值则颠倒了。这也说明了长三角的整体空间网络结构更为成熟，城镇之间多尺度的空间联系更为均匀、丰富、稳定，而京津冀则偏向集中于较小尺度的空间联系，缺少更为弹性的大尺度空间关联。在这种意义上，可认为长三角的空间网络厚度更大。

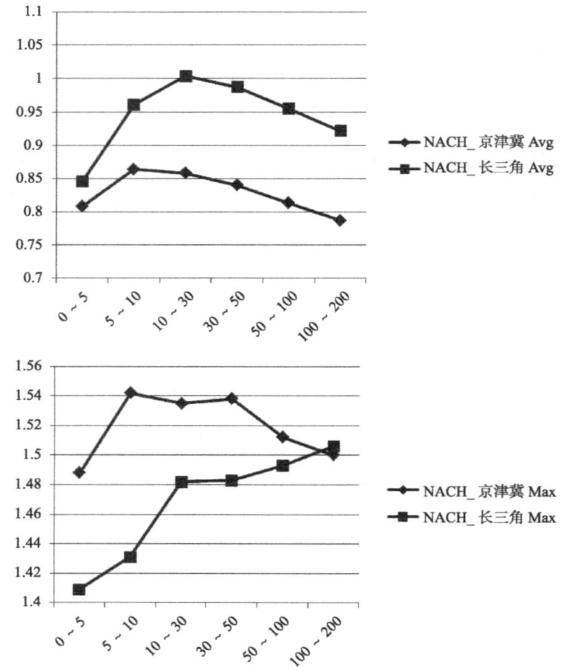

图 5.12 京津冀和长三角的空间效率均值（上）和最大值（下）

（资料来源：作者自绘）

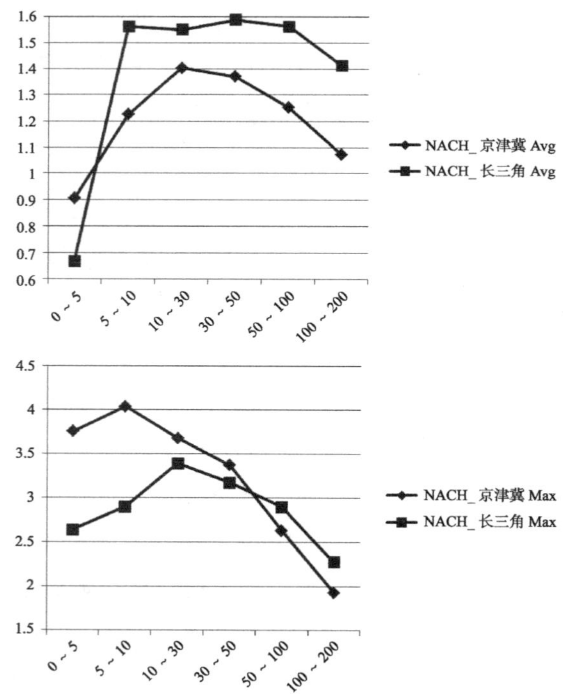

图 5.13 京津冀和长三角的空间整合度均值（上）和最大值（下）

（资料来源：作者自绘）

5.3.2　京津冀与长三角的多尺度空间网络结构

采用 5.2 的多尺度图谱方式，研究一下相对较小尺度的城镇群案例，即京津冀和长三角，以此辨析城镇群的空间网络特征。采用 5 公里、20 公里、30 公里、50 公里、100 公里和 200 公里的度量半径，分别勾画了京津冀和长三角的系列空间效率，其中黑色表示效率高，浅灰色表示效率低（图 5.14，图 5.15）。虽然这两个案例都在不同尺度上形成网络聚集现象，深灰色次区域由多变少，由小变大，然而长三角形成了明显的城镇连绵带，而京津冀仅仅只有一些趋势而已。下文将分别描述两个城镇群的分析结果，以期揭示其不同尺度下的空间结构。

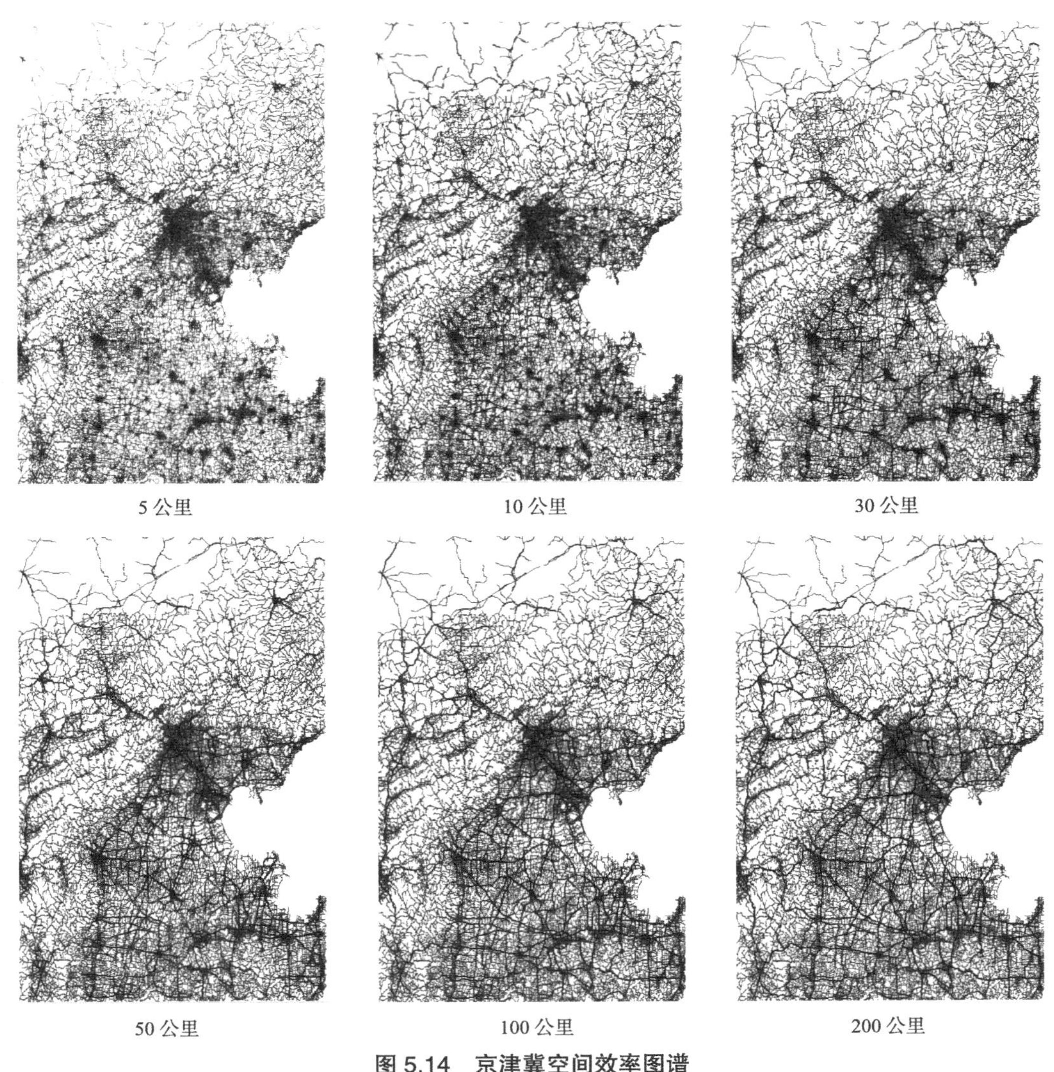

图 5.14　京津冀空间效率图谱

（资料来源：作者自绘；模型 @ 杨滔）

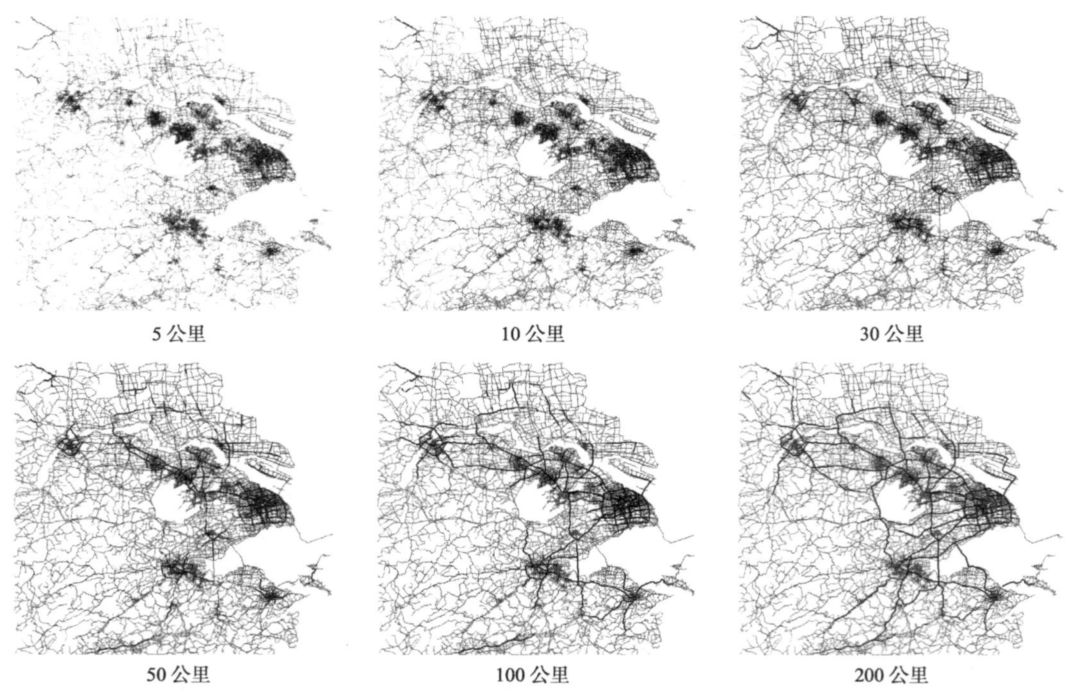

图 5.15　长三角的空间影响力图谱

（来源：作者自绘；模型 @ 杨滔）

京津冀以西侧的燕山和太行山脉、东侧的渤海为空间限制，在不同尺度上构成了相对分散的次空间网络聚集。在 5 公里，北京与天津之间的空间联系趋势就已经出现了，而该区域中各个重要城镇还是彼此空间独立。在 20 ~ 50 公里，京津空间走廊逐步凸显；石家庄向东发展趋势明显；而京津冀之外的山东半岛反而形成较为密集的空间联系，即济南、潍坊、东营等形成了较小的城市圈；此外，沧州隐现于京津走廊、石家庄、山东半岛城市圈之中央地带，具备较大的空间效率潜力。在 100 公里，京津空间走廊和山东半岛城市圈在明显强化，而石家庄则在弱化，并未形成一级。在 200 公里，京津空间走廊通过沿海通道、以及“沧州—德州”一线，向南与山东半岛城市圈联系；与之同时，山东半岛城市圈向西延伸到聊城，形成较大规模的连绵带；而石家庄一级则几乎消失，传统上从北京到石家庄的空间发展轴并未在这些尺度上出现。总体而言，京津冀在区域层面上并未形成良好的空间结构，而京津走廊与山东半岛城镇圈则具备较大的潜力，有潜力在沿海形成城市连绵走廊。

长三角以东侧的黄海和东海、西侧的黄山、以及内部的太湖为空间限制，围绕大上海，在不同尺度上构成了相对完整的空间网络聚集。在 5 公里，以上海浦西为网络聚集中心，向苏州、无锡、常州已经形成连绵的趋势，橙色和绿色部分开始连接成片，这与京津冀在该尺度上各个城市彼此缺少联系的现象差别较大。在 20 ~ 30 公里，浦西和浦东已融合成为较大的空间网络，且沪宁走廊和沿海通道已凸显。特别是苏州在该尺度下的分散布局模式支持了沪宁和沿海通道的形成，即沿沪宁通道，上海与昆山融合，沿工业园区、苏州老城方向联系无锡，而顺应沿海通道，上海与太仓、张家港联系，再向常州和南京方向延伸。在 50 ~ 100 公里，上海与嘉兴、杭州的沪杭走廊已出现，形成了以上海为雁头的城市群格局。而在 200 公里，从南通向苏州、嘉兴、杭州方向的通道出现，杭州与宁波的联系也在增强，此外太湖西侧的空间联系也在隐现，这些空间联系彼此交织，正在模糊城镇之间的行政边界。因此，长三角形成了以上海为中心，各个城镇多重密集联系的区域网络，而环太湖的新型格局正在萌芽之中。

京津冀与长三角的对比研究说明了：不同尺度下，不同方向的空间联系有助于城市群的空间结构的成熟发展，有助于形成空间厚度较大的网络聚集。京津冀从 10 公里到 200 公里都在强化京津之间的空间联系，而在一定程度上忽视了“北京—石家庄”之间的空间联系，且北京周边缺少类似于苏州那样的城市，即苏州自我顺应上海不同方向的空间辐射，而形成了多中心结构，有效地传递了上海的空间影响力，促进了长三角区域的完善。而长三角在各种尺度上都出现了不同重点方向的空间联系，包括上海之外的其他城镇之间的联系，彼此交织起来，共同塑造了空间网络丰富的区域形态。

5.4　超大区域的空间效率模式

那么，从空间之间的关联的角度研究物质空间网络的方法是否可适用于更大的范围？按推理逻辑而言，只要某个物质空间网络系统内部彼此联系，那么就可用这种方法研究那个系统。特别是分析半径的变量，使得我们可以从系统中选择不同规模的子系统，让那些子系统的分析能考虑其周边的空间网络状况。例如，将北京市放入京津冀与华北平原的系统之中，很有可能得到有些差别的分析结果。按照此思路，我们选取了我国大陆的大部分地区（简称中国案例）、欧洲大部分地区（简称欧洲案例）、美国大部分地区（简称美国案例），以期从物质空间构成的角度，比较这些巨型区域形态特征的相似和相异之处。

5.4.1　三个超大区域的空间网络形态厚度

首先，三个案例都体现出自相似的特征。随尺度的增加，如从 50 公里到 6000 公里，每个案例中某条街道连接到其周边街道的数量在逐步增加。这种增加方式完全依赖于整体空间结构所限定的空间连接方式，同时也反映了自下而上地建构整体空间结构的动态序列。例如，对于一组街道所组成的一条直线，每条街道连接方式符合一维线性增长，其幂指数为 1；对于理想的方格网，每条街道连接方式符合二维指数增长，其幂指数近似为 2。 研究分析表明，这三个案例的街道连接方式也都符合指数增长，其幂指数也非常接近，即中国案例的幂指数为 1.690，美国案例的为 1.649，欧洲案例的为 1.628。这充分说明了空间连接上的自相似性存在于物质形态各异的三个案例之中。不过，幂指数的差异也揭示了三个案例中空间连接的些许差别。中国案例的幂指数最高，稍微靠近 2，反映其空间结构稍微相对偏向方格网；而欧洲案例的幂指数最低，表明其空间结构稍微相对偏向直线。

其次，三个案例都折射出超大城镇群或城市连绵带的尺度特征。以空间效率均值为例（图 5.16），随度量半径的增加，三个案例的数值都是先升高，然后再降低。欧洲案例的最高值出现在 200 公里，而中国案例和美国案例的最高值出现在 100 公里。这说明了每个巨型空间网络都存在最佳尺度的空间效率。以空间整合度为例（图 5.17），三个案例的数值也是随度量半径增加，先升后降；美国案例和欧洲案例的峰值出现在

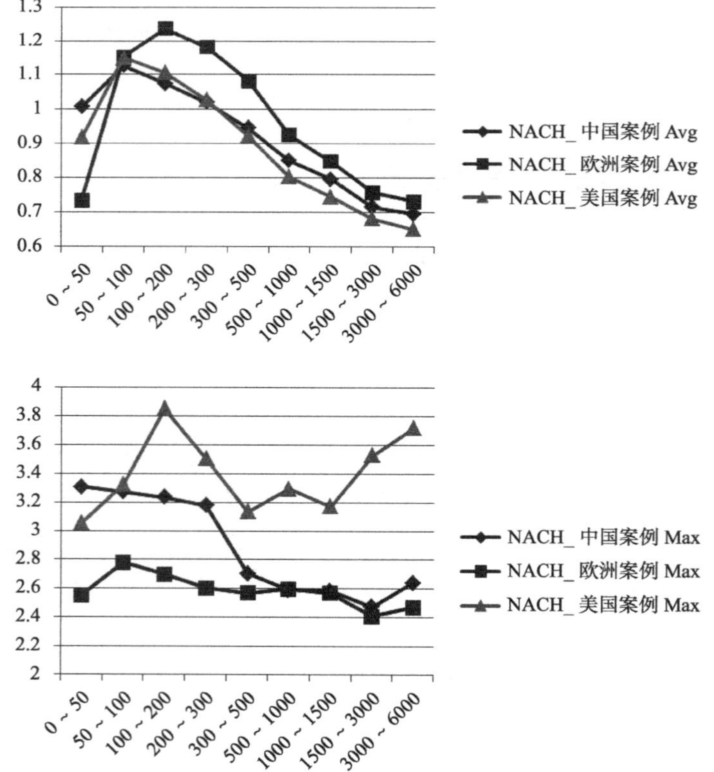

图 5.16 中国案例、美国案例、欧洲案例的空间效率均值（上）和空间效率最大值（下）

（资料来源：作者自绘）

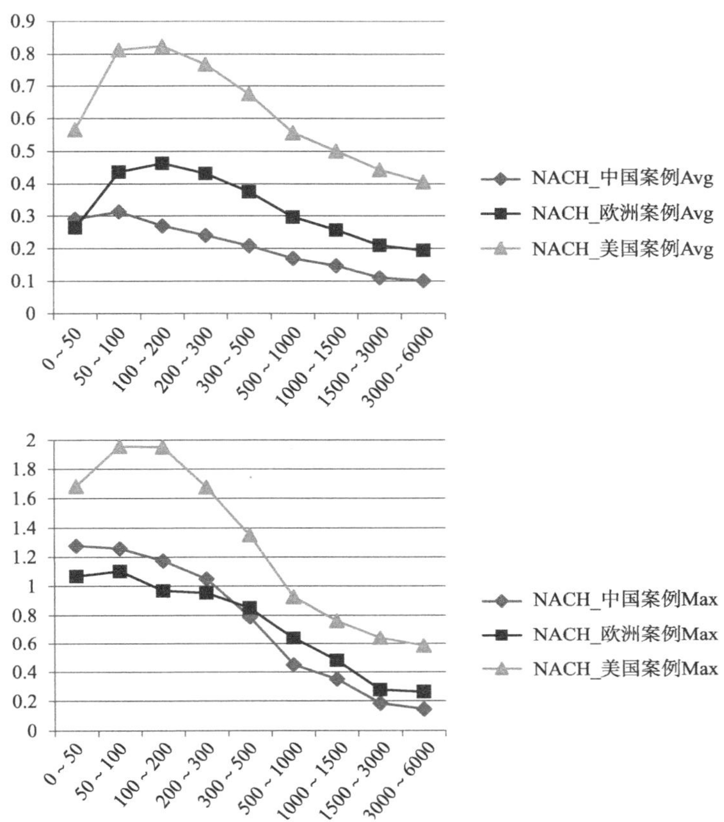

图 5.17　中国案例、美国案例、欧洲案例的空间整合度均值（上）和空间整合度最大值（下）

（资料来源：作者自绘）

200 公里，而中国案例的峰值出现在 100 公里。这表明了每个巨型空间网络还存在最佳尺度的空间整合度。这些最佳尺度基本都在 100 公里或 200 公里，基本上是城镇群的尺度。换言之，在城镇群的尺度上，三个案例的空间网络具有最佳的空间效率和整合度。

根据空间效率，看一下这些尺度的案例（图 5.18）。在 100 公里的中国案例中（表 5.3），根据空间效率出现了三个层级的城镇群：第一层级基本上呈现黑色中心与深灰色腹地，由强至弱依次出现了长三角、珠三角、京津冀、山东半岛；第二层级呈现为较小的黑色中心与深灰腹地，由强至弱先后为中原经济圈、武汉城市圈以及辽中南城市圈；第三层级大致呈现深灰中心与浅灰腹地，由强至弱分别是哈长、成渝、长珠潭、环鄱阳湖、北部湾等。值得一提，山东半岛城镇圈貌似分散，且缺乏占主导地位的中心；然而该城镇圈中各个黑色次中心彼此连接，形成较为匀质腹地网络，并与京津冀、中原经济圈、长三角等都有较强的空间联系。因此，山东半岛城镇圈的空间发展潜力较为突出，很有可能形成超大的城市连绵圈。

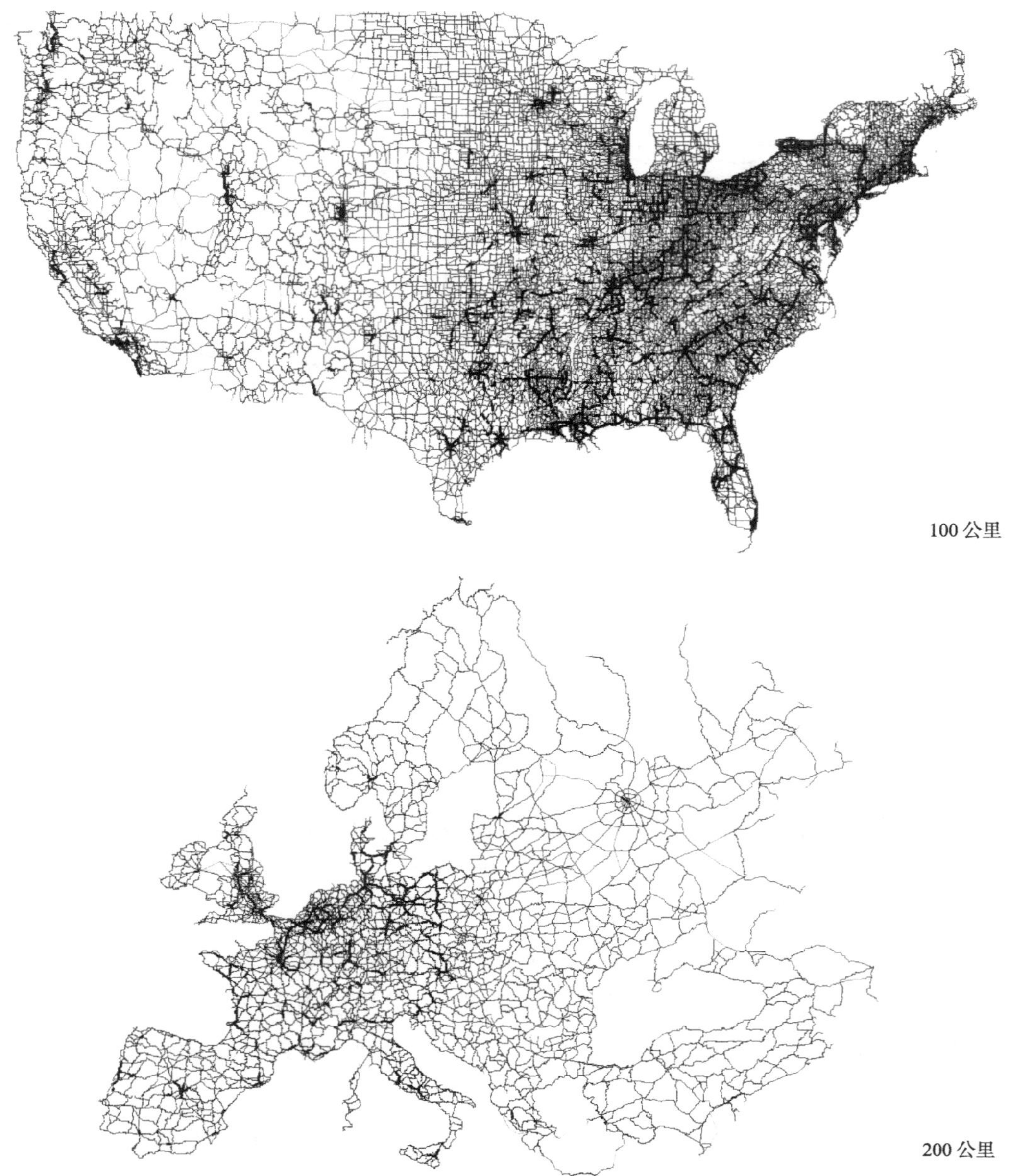

图 5.18　美国案例空间效率（100 公里）和欧洲案例空间效率（200 公里）

（资料来源：作者自绘；欧洲模型 @UCL，美国模型 @ 杨滔）

中国案例空间效率（100 公里）中识别的城镇群　　**表 5.3**

层级	识别的城镇群（从左至右空间效率降低）				
1	长三角	珠三角	京津冀	山东半岛	
2	中原经济圈	武汉城市圈	辽中南城市圈		
3	哈长	成渝	长株潭	环鄱阳湖	北部湾

对比美国 2050 年超大区域规划（Megaregions：America 2050）（图 5.19）（Lincoln Institute of Land Policy and Regional Plan Association，2007），100 公里的美国案例中明显识别出五大湖城市连绵圈（Great Lakes）、东北城市连绵带（Northeast）、皮埃蒙特大西洋城市带（Piedmont Atlantic）、佛罗里达城市带（Florida）、墨西哥湾城市群（Gulf Coast）、德州三角带（Texas Triangle），都呈现深灰中心与灰色腹地；而前岭城市圈（Front Range）、亚利桑那州太阳走廊（Arizona Sun Corridor）、加利福尼亚州南部（Southern California）、加利福尼亚州北部（Northern California）、西海岸卡斯凯迪地区（Cascadia）则相对较弱，呈现灰色中心与灰白腹地。

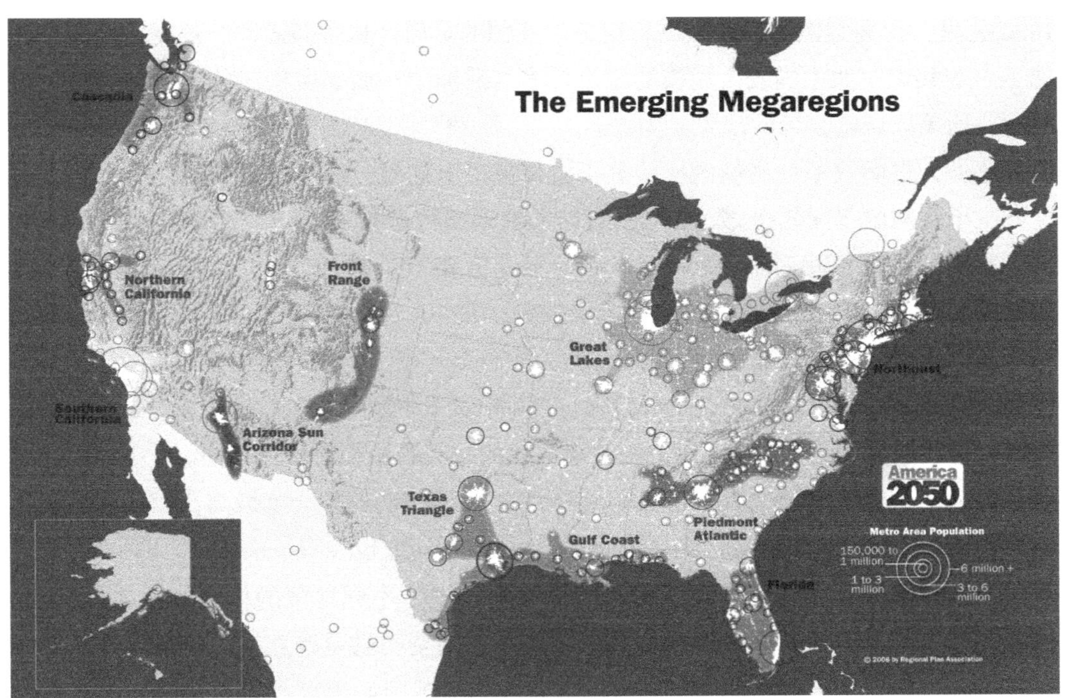

图 5.19　美国超大区域的分布图

（资料来源：Lincoln Institute of Land Policy and Regional Plan Association，2007）

根据霍尔（Hall）教授的研究，欧洲也出现了超大城市区域（Mega-city Region），包括英格兰东南部、荷兰的兰斯塔德、比利时的布鲁塞尔及其周边、莱茵鲁尔区、以法兰克福为中心的莱茵－美因区、以苏黎世和巴塞尔为中心的瑞士北部都市区、大巴黎区域、大都柏林区域（Hall & Pain，2006）。200 公里的欧洲案例大致都识别出上述超大城市区域（图 5.18），特别是英格兰东南部、大巴黎、布鲁塞尔、兰斯塔德、汉堡、大柏林、哥本哈根等已经形成了巨型的西北欧城市连绵带，呈现出网格化的深灰中心和灰色腹地。在其周边，出现了米兰—威尼斯、法兰克福—斯特拉斯堡、布拉格—维也纳、马德里、爱丁堡—格拉斯哥，以及罗马、波尔图、波兰、莫斯科等中型城市圈或走廊。此外，巴塞罗那、奥斯陆、斯德哥尔摩、里加、贝尔格莱德、明斯克、赫尔辛基等都大致呈现出灰色中心与灰白腹地。

相对于中国案例和美国案例，欧洲案例体现出空间更为匀质的特征，对应于其中小城镇形成了更为丰富的空间网络，这也许与欧洲大陆更为平坦的地理条件有关；而中国案例和美国案例中城市本身与周边的空间差别更为明显。统计数据也表明了这一点。在较小尺度上，如 50 公里，中国案例的空间效率最高，而欧洲案例的最低；在中等尺度上，如 200 公里，欧洲案例的最高，而中国案例的最低；在较大尺度上，如 1000 公里，欧洲案例的仍然最高，而美国案例的最低。从空间效率的角度，这也许体现了一些共识，如中国较大规模的城市较多，欧洲中小城镇所构成的次区域网络较为有力，而美国城镇蔓延的现象更为普遍。

此外，空间效率最高值的比较分析也佐证了上述观点。这些最高值代表了各个尺度下主干路网的空间效率；数值越高，意味着交通出行越相对集中。随度量半径的增加，欧洲案例的最高值相对平稳；中国案例的最高值在 300 ~ 500 公里的变化中出现了较大幅度的降低；而美国案例的最高值起伏较大，在 200 ~ 6000 公里都出现了较大波峰。这从侧面得出一些推论：欧洲城镇虽然规模相对较小，但城镇之间的空间联系较为匀质，冗余度较高，不同规模的交通出行较为分散；相对于中国城镇的较大规模，300 公里以下的空间联系还是偏向集中；而美国城镇之间的空间联系相对更为集中。

不过，从空间整合的角度而言（图 5.17），美国案例的整合度最高，而中国案例的整合度最低（50 公里除外）。以往对不同地区的城市研究也表明了这一点，即平均而言，美国城镇比欧洲和中国城镇更为整合。这主要反映了不同地区的住区空间文化差异：越整合的地区，其住宅区或次支道路与主要干道的空间联系越直接，越缺少过渡空间层次；反之亦然。因此，在区域层面上也许体现了美国城镇直接沿主要交通走廊蔓延的特征，而欧洲和中国案例中的城镇则与主要交通走廊有较多层次的空间过渡。

5.4.2　三个超大区域的空间网络结构

三个案例都表明了多尺度网络化聚集的效应。采用 50 公里、100 公里、200 公里、300 公里、500 公里、1000 公里、3000 公里和 6000 公里的度量半径，分别刻画三个案例的系列空间效率，形成图谱。不管在哪种尺度上，这三个巨型空间网络都会出现空间影响力较大的地区，表现为深灰色次网络。随尺度的增大，黑色次网络从小变大，从多变少。然而每个区域的聚集特点并不一样，与各自的地理条件有一定关系。

中国案例大体以华北平原和胡焕庸线为中心，在不同尺度上展开区域网络的变化

（图 5.20）。在 50 公里，除了“北京—天津”、“上海—苏州—无锡”、“广州—深圳”凸显之外，主要的省会城市或强或弱地显示出来，其中济南、郑州、武汉、成都、沈阳等较为突出。在 100 公里，除了长三角增强之外，华北平原上形成了三个次区域，分别为以郑州为中心的次区域、以连云港和徐州为中心的次区域以及山东半岛为中心的次区域，武汉也稍微显示出来。在 200 公里，上述次区域在合并，形成京津和山东半岛的更大的华北平原区域，以及哈尔滨也显示出来。在 300 公里，这个更大区域与长三角逐步融合，形成山东半岛、郑州、徐州、南京以及上海一线东侧的沿海区域。在 500 公里，上述区域向西侧延伸，形成京津冀、郑州、合肥、杭州与上海的区域。在 1000 公里，上述区域向沈阳、太原、武汉、南昌延伸，形成鄱阳湖、石家庄、大连方向延伸，大致形成了东部沿海的更大区域。在 3000 公里，该区域继续沿胡焕庸线的方向延伸，占据了东部地区，其中东北地区的网络效应也较为明显。在 6000 公里，形成了以郑州为中心，分别向“北京—大连”方向、“武汉—长沙—南宁”方向，以及西安方向的放射结构，且“徐州—合肥—南昌”一线也成为第二层级的“东北—西南”方向的空间走廊，构成了中国案例在国家尺度上的主要空间结构。

半径（公里）	识别地区（从左到右空间效率降低）			
6000	大连—北京—石家庄—郑州—武汉—长沙—南宁	徐州—合肥—南昌		
3000	胡焕庸线			
1000	沈阳—京津冀—太原—武汉—南昌—杭州—上海			
500	京津冀—郑州—合肥—杭州—上海			
300	山东半岛—郑州—徐州—南京—上海			
200	京津—山东半岛	哈尔滨		
100	山东半岛	连云港—徐州	郑州	武汉
50	北京—天津	上海—苏州—无锡	广州—深圳	

图 5.20　中国案例的空间影响力图谱

（资料来源：作者自绘）

美国案例大致以中部平原、落基山以及阿巴拉契亚山为限制，在不同尺度上体现区域网络的变化（图 5.21）。在 50 公里，以纽约、波士顿、费城、华盛顿为中心的东北城市连绵带最为突出，而芝加哥、底特律、亚特兰大、迈阿密、新奥尔良、旧金山等都较为明显；此外，整个东西两部分地区差别很明显。在 100 公里，五大湖地区以及东部海岸线得以显著增强，且西部海岸线也稍微有所强化。在 200 ~ 500 公里，除了佛罗里达州在稳步增强之外，中部平原的北部，如堪萨斯、奥马哈等，以及靠近墨西哥湾的休斯敦和圣安东尼奥等，都在逐步增强。而在 1000 ~ 3000 公里，美国案例中最突出的成为中部平原上各个主要城市构成的网络，沿密西西比河的南北走势更为明显，其中芝加哥和堪萨斯城等也尤为突出。在 6000 公里，大致的骨架是从芝加哥向南、以及向东西方向延伸，该“T”形成为其国家尺度的主要空间结构，力图突破落基山以及阿巴拉契亚山的限制。

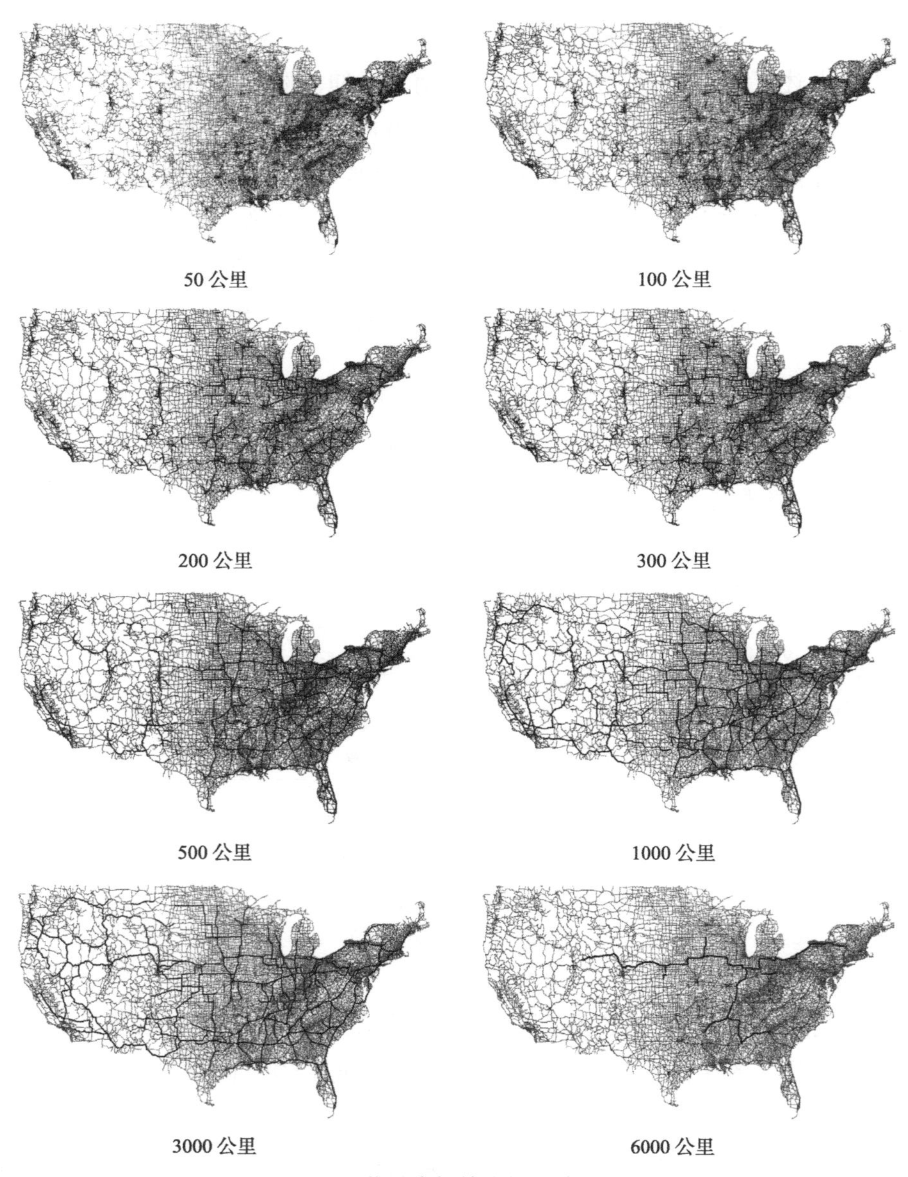

图 5.21　美国案例的空间影响力图谱

（资料来源：作者自绘）

欧洲案例则以西北欧和莫斯科之间的相互作用，在不同尺度上体现区域网络的变化。在 50 公里，布鲁塞尔、鹿特丹、阿姆斯特丹、科隆等相互密切联系，形成一片连续的小区域，其外围是巴黎、伦敦、汉堡、柏林等，这构成了西北欧的核心。在 100 公里，

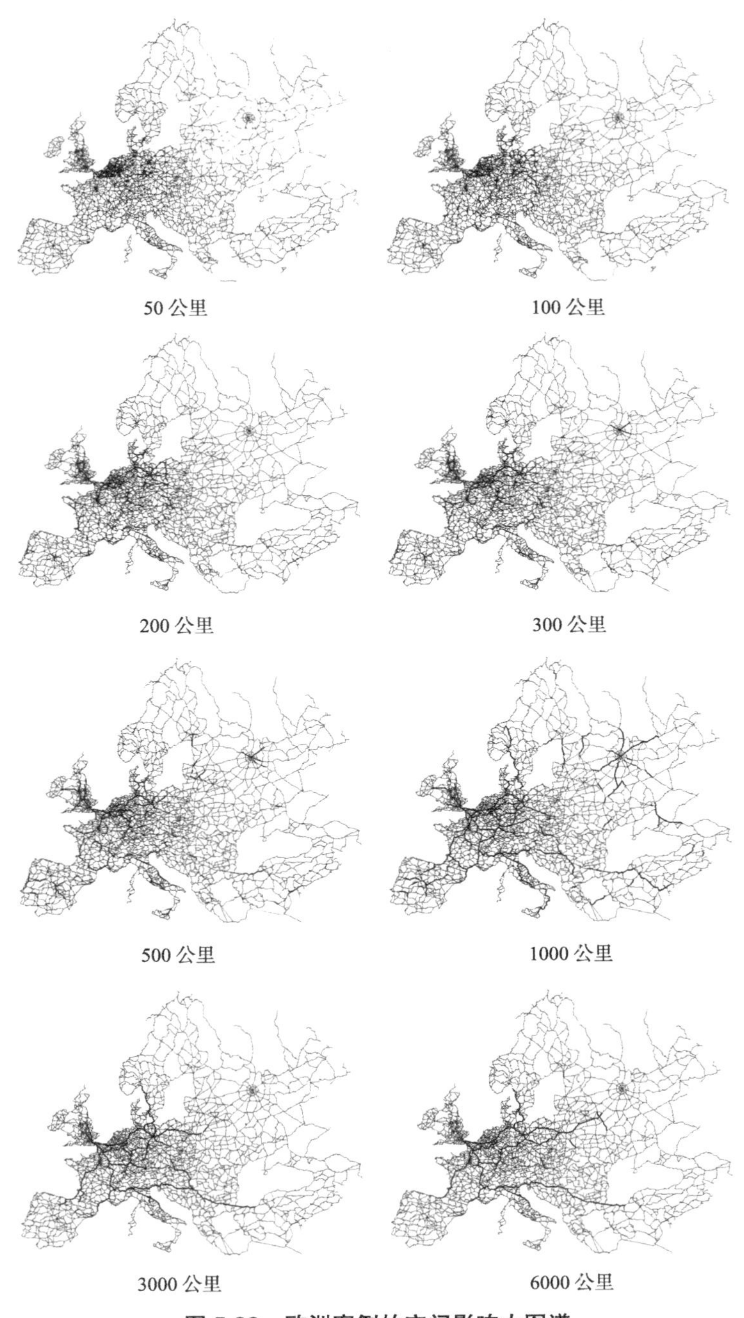

图 5.22　欧洲案例的空间影响力图谱

（资料来源：作者自绘）

这个小核心区域沿海岸线延伸，并向腹地深入，形成了与东欧和俄罗斯明显不同的空间结构。而在 200 ~ 300 公里，逐步形成了“伦敦—巴黎—布鲁塞尔—汉堡—柏林”较大范围的城市连绵带，而莫斯科、加里宁格勒等变得稍微明显。在 500 公里，莫斯科的空间影响力开始渗透整个欧洲。直到 1000 公里，莫斯科及其周边的影响力到达最高峰，形成了西北欧和俄罗斯在空间上相互并置的格局。在 3000 ~ 6000 公里，西北欧的空间网络向南欧、东欧、北欧发展，几乎形成了较大的角落网络，特别是从西向东形成了从巴黎，到达里昂、米兰、威尼斯、贝尔格莱德、伊斯坦布尔等的空间走廊。

此外，相对于中国案例和美国案例，欧洲案例明显不同，在不同尺度上其核心影响力空间网络主要聚集在西北欧沿海一线，相对更为均匀，并由西向东朝南欧、中欧和东欧呈放射状延伸。正由于此，在 500 ~ 1000 公里，莫斯科及周边会在另外一端，形成了具有较大影响力的网络聚集，与西北欧在空间上形成对立之势，也许对应于欧洲社会经济变迁。与之对比，中国案例和美国案例在较小尺度上，其有影响力的网络大致聚集在沿海一线；而在较大尺度上，中国案例和美国案例中具有影响力的网络则聚集在各自的中部地区，成为东西部联系的枢纽地带。在中国案例中，它们聚集在“沈阳—北京—郑州—武汉—长沙—南宁”一线，并从郑州向西安方向延伸；美国案例中，它们聚集在“布法罗—底特律—芝加哥—奥马哈—丹佛—盐湖城”一线，并从芝加哥向孟菲斯和新奥尔良方向延伸。中国案例更偏向南北向联系，而美国案例更侧重东西向联系。

5.5 讨论

本章将空间句法的分析方法从社区、片区、城市尺度延伸到了城镇群和超大区域尺度，重点针对多重尺度的空间变化，分别对比剖析了 10 个城市，中国案例、美国案例和欧洲案例，以及京津冀和长三角区域。首先，从方法论的角度，证实了空间句法关注于网络或“空间流”（即空间之间的拓扑、角度、距离等几何关联）的研究技术路线以及空间效率变量，可适用于不同尺度的空间分析，一定程度上解决了跨越尺度的，特别是超大尺度的物质空间形态难以精确描述的难点。

其次，从物质空间形态的角度揭示了 10 个城市、中国案例、美国案例和欧洲案例，以及京津冀和长三角区域的空间共同点。总体而言，物质空间网络形态的自相似、城镇之间空间关联的重要性、空间网络在不同尺度的聚集，都是这些案例的共性。其中最为重要的是，以此提出了空间网络形态的厚度概念，即不同尺度的高效率空间彼此相互关联，使得空间结构能大体持续而稳定地存在于绝大部分尺度之上，形成城市、城镇群或区域中相对稳定的空间骨架。

最后，以上分析也表明了这些案例之间的空间网络差异性。例如，中国案例和美国案例在较小尺度上偏向于沿海区域网络的聚集，而在较大尺度上则偏向中部区域的聚集；欧洲案例则在多尺度上偏向西北欧沿海区域的网络聚集，而莫斯科及周边的网络聚集则在某些尺度上形成与之对立的一级。又如，京津冀偏向强化京津之间，以及北京和天津两个城市与山东半岛之间的空间联系；而长三角则在各个尺度上都强化不同重点的空间联系，不同方向的空间走廊凸现，彼此交织，形成了更为厚实的空间网络结构。再如，10 个城市基于不同的空间网络形态的厚度，而形成了不同尺度的空间结构。这些差异都来自尺度之间的相互影响与关联。那么，这些空间尺度的效应是否影响城市功能的分布？我们将在下一章深入探讨。

第 6 章　城市空间网络形态对功能区位选择的影响

6.1　功能区位选择的多尺度问题

上一章以 10 个典型城市、京津冀和长三角，以及中国案例、美国案例和欧洲案例为研究对象，发现了空间效率既可用于比较不同规模大小的空间网络形态，又可揭示不同尺度空间网络形态的异同。在此基础之上，提出了基于尺度变化维度的空间分析方法，认为稳定的空间结构来自尺度效应，即不同尺度上较高效率的空间反复出现在相同或相似的地理位置上，且彼此尽可能地相互连接，共同构成空间效率协同的网络结构或子网络结构。这种尺度效应可视为空间网络的厚度，即多重尺度的协同使得空间网络或子网络或街道本身能够获得更多机会，承载不同尺度的空间活动，从而丰富城市空间。不同的城市、城市群或超大区域具备不同尺度的空间效率组合，形成各自不同的空间网络形态厚度，因而构成各具特色的空间结构。这种空间网络形态的厚度是否影响了城市空间的区位价值？通过这种基于空间效率的空间区位是否进而影响了城市功能的分布？这有助于揭示空间网络形态与功能之间的关系。

以往的研究表明，不同功能具有不同的服务或影响范围（Hillier，Penn，Hanson，Grajewski，Xu，1993；Penn，2008），那么空间尺度作为变量，有可能作为桥梁，能够把不同尺度的空间效率和不同类型的功能连接起来。那么，研究问题可以细化为：不同类型的城市功能是如何占据城市空间的？它们的空间分布模式又存在哪些异同？这有助于我们从感性上判断那些不同类型的功能是否有可能与那些基于空间效率的空间结构有关联。于是，我们进一步分析不同尺度的空间效率是否影响了那些不同类型的功能分布模式，以此推论出城市功能的区位选择需要何种厚度的空间网络形态。

相对于上一章较多的案例，本章将聚焦于北京案例。这是由于上一章是为了采用较为广泛而又典型的案例验证空间效率的适用性，而本章则期望分析不同类型的功能及其空间机制，需要基于一个共同的城市背景，深度挖掘那些功能的空间特征。此外，本章还采用功能兴趣点（POI）大数据近似地反映城市功能，以此试图回答这样的问题，如“大数据”是否为研究“空间形式—功能”课题提供了新的思路？或是否有助于我们更好地去探索空间形态和功能构成之间的关系，从而为设计城市提供新的方法？

本章选择北京作为研究案例，这是由于北京作为综合性的超大城市，其功能种类多样，且空间形态也发展得较为成熟，有利于探索空间网络形态与功能之间的精妙联系。北京的空间句法轴线模型根据 2013 年高德地图绘制，而兴趣点（POI）则是 2012 年版的，年份差别不大。本章大体分为三个部分。首先，基于上一章对于北京的空间句法分析，进一步辨析北京的整体与局部空间网络形态特征，提出了空间效率作为度量空间区位的方法，作为进一步分析的基础出发点。其次，基于北京兴趣点的分布密度，勾画出不同类型的功能在空间中的分布特征，用于说明不同类型的功能对空间的占据特征及其中心性模式，并对其空间上的混合程度进行分析。最后，基于统计的方法，辨析整体性和局部性的空间区位对功能的影响程度，分析空间结构对于功能组合的推动作用。这三部分的分析将用于建构关于北京的"空间形态—功能性"中心体系，从而推论出空间尺度对于功能聚集的促进作用。

6.2　多尺度的空间区位

6.2.1　基于空间效率的空间区位

基于空间的整合度，空间句法以往的研究曾提出无所不在的中心性和模糊边界这两个概念。无所不在的中心性指城市各种规模的中心遍布在城市的各个角落，不是简单地体现为多中心，而是体现为复杂的中心性网络，其中包含多尺度的交织、镶嵌、互动、构成等，这被视为一种城市普遍性功能（Hillier，2009）。模糊边界指良好城市的分区不是通过清晰不变的边界限定，而是通过空间网络的多尺度分异形成，从而保持了各个分区之间适度的可达性，使得分区边界随尺度的变化而变化，以适应不同尺度的社会经济的聚集（Yang & Hillier，2007）。上述两个概念都暗示了不同的中心或分区具备不同尺度的空间区位，吸引或聚集了不同尺度的社会经济功能。

根据第 4 章和第 5 章的研究，穿行度更多强调每个空间获得外部访问的机会，从而更加强调其空间的均好性。空间效率结合了穿行度和整合度各自的优势，以标准化的方式，使得该变量考虑到中心遍布的特征，也考虑到各个分区可达的属性。那么，空间效率较高的空间可视为穿行度和整合度都较高的空间，即包括外部访问的概率大，以及达到其他空间的成本低。这可认为是较好的区位价值。那么，本章中将用空间效率度量和评价空间区位，并用功能数据对此进行验证。

6.2.2　北京空间形态与中心区位特征

基于上一章对北京线段图的分析，本章对北京空间网络形态的分析以五环为研究边界，且分为 1 公里和 50 公里两种尺度，分别代表了局部（社区）和全局（城市）两个层面上的空间效率。为了便于与城市功能进行相关性分析，将建立以 300 米 ×300 米为单元的网格，对每个格网单元内的线段进行平均化处理，即将那些线段的空间效率数值取中位值,赋值给格网单元。可视化表达方式仍然是采用从深灰到浅灰的色彩方式，深灰色表示效率高，而浅灰色表示效率低，如图 6.1 所示。

图 6.1　北京局部（社区）空间效率模式（左）和全局（城市）空间效率模式（右）

（资料来源：作者自绘）

首先，这两种空间效率的模式差异明显：局部空间效率高的场所（深灰点）呈散点状分布，并未形成某种特殊的模式（图 6.1 上）；而全局空间效率高的地方基本上构成了某种“环状”模式，并带有放射状的通道，基本符合上一章对北京“环 + 放射”整体骨架的常识性认知（图 6.1 下）。在一定程度上，这说明了两种空间区位模式：社区级中心呈离散型，且缺乏规律性，难以记住；而城市级中心则彼此相互联系，形成了城市中连续的整体空间骨架。

其次，北京城市中心区聚集了更多的社区级空间效率高的场所。三环以内，浅灰的空间较少，且从深灰过渡到浅灰的中间灰度较为丰富。相对于城市边缘地区，不仅城市中心区的社区级空间效率偏高，而且其聚集等级层次变化更为丰富。这表明，城市中心区内，各个社区中心之间通过中等效率的空间相互连通，彼此交织成为社区级效率更高的众多“子网络”，体现了社区级空间效率的厚度。从社区或邻里空间效率的角度解释了为什么北京三环以内富有更多、更连续的活力中心，体现了其局部空间区位价值较高。

最后，城市级空间效率高的地区则较为均匀地覆盖了整个北京城，且环形结构强于放射状模式。这表现为，从城市中心和边缘的角度来看，深灰的空间相对分布均匀，构成了联系整个城市的骨架,其中一些放射状通道则是较为深的灰度,而非最深的灰度。此外，东侧的环状结构更为明显；从数值上看，东三环的城市级空间效率最高，东四环次之，看似这与目前北京 CBD 的位置有一定的契合性。这至少说明了 CBD 在整个城市的空间区位价值较高。

6.3 北京功能的空间分布模式

6.3.1 聚集、离散与层次

本节根据 2012 年的功能兴趣点（POI）数据，研究北京城中功能的空间分布特征。不过本章的研究关注非居住功能与空间区位之间的关系，且这一版兴趣点数据中的居住数据并不完整，也缺少准确性，因此本章分析将排除居住用地部分。此外，由于这版数据中的医疗数据并不准确，也排除在研究之外。当然，功能兴趣点由于未考虑到每个功能对空间的占据规模，所以忽视了自身的规模效应。这在研究中将会受到关注，在数据的清洗上尽量避免过度的影响，以确保分析结果不至于出现太大的偏差。

首先，根据《城市用地分类与规划建设用地标准》GB 50137—2011，结合这些兴趣点中具体名称和实际内容[①]，分为不同的类型，包括商业、公共服务、行政机构、停车场、旅游景点、工业、餐饮、娱乐、中小学、文化设施、商务办公、高速服务设施；其次，采用 300 米 ×300 米为单元的网格覆盖在北京城上，计算每个单元内不同类型的兴趣点数量，赋值给这些单元，以计算某种类型的兴趣点密度，代表了功能密度；最后，根据兴趣点密度的高低，将这些单元赋予色彩，浅灰表示密度高，而深灰表示密度低，从而近似地表达某种功能在空间中的分布模式（图 6.2）。

大体来看，大部分类型功能从城市中心向边缘扩散开来，初步反映了一般性功能的中心聚集效应。然而，工业、高速服务设施（包括出入口等）和旅游景点则呈现出不同的模式：工业在四环之外的密度更高，且较多聚集在南四环和东四环之外，这与工业园区有关，说明了北京工业职能的外迁；高速服务设施沿环路和放射状高速分布，且二、三、四环的密度更高，在一定程度上反映了北京采用高速路模式解决城市中心交通的思路；旅游景点则几乎集中在二环以内的旧城，除了西北角的颐和园、圆明园和西山等，这表明了北京还是以历史景点旅游为主，二环到五环之间的新旅游景点还有待开发。当然，这三种功能相对较特殊。

对于其他主要功能，虽大致体现了城市中心的聚集现象，然而其空间分布还是各不相同，且聚集或离散程度不一。商业、商务办公、娱乐、餐饮表现出更明显的非均质性分布，在某些地段高密度地聚集（深色表示）；而公共服务、中小学、行政机构、文化设施、停车则分布得相对均匀些。这说明了偏盈利型的功能更强调聚集效应，而偏公共型的功能则更强调均好性效应。

然而，这两大类功能的空间分布还有更为精细的特征。对于偏盈利型的，商业、娱乐、

① 由于兴趣点中的分类与《城市用地分类与规划建设用地标准》并不一致，且这一版兴趣点中缺乏物流仓储等，因此对功能进行分类时，综合考虑了兴趣点本身的可获得性、精确程度，以及城市用地分类的要求等。分类的依据还是重点关注商业办公等与市场经济密切相关的功能，以及与公平公正密切相关的公共服务功能等。

餐饮在旧城的密度仍然较高，具备城市级的聚集中心，且这些功能的聚集等级层次较为丰富，常常体现为从高密集聚集区逐步过渡到低密度区；而商务办公并未高密度地聚集在旧城，却聚集在CBD、使馆区、望京、中关村等地，且缺少聚集等级层次，体现为商业办公尽可能地较高密度地聚集，其周边的商务办公密度则突然降低。对于偏公共型的，公共服务和停车场在四环以内的区域都有较高的密度，聚集等级层次也较为丰富，不过北城的密度高于南城，且停车场在CBD和城市边缘的密度偏低；行政机构和文化设施则偏向聚集在三环之内，平均密度明显低于公共服务，且聚集等级层次较为单一；中小学则分布得最为离散，且均匀，不过在四环之外的密度偏低，聚集等级层次也较单一。在很大程度上，这表明：越偏向公共型的功能，其分布越离散而均质，且聚集等级层次越单一；越偏向盈利型的功能，其分布越非均质，且聚集等级层次越丰富。

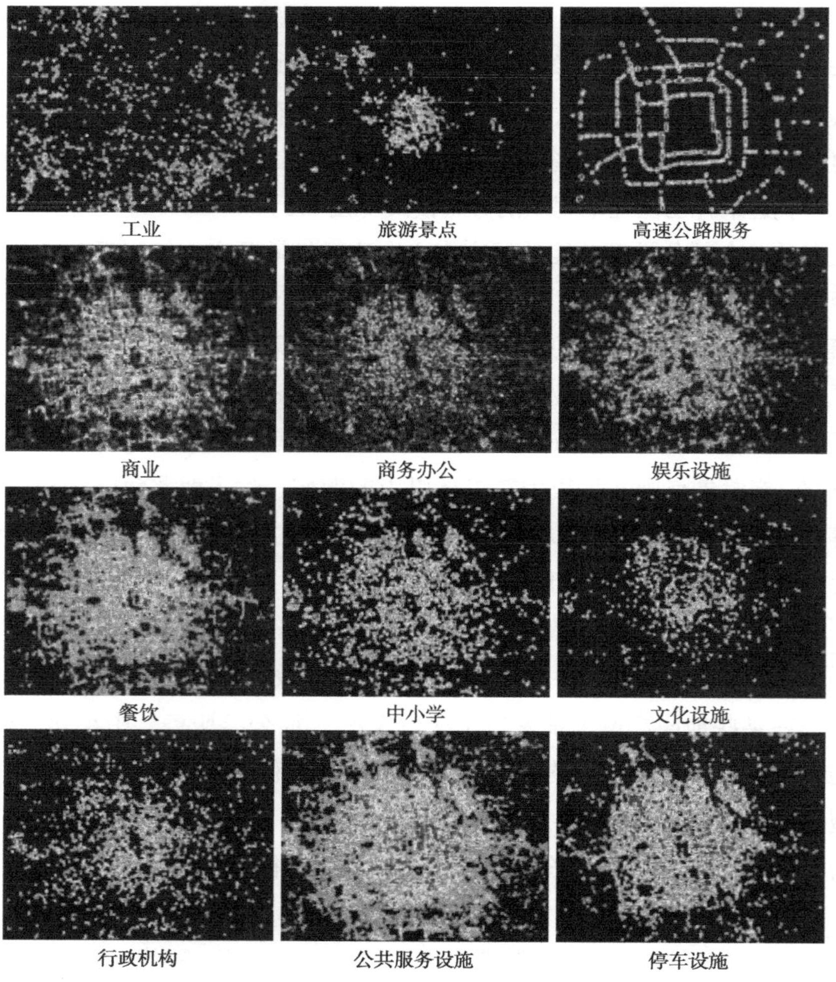

图 6.2 北京功能的空间分布模式

（资料来源：作者自绘）

6.3.2　精巧的功能分布

对较大类型的功能进一步细分，可发现更为精巧的功能分布特征。商业这一大类中，可提取商店、便利店、贸易市场这三小类（图 6.3）。这三小类的空间分布差异显著。首先，商店非均质的聚集现象仍然很突出，且进一步向旧城中聚集，其中西单和王府井更为突出；除此之外，CBD、中关村、亮马桥、六里桥、大红门等也聚集了较多商店；相对商业这大类，聚集等级层次有所降低。其次，便利店的分布则较为均质，虽然旧城以北、北三环以南地区的密度较高；且聚集等级层次仍较丰富，体现了生活服务的多元化。最后，贸易市场则更多地聚集在四环之外，且南城的密度高于北城，聚集等级层次急剧减少。因此，规模越大的商业设施，其空间非均质聚集度越高；带有部分社区服务性质的中小型商业设施，其空间分布越均质。

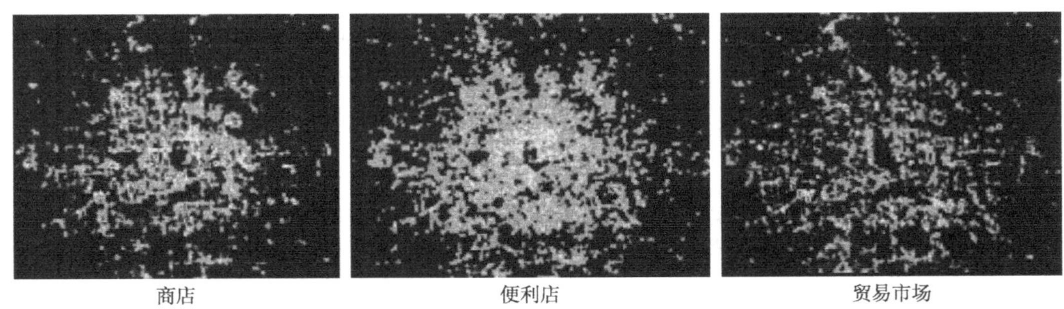

图 6.3　商店、便利店、贸易市场的空间分布模式

（资料来源：作者自绘）

在公共服务这一大类中，提取了两小类，即社区服务设施和理发（图 6.4）。虽然四环之外社会服务设施的密度明显降低，然而四环之内社区服务设施分布大体均质，且聚集等级层次仍较丰富，折射出丰富的社区需求。相对而言，理发则表现出一定程

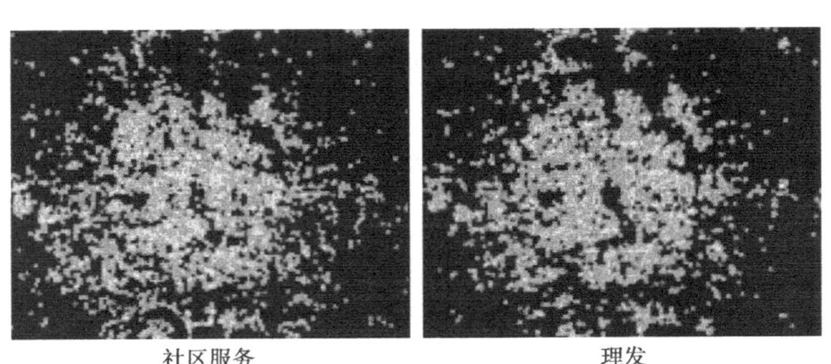

图 6.4　社区服务设施和理发的空间分布模式

（资料来源：作者自绘）

度的非均质分布，在 CBD 及其周边的密度相对较高，且聚集等级层次较为单一。这也说明，公共服务设施中偏盈利型的部分也倾向于非均质聚集。

6.3.3　功能的空间混合

不过，以上功能的空间分布模式之间的相关性都不强，除了餐饮与理发的相关性超过了 0.5（表 6.1）。这在很大程度上说明了这些功能的空间聚集或离散方式并不一样，将影响其功能混合的程度。然而，如果认为相关度 0.3 以上就表示功能分布模式之间有一定的联系，那么可发现餐饮与理发这两项功能比较有趣。餐饮与娱乐、停车场、公共服务、商业、便利店、商店、社区服务都有一定相关度；同时，理发则与社区服务、便利店、娱乐、停车场也都有一定关联度。这表明了这两项功能在空间上与其他一些功能存在某种非密切性的互动关系；特别是餐饮与某些盈利型和公共型的功能都有相关性。在很大程度上说明了至少餐饮对于促进北京城市功能混合和多元化起到了一定的黏合作用。此外，商业与公共服务、社区服务与便利店、公共服务与停车场都有一定的相关性。这也暗示了某些盈利型和公共型的功能彼此之间也存在空间互动关系，虽然这种关系并不明显；这两类功能出现在同一场所之中，也能增加城市活力。

各种功能的空间分布模式的相关性（浅灰色标明较高的相关性；深灰色表示中等程度的相关性；*代表某些功能及其细分功能之间的相关度，其值可忽视）　　**表 6.1**

	商业	公共服务	行政机构	停车场	餐饮	娱乐	中小学	文化设施	商务办公	便利店	商店	贸易市场	社区服务	理发
商业	1.000													
公共服务	0.392	1.000												
行政机构	0.088	0.144	1.000											
停车场	0.216	0.316	0.085	1.000										
餐饮	0.393	0.404	0.145	0.449	1.000									
娱乐	0.194	0.227	0.130	0.226	0.457	1.000								
中小学	0.116	0.176	0.181	0.154	0.219	0.162	1.000							
文化设施	0.092	0.090	0.062	0.134	0.162	0.093	0.072	1.000						
商务办公	0.114	0.174	0.038	0.266	0.289	0.100	0.077	0.071	1.000					
便利店	*	0.262	0.157	0.181	0.339	0.226	0.212	0.029	0.072	1.000				
商店	*	0.177	0.050	0.196	0.383	0.158	0.069	0.101	0.134	0.135	1.000			
贸易市场	*	0.062	0.026	0.049	0.077	0.045	0.036	0.012	0.021	0.124	0.069	1.000		
社区服务	0.280	*	0.228	0.229	0.352	0.249	0.237	0.094	0.138	0.358	0.146	0.125	1.000	
理发	0.163	*	0.148	0.303	0.540	0.305	0.220	0.102	0.220	0.339	0.256	0.075	0.388	1.000

（资料来源：作者自绘）

6.4 北京空间形态与功能的互动

6.4.1 功能的空间区位选择

那么，这些功能又是如何选择整体和局部区位的？对于每个功能兴趣点（POI），计算其周边 60 米以内空间效率的均值，包括 1 公里和 50 公里的数值，作为局部（社区）和全局（城市）的空间效率，赋给该兴趣点；对于每类功能，计算其局部和全局的平均效率，然而绘制坐标图，横轴为全局（城市）空间效率，纵轴为局部（社区）空间效率，以此研究每类功能在两种不同尺度下的空间区位特征。

初步分析表明：一般性的各种功能具备不同效率的空间构成，每种功能对应于不同尺度的空间区位（图 6.5）。工业、旅游景点、高速公路服务仍然与其他功能的差别较大：它们局部空间效率都较低，即局部空间形态都未形成良好的结构；高速公路服务具备最高的全局空间效率，旅游景点次之，这说明了它们被较好地安排在城市整体骨架之中；而工业则具有最低的全局空间效率，表明工业游离在城市整体骨架之外，空间上相对独立。

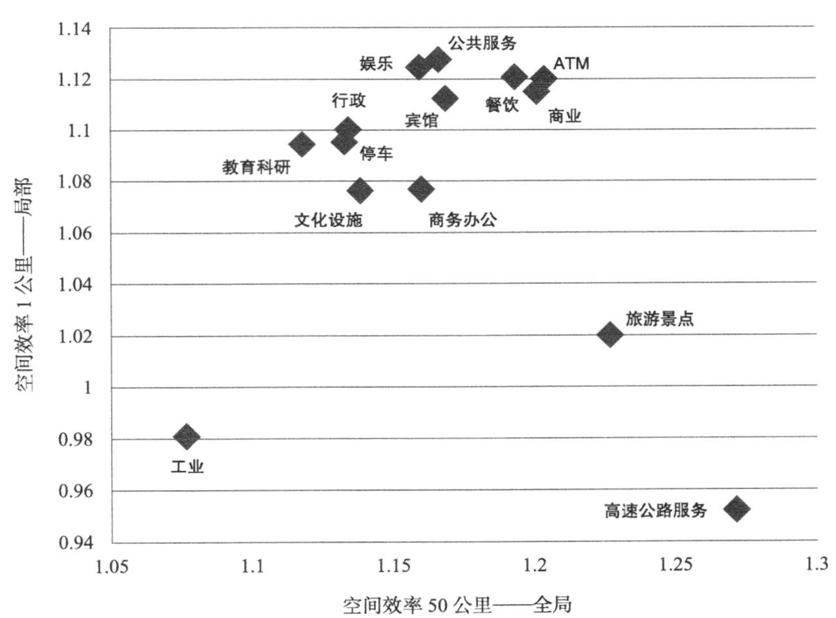

图 6.5　一般性功能的两种尺度的空间效率模式

（资料来源：作者自绘）

对于其他主要功能，大致分为两组：1）商业、餐饮、ATM 机、娱乐、宾馆和公共服务设施；2）行政机构、停车场、教育科研、商务办公和文化设施。第一组功能具有较高的全局和局部空间效率，绝大部分属于盈利型的，除了公共服务设施；其中ATM机、商业、餐饮具有更高的全局效率，意味着这些功能更接近北京的整体空间骨架；而公共服务设施具有最高的局部效率，表明该功能更偏向局部的空间中心。这也说明了盈利型的功能出现在全局和局部区位良好的场所，公共服务设施也靠近局部和全局性的中心地段。

第二组功能则具有相对较低全局和局部空间效率，且大部分属于公共型的，除了商务办公和部分商业停车场；在该组中，商务办公具有最高的全局效率和最低的局部效率，而教育科研具有最低的全局效率。在一定程度上说明了公共型的功能可以偏离城市的整体空间骨架；而商务办公需要考虑适当地靠近城市的整体区位格局，且不必靠近局部区位好的地段。

6.4.2 空间区位的精细组合

这些大类功能还可细分为次功能，研究其更为精细的空间构成，这将进一步阐明每类次功能都对应不同尺度的空间区位组合方式，而非某种统一的组合方式。这些组合方式也对应于某些非空间的影响因素。

首先，规模大小影响空间区位的组合。图6.6（a）显示了各种商业类型的全局和局部构成效率：1）中小型规模的商业设施，如典当行、摊贩、百货店、中小商铺都具有较高的全局效率，同时也具有较高的局部效率；2）服务于社区的商业设施，如蔬菜市场、便利店、社区点虽然全局效率不是很高，然而其局部效率较高，表明其位于局部的空间形态中心；3）商业街的局部和全局效率都适中，并不很高，也非很低；4）规模庞大的商业设施，如大型超市、农贸市场、批发市场的局部和全局效率都较低。这说明了：越小规模的商业设施，越需要占据区位较好的地段，至少需要占据局部区位较好的地方；越大规模的商业设施，越不需要依赖较好的区位，而越依赖其规模效益；一般性的商业设施依赖于全局和局部区位都好的地段。

其次，消费或服务人群影响区位的空间组合，这同时体现在盈利型和公共型的功能之中。图6.6（b）进一步展示了中小型商铺类型的全局和局部构成效率。钟表、首饰、服装具有较高的全局构成效率，偏向城市整体骨架；文具器材、水果副食具有较高的局部构成效率，而全局构成效率较低，它们面向局部中心；烟酒和自行车则具有较低的全局和局部构成效率，对整体或局部区位要求相对低些。相对于钟表、首饰和服装，文具器材和水果副食更贴近社区人群，因此后者也更靠近局部中心；而烟酒和自行车则更贴近固定消费人群，因此空间区位对它们影响小。

图6.6（c）表示了各种类型餐饮的情形。糕点店的全局和局部构成效率都最高，这也许与北方喜欢吃面食有关；快餐店也具有较高的全局和局部构成效率，表明它往

往位于城市整体和局部中心的结合部，贴近上班族；中餐馆比西餐馆的构成效率高，而茶室和咖啡店又比中西餐馆的构成效率低，这说明了西餐馆比中餐馆贴近固定人群，而茶室和咖啡店又属较安静的餐饮方式。当然，这些都只是相对而言，因为空间区位因素对餐饮类影响都较大，如茶室的全局构成效率还高于 1.16。图 6.6（d）是各类娱乐设施。大部分娱乐场所的局部效率都较高，靠近城市局部中心，面向当地消费；高尔夫休闲则靠近全局效率较高的地方，而体育休闲则对空间区位的要求不高，这都也许与它们面向特定消费人群有关。

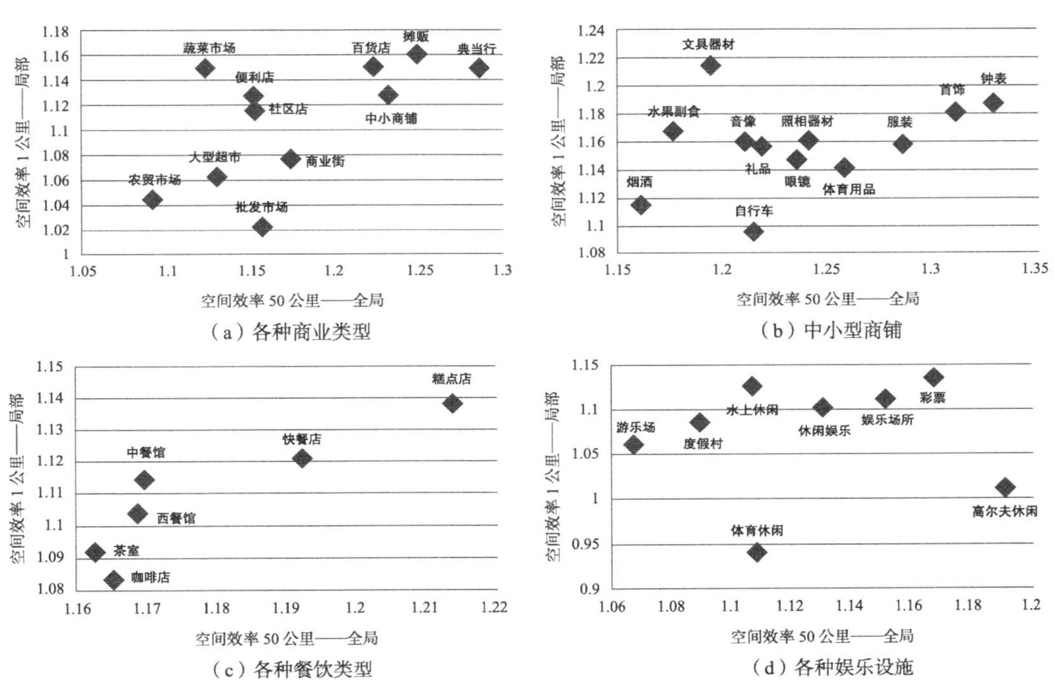

图 6.6 各种商业类型（a）、中小型商铺（b）、各种餐饮类型（c）、各种娱乐设施（d）的两种尺度的空间效率模式

（资料来源：作者自绘）

虽然公共服务设施的全局空间效率都低于商业或餐饮类，然而它们的区位组合也受服务人群的影响。如图 6.7（a）所示，邮局、医院、公厕、停车、便民服务、理发美容都位于全局和局部效率较高的场所，靠近城市整体骨架和局部中心的结合地带，服务于社区内外的人群；洗衣店和卫生院则远离城市整体骨架，而靠近诸如社区中心的地方，更多服务于社区内部；汽车修理和公园则靠近城市整体骨架，而不靠近局部中心，服务于远足的人群；物流快递和体育设置则位于整体骨架和局部中心之间的地方，且书店则对空间效率的高低不敏感，它们都服务于特定人群。

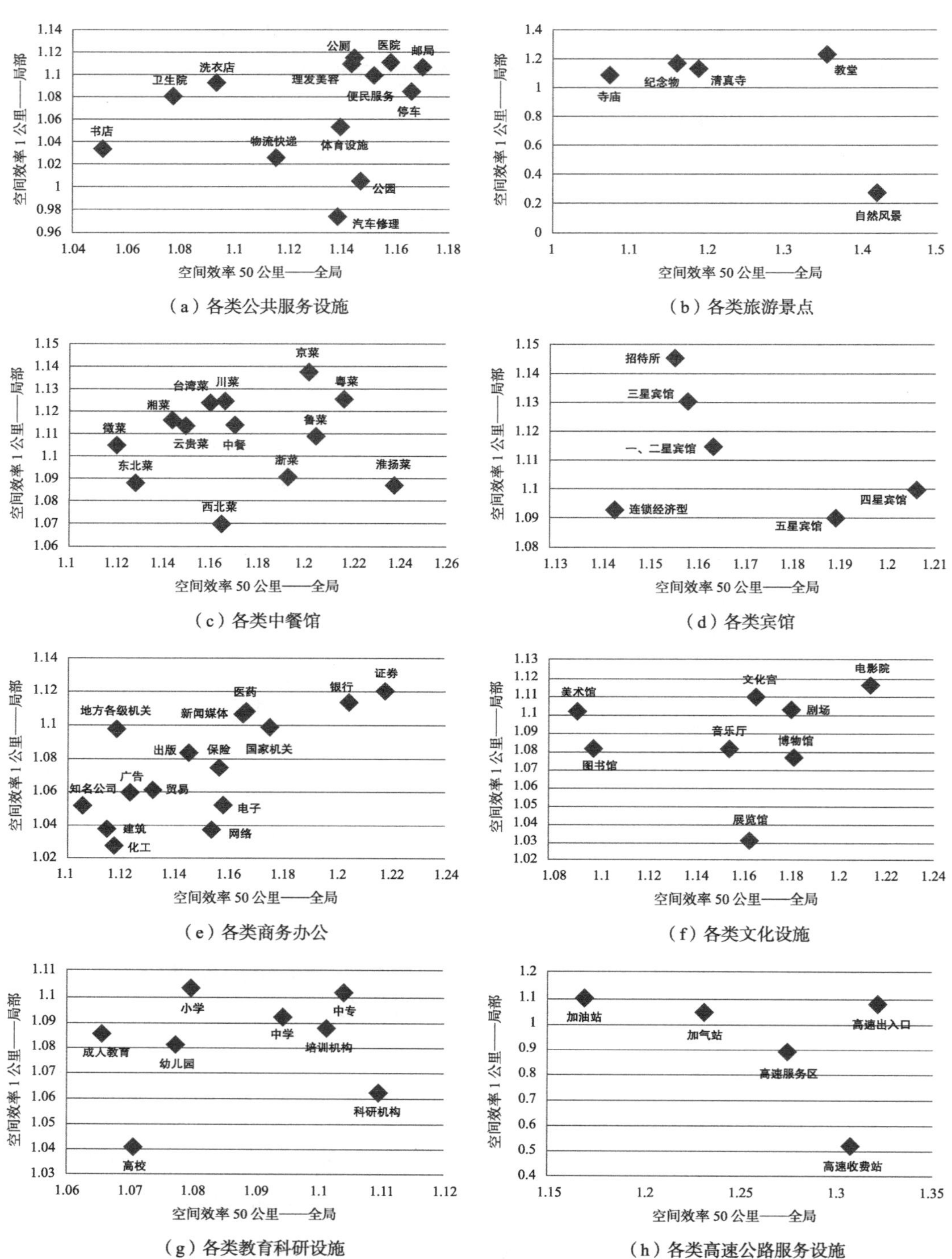

图 6.7　各类公共服务设施（a）、旅游景点（b）、中餐馆（c）、宾馆（d）、商务办公（e）、文化设施（f）、教育科研设施（g）、高速公路服务设施（h）的两种尺度的空间效率模式

（资料来源：作者自绘）

再次，文化或品牌影响区位的空间组合。图 6.7（b）表达了不同类型的旅游景点。自然风景位于全局构成效率较高、而局部效率低的地方；寺庙和教堂则体现了东西方空间文化的差异，前者隐，后者显。图 6.7（c）也显示了各类中餐馆的情形。北京餐馆的局部效率最高，与其北京当地文化有关；更多的全局构成效率高的餐馆看似都较为高档，而更多的局部构成效率高的餐馆则看似更早进入北京人的饮食文化之中。图 6.7（d）是不同类型的宾馆。高档宾馆占据的全局区位较好，而低档宾馆占据的局部区位较好，反映了两种宾馆品牌的空间效益；连锁经济型的则位于全局和局部区位都不好的地段，说明这类宾馆不完全依赖空间区位，而靠其连锁文化效应。

最后，运作方式影响区位的空间组合。图 6.7（e）是各类商务办公和行政机构。不同的办公场所对全局和局部的构成效率要求差异较大。银行和证券占据了全局和局部效率最高的地方；医药、新闻媒体、保险、出版所占据的地方也具有较高的构成效率；知名公司、建筑、化工则对两种尺度的构成效率要求不高；国家机关和地方机关具有类似的局部效率，都较高，而国家机关的全局效率更高，这也许与地方机构（包括部分面向街道的机构）有关。

图 6.7（f）显示了各类文化设施。电影院的局部和全局构成效率都最高，这与其市场经营有关；文化馆、剧场、博物馆、音乐厅的局部和全局构成效率都适中；展览馆则略微远离局部中心，而美术馆和图书馆则稍微远离城市整体骨架。这也体现了越偏市场运作的，越需要占据全局和局部区位较好的地段。图 6.7（g）是各类教育科研机构。高校位于全局和局部效率都较低的地段；中小学、中专、培训机构、幼儿园、成人教育的局部效率都较高，表明它们靠近邻里社区中心；而科研机构的局部效率偏低，且全局效率最高。图 6.7（h）显示了各类高速服务设施。虽然它们都有较高的全局空间效率（都大于 1.15），然而高速收费站和高速出入口占据了更为全局的咽喉要道，且高速出入口还重视其局部空间区位；加油站和加气站也较为重视局部空间区位，靠近局部中心。

6.4.3 空间形态的作用力

当上述各类功能一般性地占据或好或差的空间区位，并不意味着空间形态对功能的分布（如聚集或离散）有直接影响。只有分析每类功能的分布模式与空间构成的相关度，才能从统计的角度去探索空间形态是否直接作用于那些类型功能的分布。当相关度高于 0.5，可认为两者之间存在统计意义上的关联性。

空间形态对于盈利型的功能分布的确有明显的影响，同时也对某些公共型的有显著影响。图 6.8（上）显示了各类功能与全局和局部空间效率的相关度。餐饮、商业、行政机构的分布模式同时受到了全局和局部空间构成的较大影响，其中餐饮的聚集更加受到局部空间构成影响，而商业的聚集则更加受全局空间构成的影响。娱乐、宾馆、

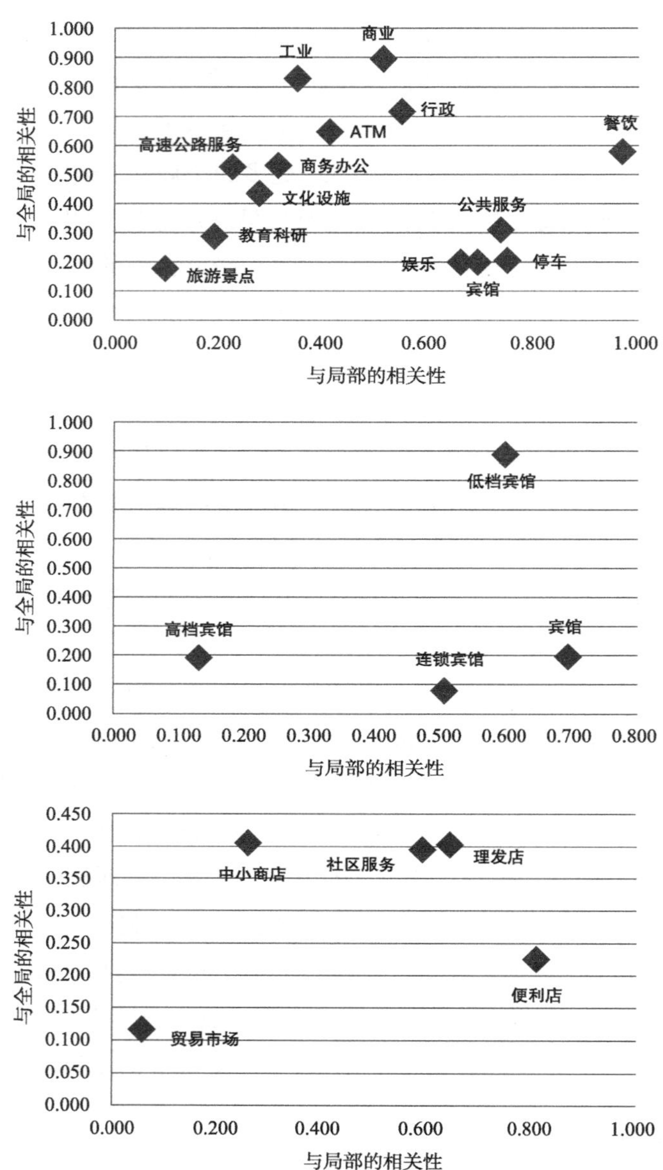

图 6.8　各类功能（上）、各类宾馆（中）、某些商业 / 公共类（下）分别与两种尺度的空间效率的相关度

（资料来源：作者自绘）

停车设施、公共服务设施的分布模式则主要受到局部空间构成的影响，意味着这些功能的聚集与局部空间布局更为相关。工业、ATM、高速服务设施、商务办公的分布模式则主要受到全局空间构成的影响，这些功能的聚集与城市整体骨架更为相关。然而，全局和局部的空间构成对文化设施、教育科研、旅游景点的分布影响不显著，特别是对于后两者。这表示教育科研和旅游景点的聚集更多在于其本身品牌的吸引力等，而非空间形态的影响。

空间形态对于每种次级功能的影响也不一样。例如，图 6.8（中）显示了不同类型的宾馆。低档宾馆受到局部和全局空间构成的影响，即这类宾馆的聚集取决于整体和局部空间布局的好坏情况；连锁宾馆更多地受到全局空间构成的影响；而高档宾馆则受空间构成的影响较弱，主要依靠品牌来吸引客户。图 6.8（下）显示了一些商业类和公共类的功能。较小的商业设施如便利店，主要受到局部空间构成的影响，说明它们周边空间结构对于它们的成功更为关键；较小的公共服务设施，如社区服务和理发店，则同时受到了全局和局部空间构成的影响，不过显著程度一般；一般性的商业设施，如中小商店，主要受到全局空间构成的影响，城市整体空间骨架对它们来说更为重要；而大型商业设施如贸易市场，则基本上不受空间构成的影响。

6.5　讨论

结合上一节对空间区位的讨论，可发现中小商店和低档宾馆不仅空间区位较好，而且与空间形态的相关度高；连锁宾馆的空间区位相对较差，而其相关度高；高档宾馆的空间区位相对较好，而其相关度低；贸易市场则不仅空间区位相对较差，且相关度低。因此，可认为城市活力中心（如中小商业区）的区位好、相关度高；一般性中心（如连锁酒店区）的区位一般、相关度高；品牌中心（如高档宾馆区）的区位好、相关度低；而特殊中心（如贸易市场区）的区位差、相关度低。这可称之为北京的“空间形态—功能性”中心体系（图 6.9）。

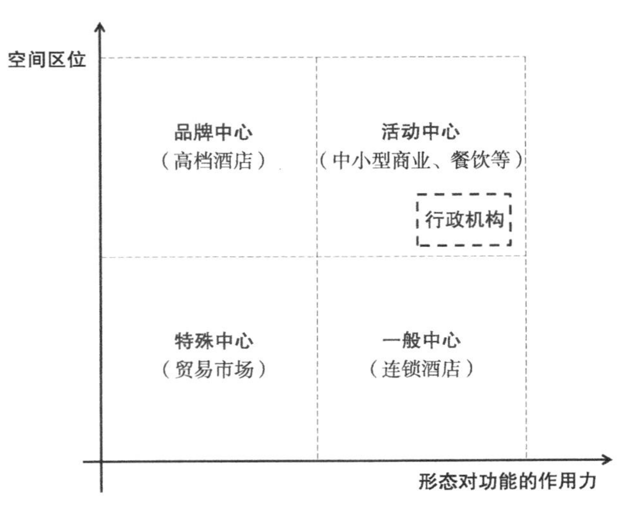

图 6.9　北京的“形态—功能性”中心空间的框架

（资料来源：作者自绘）

在这种体系之中，不同的功能对应于不同的空间形态和空间区位。一方面，全局空间效率对一般商业分布模式影响大，而局部空间效率对较小型的设施分布模式影响大；且北京的空间效率对行政机构的分布模式有一定的影响，体现了北京作为行政中心的特色（图 6.9）。另一方面，越小型的盈利型设施，越靠近（全局或局部）空间区位较好的场所；而大部分公共型的设施稍微远离空间区位较好的地段。

这在一定程度上导致了不同类型的功能形成了不同的聚集或离散模式。一般而言，盈利型的非均质聚集，其中大规模的更加非均质，小规模的偏均质，聚集等级层次多；公共型偏均质离散，其中偏盈利型的非均质聚集，小规模聚集等级层次多。然而，盈利型与公共型的交织有助于功能混合；而在北京，餐饮是实现功能混合、多元化的媒介因子。

基于此，可认为不同的功能需要根据其规模大小、消费或服务人群、文化或品牌、运作方式等方面，适应不同尺度的空间构成及其形成的空间区位；而大数据为我们提供了更为细致的设计工具，使得合适的功能有可能更为精巧地体现在合适的空间形态之中，从而有利根据物质空间网络形态的评估和调整辅助城市的精细化设计和管理。

结合方法论，本章从北京案例的角度，证实了综合穿行度和整合度的复合变量，即空间效率，可适用于度量城市空间区位；结合尺度的变化，还可发掘不同尺度的区位价值，与特定的城市功能有一定的关联度。在这种意义上，可认为城市功能与城市空间网络形态之间的相互作用需要从空间尺度的维度来审视。不同类型的功能选择不同尺度的空间区位来推动；同一功能有可能依赖不同尺度的空间区位协同支持；而某些较大体量或特殊的功能则并不依赖于空间区位。在一定程度上，这体现了城市空间网络形态、城市功能以及空间尺度之间的复杂效应，即从网络的角度来看，空间形态之间的彼此关联在不同尺度形成了不同构成关系，决定了不同尺度上不同的空间区位；而不同的社会经济功能也彼此形成网络关联，其运营构成方式决定了功能的聚集与分散模式以及对空间区位的依赖程度；不同尺度的物质空间区位服务于不同尺度的功能聚集与分散模式，反过来社会经济功能在不同尺度上的运转也影响了不同尺度的物质空间的建构和体验。通过网络的尺度变化和协同，物质形态与功能彼此契合，共同推动以人使用和体验为中心的城市空间营造（图 6.10）。

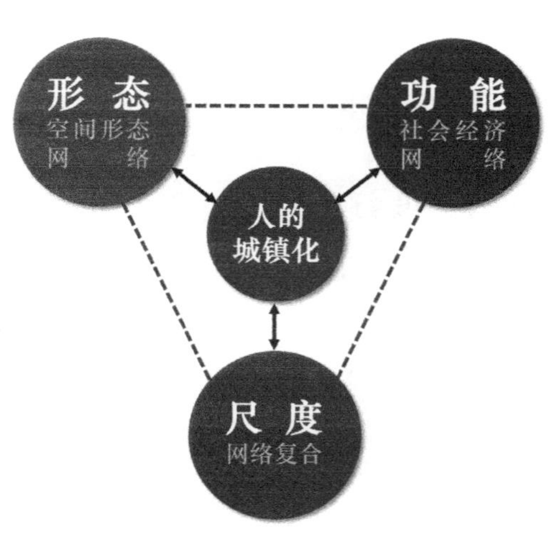

图 6.10 城市空间网络形态、城市功能以及空间尺度之间的复杂效应

（资料来源：作者自绘）

第 7 章　多尺度的空间句法

7.1 研究问题总结

上一章以北京为例，发现了不同的城市功能对应于不同尺度的空间效率，从网络的角度揭示了城市物质空间形态、城市功能以及空间尺度之间的互动关系，推动了以人为中心的空间区位选择，形成了不同尺度和规模的功能中心。在此基础之上，城市物质空间形态与功能布局体现出无比丰富而又复杂的情景，反映了北京作为特大城市所呈现出的自组织的几何空间特质及其内在的功能中心体系框架。本章则是对本书前 6 章进行总结、讨论与展望，从而基于过往的研究成果，对前面各章节提出的概念、理念、方法等进行综合，试图建立一个概念性理论框架，在一定程度上回答本书开篇提出的研究问题，即城市中多尺度的物质空间形态是如何构成的，或城市空间网络形态中的多重尺度有何作用。

本章首先回顾并探讨各个章节的主要结论与问题，包括每条街道自下而上地全尺度嵌入整个城市空间网络的模式及其几何限定因素、基于多尺度聚集和分散机制的空间效率、跨尺度的空间网络厚度及其前景网络和背景网络的交织、以及不同类型的城市功能对不同尺度的空间区位的适应与优化等，构建它们之间的逻辑关系，以进一步说明深层次的内涵和机制。然后，建立多尺度的空间网络形态的概念性体系，试图初步辨明不同社区、片区、城市、城镇群、超大区域之间存在异同的原因，以期用于解释城市空间形态的现象。最后，总结本书的创新点、问题以及不足，从而展望今后的研究方向。

7.2 空间五大规律

正如第 1 章本书研究框架（图 1.1）所示，本书四个核心议题或假设，即全尺度城市空间网络的构成、多尺度空间剧集与分散效率、跨尺度空间联动的网络厚度以及优尺度空间协同的区位选择是环环相扣，这些研究结论彼此之间存在相互佐证的关系，共同揭示“空间—功能—尺度”三者之间的复合联系。此外，研究分析提出了空间的嵌入轨迹、空间效率图谱、功能方格网等新的分析方法。

7.2.1 全尺度的聚集与分散

第 3 章的核心发现就是：双参数的韦伯累计函数控制了每条街道嵌入整个城市空间网络的全尺度过程；且规模参数和形状参数分别为全局总深度的均值和嵌入速率的均值。一方面，韦伯累计函数本身说明了城市空间网络形态的构成不是无序，而是有序而复杂的迭代变化过程。然而，这种有序并不是自上而下地强加在空间形态之上，而是基于每条街道与其他街道彼此自下而上的连接而一步步形成的，每一步都基于前一步的建构方式，最终在不同尺度上涌现出空间模式。不过，随尺度的增加，较大规模的子网路或当时的整体网络将会限制新增街道的嵌入过程，这体现为自上而下的作用，或路径依赖作用中的局限性。另一方面，双参数实际上分别代表了空间的整合程度以及新增空间的数量。这表明城市空间网络的构成目标是：每个空间尽可能地靠近其他所有空间，即靠近的目标空间；与之同时，每个空间尽可能地连接到更多的其他空间，即占据的目标空间。不过，这两个目标是相互矛盾的，因为在每次新增的特定尺度下占据了更多的其他空间，也就意味着在该尺度之下获得了比前一个尺度更多的空间深度，于是系统的总深度就会增加。不过，正是这种在各个尺度上都相互制约的因素，导致了城市空间网络形态不会无序生长。

第 4 章关于空间维度以及“中心—边缘”的探讨，也从另外一个方面证实了上述双参数彼此制约的说法。不严谨地讨论城市空间网络是嵌入或映射到二维的地面之上，那么这个二维平面本身就限定了每个空间连接到其他空间的方式，这是一种物理几何空间的限制。正如第 2 章文献综述中提到小世界网络的限制因素就包括物质空间上的限制。这使得任意空间不可能在较短的距离内无限制地连接到其他尽可能多的空间。于是,这种几何维度上的限制使得某些空间必须远离那些起点空间,表现为分散的行为。在这种意义之上，空间上的聚集与分散就体现在那两个变量之上，即整合度表示聚集，而嵌入速率表示分散。

不过，这两个变量在全尺度上都受制于空间网络的几何本体在二维平面上的映射。同时，考虑 4.3.4 中对于维度的分析：即人们行走的模式一般是线性的，也就是一维空间；十字结构的中心部分也可视为是一维空间模式，虽然其覆盖在二维空间上。那么，整合度可视为人们对空间静态的占据，而嵌入速率则可视为人们在空间中的穿行，即人们一维空间的出行方式。在这种意义上，聚集和分散也对应为占据和穿行。于是，城市在二维平面上进行空间建构，可以视为城市空间网络本身选择了不同的空间维度，以适应人们出行对一维空间的偏好，同时也适应于人们占据对二维空间的偏好，那么最终体现为多尺度的“空间维度的波动”，即穿行和占据这两种空间行为在不同空间尺度中的映射。

7.2.2　不均匀空间网络原型

这种聚集和分散的空间趋势导致了不均匀的空间网络的形成。首先，第 4 章中关于总深度和穿行度的悖论讨论进一步支撑了这种理论假设。对总深度的优化体现为空间网络的聚集，而对穿行度的分布模式优化，则体现为空间网络的分散。如4.2所描述的：从几何构成上来说，空间聚集程度较高的是放射状的中心（星形结构）和正交方格网结构，而空间分散程度较高的环和线；随着尺度的增加，这种区别越明显。那么，当城镇规模小的时候，往往是线状或环状，因为总深度还不至于过大；而当城镇规模大的时候，往往是方格状（如北京），或放射状（如伦敦），或两者结合（如东京）。不过，规模大的城镇空间网络中都存在断裂点，如死胡同或尽端路，这样使得线状的结构可以折叠起来（如威尼斯），从而既保持更好的聚集效应，又促进穿行度的均匀分布。因此，断裂的方格网可作为较大城镇的空间原型。

其次，不同尺度的整合度优化导致了复杂的、疏密相间的不均匀空间网络形态。整个城市在总体层面上都保持“中心—边缘”模式，即中心的街坊块较小，而四周的则较大；而在中小尺度上保持两种模式，即“边缘—中心”和“中心—边缘”模式，前者即为中心的街坊块较大，而四周的则较小。这也是保持不同尺度上的聚集和分散，即一部分空间网络的密集化，而另一部分空间网络的稀疏化。在这种意义上，聚集和分散本身都对应于空间形态，体现为：城市空间网络在发展之初，往往呈现“一张皮”的发展模式，寻求较小尺度的整合性；而在城市空间网络发展成熟之后，将会向“一张皮”的两翼发展，形成疏密相间片区，最终形成多中心的格局，以此综合性地优化不同尺度的整合程度，实现跨越尺度的“均衡式”的空间优化机制。

最后，空间效率的概念是将聚集和分散统一在一起，形成空间影响力不均匀的前景和背景网络。一方面，根据定义，穿行度可视为从其他空间穿越某个空间的潜力。换言之，如果人们停留在该空间内，不用移动，就可以接收到其他空间人们的到访，这体现为一种由空间带来的信息或交往收益，即提供了更多不用外出就能获得的交流机会。某个空间的穿行度越高，该空间所能获得被访问的概率越高，这表明该空间的收益越大。那么，穿行度均匀分布的目的是使得尽可能多的空间具有更多的收益。另一方面，总深度则可视为从某个空间到达其他所有空间所消耗的总距离。这可解释为，为了获得在其他空间的交流机会，需要跨越其他空间所付出的空间距离或时间等，可称之为空间成本。那么，穿行度与总深度之间的比值可视为空间效率。第 4 章的概念性案例分析表明：空间效率消除了两个变量之间的悖论，运用一个公式统一了空间的聚集和分散，也可视为空间的占据和穿行活动。而第 5 章的实证案例的分析则说明了：不同尺度下涌现的前景和背景网络的影响力各种不同，因城市而异。例如，曼哈顿、雅典、东京的前景网络在城市层面上具有最高的空间效率，而在社区层面上具有最低的空间效率；上海、北京、伦敦、威尼斯的前景网络则在社区层面上具有最高的空间效率，而在片区层面上具有最低的空间效率。据此可认为，空间的整合性与空间的穿行度（或嵌入速率）体现了城市空间网络在不同尺度上发挥着内在的几何平衡机制，实现空间效率在不同尺度上的最优，而不是在某个单一尺度上的最大。

7.2.3　跨越尺度的立体联动

除了在全尺度下，韦伯累计规律更好地描述了城市空间网络构成的规律之外，在中小尺度之下，那些不均匀的空间网络存在幂律规律或分形规律。例如，第 5 章表明了曼哈顿、芝加哥、雅典、北京、伊斯坦布尔、伦敦、东京、上海、巴西利亚、威尼斯 10 个城市，京津冀和长三角区域，以及三个超大区域均存在幂律规律，这证实了过去对于城市空间网络分形的研究结果（Batty，1985，2013；Penn & Hillier，2001；Yang，2005；Yang & Hillier，2007）。不过这次研究跨越的范围和尺度更大，充分说明了从社区、片区、城市、区域不同层级之间的空间网络形态存在相似的规律，或彼此互动。

然而，第 5 章空间效率的分析又表明了：同一城市的不同尺度的前景网络，即高效率空间所形成中心性空间网络并不一样，存在一定的差别（图 5.2 ~ 图 5.11）；而不同城市中，这种差别又各自不完全相同。例如，东京社区级前景网络在城市层面上也交织成为网状（图 5.8），而芝加哥社区级的前景网络更为分散（图 5.3）。这又说明了：对于真实城市，幂律规律之中还存在着细微变化，社区、片区、城市、区域等并不是完全的嵌套关系，而呈现出更为复杂的关联。实际上，第 2 章对亚历山大的《城市不是一棵树》（图 2.3）（Alexander，1965）以及空间句法对于模糊边界的研究（Yang & Hillier，2007）的回顾中就表达了类似的观点。城市空间网络的局部和整体之间存在类似的地方，然而不可能完全一样，即不是完全自相似。正是由于不同层级的局部之间存在相互重叠的部分，使得局部的边界并不是完全清晰界定的，导致了不同层级的局部都彼此存在密切的联系。

那些不同层级的联系使得跨越不同尺度的高效空间彼此相互协同，并在空间位置上彼此相互连接，于是这就构成了跨尺度的“立体”网络，它们共同支撑着稳定的空间结构，使得整个系统能够容纳不同尺度、不同规模、不同类型的功能性活动，称之为空间网络形态的厚度。第 5 章也表明了不同城市、不同城镇群、不同超大区域的空间网络形态的厚度也各自不完全一样，使得它们的前景网络和背景网络存在一定的差异，构成了这些城市、城镇群或超大区域的空间特色。

7.2.4　空间结构类型的涌现

多尺度的聚集和分散以及多层次的联动，实际上促进了空间结构自下而上的涌现，即那些空间聚集活动或空间效率高的中心彼此连接起来，形成了城市空间形态中的前景网络。这种空间结构是将各个局部以及整体彼此联系起来，共同形成一个有机功能的形态。第 5 章运用空间效率的概念和方法，研究了 10 个城市，可以发现各种的空间结构有所差异。除了巴西利亚不同尺度的高效率空间在地理空间上彼此分离，其他 9 个案例的高效率空间都在地理空间上彼此联结，构成了至少在两个尺度上相对比较稳定的结构。

这些空间结构表现为如下几种原型：1）线性结构，包括曼哈顿窄长的、方格网状的线性结构，威尼斯的自由而折叠的线性结构；2）双向正交格网与极坐标格网，前者为芝加哥，片区级的更为明显，后者为东京，社区级的仍保持类似的模式；3）跨越片区和城市两级的放射状结构，包括雅典基于方格网的轴线的放射模式、以及伦敦自由的放射模式；4）“环形 +”结构，如北京的“规则的环形”+“弱化的放射状”结构、上海的“自由的环形”+“十字轴”结构；5）自由结构，包括伊斯坦布尔的自由“变现虫”模式、巴西利亚的自由分散组团结构。不过，伊斯坦布尔和巴西利亚的空间结构都相对内向，虽然甚至巴西利亚空间结构的外形类似张开双翼的飞机。

此外，京津冀和长三角的空间效率图谱也展示了基于不同尺度而涌现的城镇之间空间结构，如京津冀中京津走廊和“北京—天津—济南—青岛”走廊远远强于京石走廊，而长三角则是多条走廊彼此交织的网络状结构，其中沪宁走廊要略强些。而中国案例、美国案例、欧洲案例的空间效率图谱则显示了国家尺度上城市之间的空间结构。中国案例和美国案例在较小尺度上，其有影响力的网络大致聚集在沿海一线；而在较大尺度上，中国案例和美国案例中具有影响力的网络则聚集在各自的中部地区，成为东西部联系的枢纽地带。在中国案例中，它们聚集在“沈阳—北京—郑州—武汉—长沙—南宁”一线，并从郑州向西安方向延伸；美国案例中，它们聚集在“布法罗—底特律—芝加哥—奥马哈—丹佛—盐湖城”一线，并从芝加哥向孟菲斯和新奥尔良方向延伸。中国案例更偏向南北向联系，而美国案例更侧重东西向联系。与之明显不同的是欧洲案例，它在不同尺度上其核心影响力空间网络主要聚集在西北欧沿海一线，相对更为均匀，并从西向东向南欧、中欧和东欧呈放射状延伸。正由于此，在 500 ~ 1000 公里，莫斯科及周边会在另外一端，形成具有较大影响力的网络聚集，与西北欧在空间上形成对立之势，也许对应于欧洲社会经济变迁。

上述这些城市空间结构依赖于不同尺度的高效率空间彼此有机地连接在一起，并在同一尺度下不同效率的空间适度协同，形成空间效率精细叠加的空间结构。这体现了同尺度的空间联系的丰富程度和稳定程度，可视为城市空间网络形态的厚度。在城镇群和超大区域中的研究，也可发现不同尺度的空间效率之间的协同，对于空间结构的识别非常关键。在这个意义上，可认为城市空间结构是基于空间网络形态的厚度而产生的。随不同尺度之间的交互作用，城市空间结构并不是固定不变的，而是随尺度的变化，不断涌现出来的。当不同尺度的高效率空间彼此能更多地叠加在一起，那么城市结构会根据其强弱程度而涌现，不是完全由自上而下的空间形式决定的。因此，由不同尺度的空间效率图组合的空间图谱为深入理解动态的空间结构提供了可视化的工具。

7.2.5 城市功能的空间适应

不同尺度的空间效率图谱也反映了空间区位的好坏，这对于城市功能在城市空间网络之中的选址和布局非常关键。如第 6 章的北京案例所表示的：可发现中小商店和低档宾馆不仅选择空间区位较好的地方，而且城市空间形态影响了它们的空间布局；连锁宾馆的空间区位虽然相对较差，然而城市空间形态仍然影响了它们的空间布局；高档宾馆的空间区位虽然相对较好，然而它们的布局并不受到城市空间形态的影响；贸易市场则的空间区位相对较差，且其布局完全不依赖于城市空间形态。这表明了城市中不同类型功能具有不同尺度的空间区位和布局需求，然而某些大型设施，如贸易批发市场等，并不依赖的空间区位或空间结构的好坏。

因此，可认为城市活力中心（如中小商业区）的区位好、布局相关度高；一般性中心（如连锁酒店区）的区位一般、布局相关度高；品牌中心（如高档宾馆区）的区位好、布局相关度低；而特殊中心（如贸易市场区）的区位差、布局相关度低。这可称之为北京的“空间形态—功能性”中心体系（图 6.9）。在这种体系之中，不同的功能对应于不同的空间形态和空间区位。一方面，全局空间效率对一般商业分布模式影响大，而局部空间效率对较小型的设施分布模式影响大；且北京的空间效率对行政机构的分布模式有一定的影响，体现了北京作为行政中心的特色。另一方面，越小型的盈利型设施，越靠近（全局或局部）空间区位较好的场所；而大部分公共型的设施稍微远离空间区位较好的地段。

然而，上述的分析明显表明：除了空间结构因素之外，还存在诸如规模大小等因素对于城市功能选址的影响。这表明了部分城市功能并不依赖于空间因素，从而带来了吸引点与空间结构的重要性之争。不过，第 6 章的分析也同时表明：大部分功能还是受到了空间因素的影响，这在于吸引点和空间结构之间的作用力是相辅相成的，甚至由于规模大而形成的吸引点在发展过程之中会逐步影响到空间结构的变化。基于此，可认为不同的功能需要根据其规模大小、消费或服务人群、文化或品牌、运作方式等非空间因素，去适应不同尺度的空间布局及其形成的空间区位。这可称之为“城市功能的空间适应”，即非空间的功能因素在空间选择过程之中逐步适应空间的物化过程，并最终体现在空间区位与布局之上。

此外，大数据为我们提供了更为细致的设计工具，使得合适的功能有可能更为精巧地体现在合适的空间形态之中，从而有利于根据物质空间网络形态的评估和调整辅助城市的精细化设计和管理。从理论上来说，今后大数据的实时交互功能的发展，将会进一步推动吸引点与空间结构之争，因为大数据本身的实时交互提供了更多的非空间联系的方法。不过，一些学者的研究表明过去信息技术的发展对实体空间的影响不是削弱，反而是增强（Castells，1989；Sassen，2001；盛强，刘星，杨振盛，2016）。本质上，这又回到第 4 章讨论的问题，即城市空间网络形态是否匀质？如果我们对实体空间的出行没有需求，那么这种匀质的空间网络将会出现。然而，作为生物人，我们至少暂时还生活在实体空间之中，对于出行的远近仍然有考虑，那么物质空间网络的形态还很可能不会变得均匀，从而空间效率和区位之间的差别仍将存在。不过，大数据的实时互动技术对于城市物质空间形态的影响仍然是一种重要的研究课题。正如彼得·霍尔曾多次谈到，只要空间距离没有消失，那么城市规划设计将不会消失（Hall et.al.，2006）。

7.3　多尺度的效率与公平

上述的总结与讨论使得我们可进行理论性的综合，建立初步的概念性理论框架和模型，以此描述多尺度的城市空间网络形态的特征。如图 7.1 所示，这个概念性理论框架包括三个空间维度：聚集、分散以及尺度。对于聚集，体现为空间的整合与隔离这两个极端，表现为城市分区，即面，或称之为背景空间网络；对于分散，体现为空间的多元与单一这两个极端，表现为城市骨架，即线，或称之为前景空间网络；对尺度，体现为联动与孤立这两个极端，表现为空间网络厚度，即层次。回归到凯文·林奇对城市空间的两个基本标准，即效率与公平（Lynch，1984），聚集在一定程度上体现了效率，然而单一尺度的过度聚集又使得效率降低，如交通拥堵；而分散在一定程度上体现了公平，然而多尺度的适度分散同时又促进了效率的提高。因此，在不同尺度上聚集与分散的物质空间形态的平衡体现了效率与公平之间的理念平衡。正如 4.3.3 提出的多尺度空间概念模型，在不同尺度的聚集和分散折射出不同尺度的效率与公平，它们彼此之间也许在形态上完全不一样，形成了空间形态上的彼此叠加，因此最终体现为非均匀的空间形态。

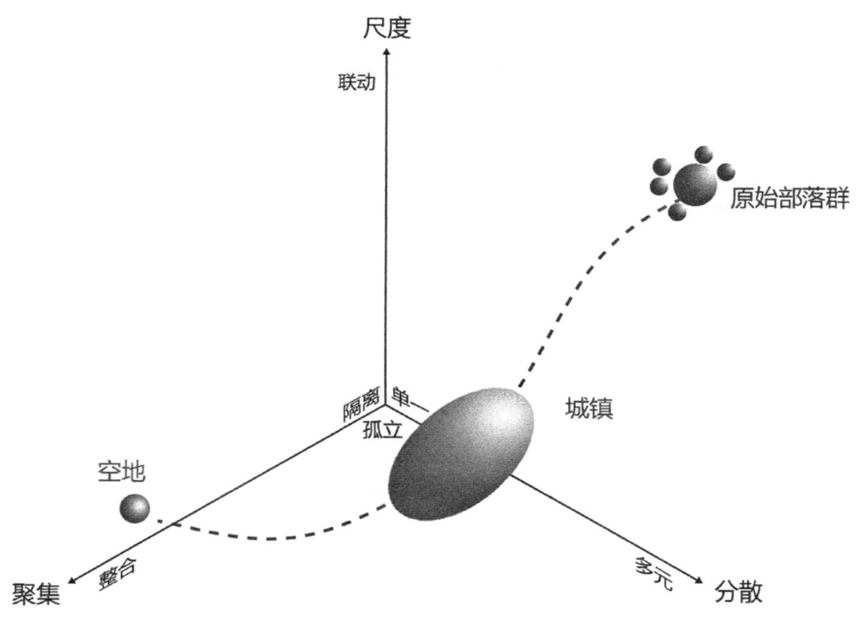

图 7.1　概念性框架（小圆球：空地；椭圆大球：城镇；六球组合：原始部落群）

（资料来源：作者自绘）

考虑极端案例，即空地和原始部落群；并从视线的角度分析这两个案例。对于空地而言，每个空间点尽可能地聚集起来，其整合程度最高。不过每个空间都能一眼望尽，其空间单一；同时所有空间之间彼此完全联系，尺度完全扁平化，因此只存在一个尺度。对于原始部落群而言，每个部落彼此完全隔离，其整合程度最低。然而，每个部落各不一样，其空间丰富，从信息熵的角度而言可最大化；此外部落之间没有联系，在理论上尺度无限大，即提供了尺度互动的无限种可能性。这两个案例其实是城镇演变的起始情况之一。

当空地向分散的维度演变，那么线性空间将会出现，往往是城镇的主要道路，如"一张皮"的发展模式，包括路边发展起来的村镇或商业街；当原始部落群向聚集的维度演变，那么面状空间将会出现，往往是某个居住点的增大，甚至融合了周边的部落。正常城镇的空间网络形态位于这三个维度的中间部分（如图 7.1 的黄色部分）。不同尺度下的聚集和分散的空间机制使得城市空间结构涌现出来，这包括整合程度的涌现以及多元程度的涌现，这些特征并不是完全自上而下地强加于物质空间形态之上，而是在空间之间自下而上的连接，并根据尺度的变化而互动，在每个尺度上自然地形成空间效率较高的中心，而且尽可能地分散开来，保持整体系统的均好性。这些中心又彼此连接，共同形成了前景网络，即城市空间的骨架或结构，称之为空间结构的涌现现象。与之同时，中小尺度的空间聚集，其中一部分空间是在中小尺度上效率较高、而在较大尺度上效率较低的部分，而另外一部分空间在各种尺度上效率都较高。前者对应于第 4 章的“边缘—中心”模式，而后者对应于“中心—边缘”模式。于是形成了城市的不同尺度之下的分区，共同构成了背景网络。这也是涌现出来的现象。因此，总体而言，城市空间网络形态会表现为不均匀的空间网络，从而形成空间效率不一的区位。在此基础上，城市功能会根据不同尺度城市空间网络所涌现的区位强弱，选择不同尺度的空间场所，于是构成了功能与空间之间的尺度互动和配置。

7.4　展望

本书基于空间句法的理论和方法，辅助运用了城市设计的相关理论、地理信息系统的有关技术，以及统计学、图论、几何等数学方法和相应理论，研究了多尺度城市空间网络形态，试图揭示多尺度互动的机制，从而对城市物质空间形态本身的几何规律及其与有关功能之间的协同关系做出合理的解释，建立起相应的概念性理论框架和模型，有助于理解城市空间的建构和运行方式，其原则和规律可适用于城市设计实践。本书属于空间句法领域内跨学科的基础性研究，具有一定的创新性，体现在如下三点之中。

一是研究问题具有一定的挑战性。城市物质空间形态的研究一直是个经久不衰的议题，相关的文献汗牛充栋；在空间句法领域中，最为核心的底层研究也是物质空间形态的几何研究。因此，对于这方面的研究往往难以出新成果。本书借助了网络的思维方式，从尺度这个变量入手，定量地刻画了城市物质空间网络自下而上的建构过程，直接面对最为普通的空间非匀质现象，并寻求解决空间句法领域中长期悬而未决的聚集与分散、整合与穿行的理论悖论，以此揭示尺度变化在空间结构塑造和功能选址中的作用。本书基于对图论的数学模型以及复杂尺度跃迁理论思考，积极应对了上述挑战，充分考虑了世界不同地方的案例，破解了空间句法的一个理论悖论，同时也给出了适用于城市设计的合理结论。

二是研究方法具有一定开创性。基于空间句法和地理信息系统常用的分析方法，本书从城市物质空间网络本身的建构逻辑出发，关注数学变量背后的几何和行为内涵，创造性提出了适用于跨越社区、片区、城市、国家等尺度的比较方法，排除了规模效应对空间结构分析的影响。不仅考虑了变量标准化的技术操作，而且综合运用了思维模型、图谱、网格聚类等新方法，强调世界各地的具象实证案例与抽象理论模型之间的互动印证，从而揭示尺度变化的作用、城市空间形态演化机制、功能协同适应模式等。此外，本研究也将兴趣点（POI）作为大数据应用到形态与功能的分析之中，在一定程度上解决过去空间句法研究之中难以有效关联空间与功能的难点。上述这些方法对于空间句法本身，乃至城市空间形态研究的方法论都有一定的贡献。

三是理论综合具有一定的创新性。本书综合了各章的实证性分析与理论性思辨，从空间聚集和分散两个机制维度架构了尺度要素在城市空间网络中的影响机制。根据聚集、分散以及尺度三个机制维度描述了城市分区、城市结构、空间网络厚度三个表象维度，以形态、尺度、功能三个领域维度，从理论演绎角度阐述真实城镇如何从空地或原始部落群演变而来，形成了城市主要骨架和城市分区，并对应于相应类型的城市功能。在这种概念性理论框架中，聚集与分散对应于占据和穿行两种基本活动，同时也呼应了空间句法中整合度和穿行度两个基本变量。从不同尺度协同响应的角度辨析了占据与穿行两种活动的尺度特征，以及“中心—边缘”和“边缘—中心”空间模式在多重尺度下的分布机制，提出了空间网络形态厚度等概念。最终以不同尺度下空间效率的优化作为理论工具解释非匀质性、多中心、空间结构分化等空间现象，强调平衡性的优化、而非极大化的单一机制。这些对于完善空间句法中“部分与整体”的理论有所帮助，同时也有利于加强对涌现理论的深刻理解。基于此，从平衡的角度阐述了效率与公平之间的概念的联系。因此，本书的理论综合对于城市空间形态的演变和发展理论有一定的借鉴意义。

四是部分研究结论对于实践有一定的借鉴意义。针对我国新型城镇化转型时期对空间结构优化提出的要求，本书基于我国大部分地区、京津冀、长三角、北京以及上海的实证研究，从多尺度的物质空间形态的角度提出了识别不同尺度的空间结构的方法，并在北京案例中结合兴趣点数据，发掘了不同类型功能对于不同尺度空间结构的需求。这对于在不同尺度上优化城市用地布局和物质空间形态的匹配关系，提供了有效的度量变量和具体操作性方法。此外，针对“小街区、密路网”的空间优化策略，本书认为不同尺度上良好的路网疏密关系更为重要，因为城市空间结构本质上是非均匀的，以期平衡不同尺度上的空间整合性，并且平衡空间占据和空间穿行两类行为模式。一味地加密路网密度，并不能带来城市活力；反而是综合考虑不同尺度层面上密路网和疏路网之间合理联通关系和布局模式，才能适应于更为丰富而多元的功能需求。

本书还存在不少不足之处，主要集中表现为三个方面。首先是数据的更新和准确性问题。由于兴趣点在最近两年变化非常之快，精度有了很大的提升，而本书限于写作时间的问题，没有及时更新数据；兴趣点本身的代表性也不足，并且有不少重复的点。在分析过程之中，还需要考虑兴趣点忽视了功能单元的空间规模，对于分析结果会有一定的影响。不过，对于北京而言，兴趣点并未发生根本性的变化，因此对于结论的影响不会很大。除此之外，开放地图（Open Street Map）也存在一些精度问题，对于较大尺度的区域或城市分析，这种影响较少；而对于小尺度的微观场景，地图的精准性仍然是需要解决的核心问题。

其次是研究案例的代表性欠缺。不管对于空间效率新变量的检测，还是对于功能与空间之间的互动，都需要更为广泛的典型实证案例给予证实，并更多地考虑世界各地文化的差异性在空间中的折射。因此，本书采用了一部分概念性模型的分析方式，以求从数学逻辑上，给予适当的补充和完善。

最后是理论架构的扩展性还需求强化。本书聚焦于空间句法的研究，不过对于城市空间形态的研究，我们还可以适度地开放研究的议题，综合考虑更多学科或其他领域的发展现状，以系统开放为原则，加强理论性框架的建构，使其有更为广泛的应用。

然而，对于城市空间网络形态的研究，一直都无法完全穷究其研究思路以及突破口，同时也应该对城市设计理论和方法有所指导。本书基于空间句法，从多尺度的角度展开了一些尝试性分析，试图在物质空间形态的几何构成及其功能解析方面展开研究，不过仅仅迈出了一小步。对于今后的研究方向，本书认为有如下三点。

首先，随大数据和物联网的发展，今后将会获得更多的高精度、高粒度的实时数据，可在时间段和空间段进一步细化，特别是细化时间维度的作用，深入挖掘城市空间形态与功能网络之间在不同尺度的互动机制，从更为动态的角度去揭示城市空间形态内在的建构规律。甚至还可基于时间维度的变化，建构空间句法的时空动态理论框架，推动城市空间形态研究的理性发展。

其次，基于线段模型的空间句法的基本变量算法，可以结合尺度变化与协同的机制，并引入功能变量的非空间网络联系机制，如公司之间的母子关系以及个人之间的微信交流，进一步优化空间句法的算法。下一步可以探讨多重尺度空间网络之间的互动关系，建构更为立体的算法模型，这对于从多尺度网络互动的角度去剖析“形态—功能—尺度”的三者关联机制，将会有巨大的推动作用。

最后，基于云计算、超大存储空间以及虚拟现实等技术，可以展开更多个性化的实证案例分析，从个人体验的角度刻画出不同社区、城市、区域、国家等不同尺度的多元空间和功能联系，从而更为深入地剖析个人感知和认知对于城市空间形态建构和使用的内在规律，进一步完善以个体行为为中心的空间形态研究，并探讨个体和社会之间的空间与行为跃迁关系。在此基础上，丰富基于个人行为的城市空间现象学的理论发展。

参考文献

[1] 于涛方，吴志强．长三角都市连绵区边界界定研究 [J]. 长江流域资源与环境，2005，14（4）：397-403.

[2] 王士君等．基于 RS 与 GIS 的大庆市城市空间形态演化分析 [J]. 经济地理，2012，6：67-73.

[3] 王正，韩冬青．格网——城市区段空间形态设计的一种方法 [J]. 城市规划，2003，3：67-72.

[4] 王建国．城市空间形态的分析方法 [J]. 新建筑，1994，4：6.

[5] 王浩锋，叶珉．西递村落形态空间结构解析 [J]. 华中建筑，2008，4：65-69.

[6] 王海军，夏畅，张安琪，刘耀林，贺三维．基于空间句法的扩张强度指数及其在城镇扩展分析中的应用 [J]. 地理学报，2016，8：1302-1314.

[7] 王冕．基于 GIS 和空间句法的城市形态实证研究 [J]. 地理信息世界，2016，3：119-122.

[8] 王静文，毛其智，杨东峰．句法视域中的传统聚落空间形态研究 [J]. 华中建筑，2008，6：141-143.

[9] 王静文，毛其智，党安荣．北京城市的演变模型——基于句法的城市空间与功能模式演进的探讨 [J]. 城市规划学刊，2008，3：82-88.

[10] （英）比尔·希列尔．空间是机器 [M]. 杨滔，张佶，王晓京译．北京：中国建筑工业出版社，2008.

[11] （英）比尔·希列尔．空间句法——城市新见 [J]. 赵冰译．新建筑，1985，1：62-72.

[12] 中央城镇化工作会议公报 [N]. 人民日报，2013. 12. 14.

[13] 邓东，杨滔，范嗣斌．多重尺度的城市空间结构优化的初探——以苏州为例 [C]. 中国城市规划年会，2014：79-92.

[14] 龙瀛，叶宇．人本尺度城市形态：测度、效应评估及规划设计响应 [J]. 南方建筑，2016，5：41-47.

[15] 龙瀛，沈振江，毛其智，党安荣．基于约束性 CA 方法的北京城市形态情景分析 [J]. 地理学报，2010，6：643-655.

[16] 龙瀛，周垠．图片城市主义：人本尺度城市形态研究的新思路 [J]. 规划师，2017，2：54-60.

[17] 卢济威，杨春，侯陈泳．以水取向的城市形态——杭州滨江区江滨地区城市设计 [J]. 建筑学报，2003，4：7-11.

[18] 叶强，鲍家声．论城市空间结构及形态的发展模式优化——长沙城市空间演变剖析 [J]. 经济地理，2004，4：480-484.

[19] 田银生．原始聚落与初始城市——结构、形态及其内制因素 [J]. 城市规划汇刊，2001，2：44-46+52-80.

[20] 史育龙，周一星．关于大都市带（都市连绵带区）研究的论争及近今进展评述 [J]. 国际城市规

划增刊，2009：160-166.

[21] 冯健，周一星．中国城市内部空间结构研究进展与展望 [J]. 地理科学进展，2003，3：204-215.

[22] 宁越敏，施倩，查志强．长江三角洲都市连绵区形成机制与跨区域规划研究 [J]. 城市规划，1998，22（1）：16-20.

[23] 毕秀晶，宁越敏．长三角大都市区空间溢出与城市群聚集扩散的空间计量分析 [J]. 经济地理，2013，33（1）：46-53.

[24] 吕斌，陈圆圆．空间句法在规划方案设计中的应用——以株洲建宁老区为例．地理与地理信息科学，2013，9：119-122.

[25] 朱文一．一种研究城市建设中空间形态理论发展演变的方法 [J]. 人文地理，1990，4：10-17+33.

[26] 朱文一．空间·符号·城市 [M]. 北京：中国建筑工业出版社，1993.

[27] 朱东风．1990 年以来苏州市空间句法空间集成核演引 [J]. 东南大学学报（自然科学报），2005，1：257-264.

[28] 伍端．空间句法相关理论导读 [J]. 世界建筑，2005，11：1-6.

[29] 江斌，黄波，陆峰．GIS 环境下的空间分析和地学视觉化 [M]. 北京：高等教育出版社，2002.

[30] 孙一飞．城镇密集区的界定：以江苏省为例 [J]．经济地理，1995，15（3）：36-40.

[31] 孙玉．集约化的城市土地利用与交通发展模式 [M]. 上海：同济大学出版社，2010.

[32] 孙凯等．形态本体及其在地理空间数据发现中的应用研究 [J]. 地球信息科学学报，2016，8：1011-1021.

[33] 孙胤社．城市空间结构的扩散演变：理论与实证 [J]. 城市规划，1994，5：16-20+64.

[34] 牟凤云等．广州城市空间形态特征与时空演化分析 [J]. 地球信息科学，2007，5：94-98.

[35] 李江，段杰．组团式城市外部空间形态分形特征研究 [J]. 经济地理，2004，1：62-66

[36] 李秋芳，李仁杰，傅学庆，张军海．基于空间句法的城市立体交通通达性模型及其应用 [J]. 地理与地理信息科学，2015，2：70-75.

[37] 杨俊宴．城市空间形态分区的理论建构与实践探索 [J]. 城市规划，2017，3：41-51.

[38] 杨滔，白雪，刘扬．城市更新中空间流的记忆重塑 [J]. 建筑学报，2016，7：17-21.

[39] 杨滔，李全宇．基于数据分析的城市与建筑策划 [J]. 住区，2015，8：15.

[40] 杨滔，盛强，刘宁．无之以为用——论空间句法在商业建筑中的应用 [J]. 世界建筑，2015，4：118-122+137.

[41] 杨滔．从空间句法角度看可持续发展的城市形态 [J]. 北京规划建设，2008a，4：93-100.

[42] 杨滔．空间句法与理性的包容性规划 [J]. 北京规划建设，2008b，3：49-59.

[43] 杨滔．说文解字：空间句法 [J]. 北京规划建设，2008c，1：75-81.

[44] 杨滔．大规模城市更新中整体与局部的互动——伦敦道克兰区案例 [J]. 北京规划建设，2009，3：109-112.

[45] 杨滔．科学化的城市设计 [J]. 北京规划建设，2010，3：18-21.

[46] 杨滔 . 低碳城市和城市空间形态规划 [J]. 北京规划建设，2011，5：17-23.

[47] 杨滔 . 从空间句法的角度看参与式的空间规划 [C]. 2013 中国城市规划年会，2013，274-288.

[48] 杨滔 . 空间构成 - 功能 - 大数据 . 城市设计 [M]. 2014：161-177.

[49] 杨滔 . 空间营造：基于空间句法的城市设计 [C]. 中国城市规划年会，2015a：815-828.

[50] 杨滔 . 一种城市分区的空间理论 [J]. 国际城市规划，2015b，3：43-52.

[51] 杨滔 . 城市空间形态的效率 [J]. 城市设计，2016a，6. 38-49.

[52] 杨滔 . 网络聚集的厚度 [J]. 城市设计，2016b，5. 56-67.

[53] 杨滔 . 空间句法的研究思考 [J]. 城市设计，2016c，2：22-31.

[54] 杨滔 . 空间句法：基于空间形态的城市规划管理 [J]. 城市规划，2017，2：27-32.

[55] 肖扬，Alain Chiaradia，宋小冬 . 空间句法在城市规划中应用的局限性及改善和扩展途径 [J]. 城市规划汇刊，2014，5：32-38.

[56] 吴良镛 . 人居环境导论 [M]. 北京：中国建筑工业出版社，2001.

[57] 吴缚龙 . 应开展我国城市空间结构的实证研究 [J]. 城市规划，1990，6：63.

[58] 何子张，段进 . 城市空间形态优化的城市设计方法——以青岛小港及周边地区规划为例 [J]. 规划师，2005，1：52-55.

[59] 谷凯 . 城市形态的理论与方法——探索全面与理性的研究框架 [J]. 城市规划，2001，12：36-42.

[60] 邹德慈 . 城市规划导论 [M]. 北京：中国建筑工业出版社，2002.

[61] 张宇星 . 城市形态生长的要素与过程 [J]. 新建筑，1995，1：27-30.

[62] 张佶 . 空间和语言：人们如何“谈论”空间 [J]. 世界建筑，2005，11：4.

[63] 张京祥，崔功豪 . 城市空间结构增长原理 [J]. 人文地理，2000，2：15-18.

[64] 张庭伟 . 1990 年代中国城市空间结构的变化及其动力机制 [J]. 城市规划，2001，7：7-14.

[65] 张琪谢，双玉，王晓芳，姜莉莉，古恒宇，刘大均 . 基于空间句法的武汉市旅游景点可达性评价 [J]. 经济地理，2015，8：200-208.

[66] 张愚，王建国 . 再论“空间句法”[J]. 建筑师，2004，3：33-44.

[67] 张愚，王建国 . 城市高度形态的相似参照逻辑与模拟 [J]. 新建筑，2016，6：48-52.

[68] 陈仲光，徐建刚，蒋海兵 . 基于空间句法的历史街区多尺度空间分析研究———以福州三坊七巷历史街区为例 [J]. 城市规划，2009，33（8）：92-96.

[69] 陈伯冲 . 城市（建筑）空间结构概说 [J]. 新建筑，1992，4：43-45.

[70] 陈泳 . 古代苏州城市形态演化研究 [J]. 城市规划汇刊，2002，5：55-60+80.

[71] 陈彦光，刘继生 . 城市土地利用结构和形态的定量描述：从信息熵到分数维 [J]. 地理研究，2001，2：146-152.

[72] 邵润青 . 空间句法轴线地图在方格路网城市应用中的空间单元分割方法改进 [J]. 国际城市规划，2010，2：62-67.

[73] 范嗣斌，杨滔，邓东 . 一种全息的城市空间结构研究初探 [J]. 城市设计，2015，12：84-89.

[74] 林炳耀 . 城市空间形态的计量方法及其评价 [J]. 城市规划汇刊，1998，3：42-45+65.

[75] 国土资 . 关于强化管控落实最严格耕地保护制度的通知 [R]. 国土资发 [2014]18 号，2014.

[76] 国家统计局 . 2013 年国民经济和社会发展统计公报 [N]. 2014. 2. 24. 2014.

[77] 郑莘，林琳 . 1990 年以来国内城市形态研究述评 [J]. 城市规划，2002，7：59-64+92.

[78] 赵星烁，杨滔 . 美国新城新区发展回顾与借鉴 [J]. 国际城市规划，2017，2：10-17.

[79] 胡序威，周一星，顾朝林等 . 中国沿海城镇密集地区空间集聚与扩散研究 [M] . 北京：科学出版社，2000.

[80] 段进，比尔·希列尔. 空间研究 3：空间句法与城市规划 [M]. 南京：东南大学出版社，2007.

[81] 段进，比尔·希列尔 . 空间句法在中国 [M]. 南京：东南大学出版社，2015.

[82] 姚士谋，陈振光 . 中国城市群（ 第二版）[M] . 合肥：中国科学技术大学出版社，2001.

[83] 姚士谋，武清华，薛凤旋，陈景芹 . 我国城市群重大发展战略问题探索 [J]. 人文地理，2011，1：1-4.

[84] 贾富博，金鹰 . 西方城市规划与城市形态研究的新课题 [J]. 世界建筑，1984，5：66-70.

[85] 唐子来 . 西方城市空间结构研究的理论和方法 [J]. 城市规划汇刊，1997，6：1-11+63.

[86] 唐明，朱文一 . "城市文本"——一种研究城市形态的方法 [J]. 国外城市规划，1998，4：10-15.

[87] 陶松龄，陈蔚镇 . 上海城市形态的演化与文化魅力的探究 [J]. 城市规划，2001，1：74-76.

[88] 黄鹤 . 信息时代城市空间结构发展趋势探讨 [J]. 华中建筑，2002，4：61-63.

[89] 盛强，杨滔，刘宁 . 空间句法与多源新数据结合的基础研究与项目应用案例 [J]. 时代建筑，2017，5：38-43.

[90] 盛强，杨滔，侯静轩 . 连续运动与超链接机制 [J]. 西部人居环境学刊，2015，11：16-21.

[91] 盛强，刘星，杨振盛 . 网络时代膨胀的实体商业空间——应用空间句法模型分析北京内城街区内商业演变 [J]. 城市设计，2016，6：74-81.

[92] 盛强，刘星 . 虚拟网络与真实交通系统中的超链接机制——以重庆地铁站点周边餐饮功能的空间句法分析为例 [J]. 西部人居环境学刊，2017，1：1-8.

[93] 盛强，韩林飞 . 北京旧城商业分布分析——基于运动网络的层级结构 [J]. 天津大学学报（社会科学版），2013，15（2）：122-130.

[94] 梁倩 . 城市化依赖土地增量扩张难以为继 [N]. 经济参考报，2013. 12. 26. 2013.

[95] 蒋涤非 . 双尺度城市营造——现代城市空间形态思考 [J]. 城市规划学刊，2005，1：90-94.

[96] 程昊淼，王伯伟 . 基于空间句法的上海典型片区形态演变和评估 [J]. 同济大学学报（自然科学版），2017，6：833-838+902.

[97] 翟宇佳 . 基于凸边形地图与轴线地图的城市公园空间组织分析 [J]. 南方建筑，2016，4：5-9.

[98] 熊国平 . 当地中国城市形态演变 [M]. 北京：中国建筑工业出版社，2006.

[99] 黎夏，叶嘉安 . 约束性单元自动演化 CA 模型及可持续城市发展形态的模拟 [J]. 地理学报，1999，4：10.

[100] 潘鑫，宁越敏 . 长江三角洲都市连绵区城市规模结构演变研究 [J]. 2008，3：17-21.

[101] 戴晓玲．谈谈空间句法理论和埃森曼住宅系列中“句法”概念的异同 [J]. 华中建筑，2007，6：8-11.

[102] John Punter，于立，叶隽．控制城市形态的可持续发展原则 [J]. 国外城市规划，2005，6：31-37.

[103] K·林奇，王其优．“良好城市”聚居形态的模式 [J]. 新建筑，1991，1：61-64.

[104] Aldous，T．. Urban Villages：A Concept for Creating Mixed-use Urban Developments on a Sustainable Scale[M]. London：Urban Villages Group，1992.

[105] Alexander，C．. A city is not a tree[J]. In Design，1965，206：46-55.

[106] Alexander，C. The Nature of Order[M]. Berkeley，Califoria，2002.

[107] Alexander，C.，Ishikawa，S.，Silverstein，M. A Pattern Language：Towns，Buildings，Construction[M]. Oxford University Press，1977.

[108] Alonso，W. A Theory of Movements [M]. In Human Settlement Systems：International Perspectiveson Structure，Change and Public Policy，ed. N. M. Hansen，197-211. Cambridge，MA：Ballinger，1978.

[109] Banister，D. 2006. Cities，Urban Form and Sprawl：A European Perspective[C]. ECMT Round Table 137，and paper presented at the OECD/ECMT Regional Conference Workshop，Berkeley，California，March 2006.

[110] Banister，D. Transport，urban form and economic growth[C]. The JTRC/ECMT Round Table 137，Berkeley，California，2006.

[111] Barabasi，A. L. 2002. Linked：The New Science of Networks [M]. New York：Perseus Publishing，. Batty，M.，and P. A. Longley. Fractal Cities：A Geometry of Form and Function[M]. San Diego，CA：Academic Press，1994.

[112] Batty，M. & Marshall，S. The evolution of cities：Geddes，Abercrombie and the New Physicalism[J]. Town Planning Review，2009，80：551-74.

[113] Batty，M. Fractals：Geometry between Dimensions[J]. New Scientist，1985，105（1450）：31-35.

[114] Batty，M. Urban Modeling in Computer-Graphic and Geographic Information System Environments[J]. Environment & Planning B Planning & Design，1992，19（6）：663-688.

[115] Batty，M. Cities and Complexity[M]. The MIT Press，2005.

[116] Batty，M. The New Science of Cities [M]. Massachusetts：The MIT Press，2013.

[117] Batty，M.，and P. A. Longley. Fractal Cities：A Geometry of Form and Function[M]. San Diego，CA：Academic Press，1994.

[118] Biddulph，M.，Franklin，B.，Malcolm，T.，From concept to completion A critical analysis of the urban village[J]. Town Planning Review，2003，74（2）：165-93.

[119] Burgess，E. W. The Growth of the City[J]. In：Park，R. E.，Burgess，E. W.，& McKenzie，R. W.，The City. University of Chicago Press，Chicago，1925.

[120] Burgess，E. W.，Bogue，D. J.（eds.）. Urban Sociology[M]. Chicago：University of Chicago Press，1967.

[121] Calthorpe，P. & Fulton，W. The Regional City[M]. Island Press，2001.

[122] Carmona，M.，& Tiesdell，S. Urban design reader[M]. Boston，MA：Architectural Press，2007.

[123] Castells，M. The Informational City：Information Technology，Economic Restructuring and the Urban-Regional Process[M]. Oxford：Basil Blackwell，1989.

[124] Castells，M. The Information Age：Economy，Society and Culture. Vol. I：The Rise of the Network Society[M]. Oxford：Blackwell，1996.

[125] Conzen，M. R. G. Alnwick，Northumberland：a study in town-plan analysis[M]. Institute of British Geographers Publication 27. London：George Philip，1960.

[126] Conzen，M. R. G. 1966. Historical townscapes in Britain：a problem in applied geography[J]，in：J. W. House（Ed.）Northern Geographical Essays in Honour of G. H. J. Daysh，pp. 56-78（Newcastle upon Tyne，Oriel Press）.

[127] Conzen，M. R. G. 1975. Geography and townscape conservation[J]，in：H. Uhlig & C. Lienau（Eds）Anglo-German Symposium in Applied Geography，Giessen-Wu ¨ rzburg-Mu ¨ nchen，1973，Giessener Geographische Schriften（special issue），pp. 95-102.

[128] Cullen，G. The Concise Townscape[M]. Architectural Press，London，1961.

[129] Dalton，N. S.，New Measures for Local Fractional Angular Integration or Towards General Relitivisation in Space Syntax[C]. In：Proceedings of the 5th Space Syntax Symposium，2005：103-115.

[130] Dalton，N.，Fractional Configurational Analysis and A Solution to the Manhattan Problem[C]. In：Proceedings of 3rd International Space Syntax Symposium Atlant 2001，26. 01-26. 13.

[131] DCLG. National Planning Policy Framework[R]，2012.

[132] DPZ.，The Lexicon of the New Urbanism[A]. Miami：Duany Plater-Zyberk & Company，1999.

[133] Duany，A.，& Emily，T. Transect Planning[J]，Journal American Planning Association，2005：245-266.

[134] Duany，A.，Plater-Zyberk，E.，and Alminana，R.，The New Civic Art：Elements of Town Planning[M]. New York：Rizzoli International Publications，2003.

[135] Duany，A.，Plater-Zyberk，E.，Speck，J. Suburban Nation：The Rise of Sprawl and the Decline of the American Dream[M]. New York：North Point Press，2000.

[136] Duany，A.，Plater-Zyberk，E.，Speck，J.，Smart Growth Manual，New Urbanism in American Communities[M]. Mcgraw Hill Book Co，2005.

[137] Fainstein，S. The City Builders：Property Development in New York and London，1980–2000[M]. University Press of Kansas，2001.

[138] Fujita, M., Krugman, P. and Venables, A. J. The Spatial Economy[M]. The MIT Press, London, 1999.

[139] Glaeser, E. L. Cities, Agglomeration and Spatial Equilibrium[M]. New York: Oxford UniversityPress, 2008.

[140] Gottmann, J. Megalopolis: The Urbanized Northeastern Seaboard of the United States [M]. New York: Twentieth CenturyFund, 1961.

[141] Gratz, R. B. The Living City: How America's Cities Are Being Revitalized By Thinking Small in A Big Way[M]. John Wiley & Sons, 1994.

[142] Hacking, I. Rrepresenting and Intervening-Introductory Topics in The Philosophy of Natural Science[M]. Cambridge University Press, 1983.

[143] Haggett, P. Locational Analysis in Human Geography[M]. London: Edward Arnold, 1965.

[144] Haggett, P., and R. J. Chorley. Network Analysis in Geography[M]. London: Edward Arnold, 1969.

[145] Hagler, Y. Defining U. S. Megaregions [J]. Regional Plan Association, 2009.

[146] Hall, P. 1988. Regions in the Transition to the InformationEconomy[A]. in Sternlieb, G. (ed.) America's New MarketGeography. Piscataway, NJ: Rutgers University, Center forUrban Policy Research. pp137-159.

[147] Hall, P. Cities of Tomorrow[M]. London. Basil Blackwell, 1998.

[148] Hall, P., Pain, K. 2006. The Polycentric Metropolis: Learning from Mega-City Regions in Europe[M]. London: Earthscan.

[149] Harris, C. D. & Ullman, E. L. The Nature of Cities[J]. Annals of the American Academy of Political and Social Science, 1945, 242: 7-17.

[150] Healey, P. Urban Complexity and Spatial Strategies: Towards Relational Planning for Our Times[M]. London: Routledge, 2007.

[151] Hillier, B. & Iida, S., 2005. Network and Psychological Effects in Urban Movement[M], In: A. G. Cohn and D. M. Mark (Eds.): COSIT 2005, LNCS 3693, pp. 475-490.

[152] Hillier, B. Cities as Movement Economies[J]. Urban Design International, 1996, 1 (1), 41-60.

[153] Hillier, B. 1999. Centrality as a Process: Accounting for Attraction Inequalities in Deformed Grids[J]. Urban Design International. 3-4, p. 107-127.

[154] Hillier, B. Spatial Sustainability in Cities: Organic Patterns and Sustainable Forms[C]. In: Koch, D. and Marcus, L. and Steen, J., (eds.) Proceedings of the 7th International Space Syntax Symposium. k01. 1-20. Royal Institute of Technology (KTH): Stockholm, Sweden, 2009.

[155] Hillier, B. and Hanson, J. The Social Logic of Space[M]. Cambridge University Press, 1984.

[156] Hillier, B., In Defence of Space[J]. Royal Institute of British Architects Journal, November, 1973: 539-544.

[157] Hillier, B., 1983. Space Syntax: A Different Urban Perspective[J]. Architects' Journal, vol. 178, no. 48, Nov. 30, pp. 47-63.

[158] Hillier, B., Space is the Machine[M]. Cambridge University Press, 1996a.

[159] Hillier, B., Cities as Movement Economies[J]. Urban Design International, 1996b, 1 (1), 41-60.

[160] Hillier, B., 1999. Centrality as a Process: Accounting for Attraction Inequalities in Deformed Grids[J]. Urban Design International, 3-4, p. 107-127.

[161] Hillier, B. The Hidden Geometry of Deformed Grids: or, why space syntax works, when it looks as though it shouldn't[J]. Environment and Planning B: Planning and Design, 1999, 26: 169-191.

[162] Hillier, B., 2001. A Theory of the City as Object; or, How the Social Construction of Space is Mediated by Spatial Laws[C]. In: Proceedings of the Third Space Syntax Symposium. Atlanta, 2.1-02.28.

[163] Hillier, B., Leaman, A., Stansall, P., and Bedford, M. Space Syntax[J]. Environment and Planning B: Planning and Design, 1976, 3 (2): 147-185.

[164] Hillier, B., Penn, A., Hanson, J., Grajewski, T., and Xu, J. Natural Movement: or. Configuration and Attraction in Urban Pedestrian Movement[J]. Environment Planning B. 1993, 20 (1): 29-66.

[165] Hillier, B., Turner, A., Yang, T., Park, H-T., 2010. Metric and topo-geometric properties of urban street networks: some convergencies, divergencies and new results[J]. The Journal of Space Syntax, V (1) 2, 258-279.

[166] Hillier, B., Yang, T., Turner, A. 2012. Advancing DepthMap to advance our understanding of cities: comparing streets and cities, and streets to cities[C]. In: Green, M and Reyes, J and Castro, A, (eds.) Eighth International Space Syntax Symposium. Pontifica Universidad Catolica: Santiago, Chile.

[167] Hoyt, H. The Structure and Growth of Residential Neighborhoods in American Cities[M]. Government Printing Office, Washington, DC. 1939.

[168] Jacob, J. The Death and Life of Great American Cities: The Failure of Town Planning[M]. New York: Random House, 1961.

[169] Jacobs, J. The Economy of Cities[M]. New York: Random House, 1969.

[170] Jackson, J. B. A Sense of Place, a Sense of Time[M]. New Haven, CT, Yale University Press, 1994.

[171] Jenks, M., & Burge, R. Achieving Sustainable Urban Form[M]. Spon Press, 2000.

[172] Karimi, K., 1997. The Spatial Logic of Organic Cities in Iran and the Unitied Kingdom[C]. In: Proceedings of 1st Space Syntax International Symposium, 1: 06.

[173] Katz, P. The New Urbanism: Toward an architecture of community[M]. New York, 1994.

[174] Kier, L., 1977. The City Within the City[J]. A + U, Tokyo, Special Issue, November, 69-152.

[175] Knapp, W., Kunzmann, K. R. and Schmitt, P. 2004. A cooperative spatial future for Rhein Ruhr [J]. European Planning Studies. vol 12, pp323-349.

[176] Krier, R., Town Spaces-Contemporary Interpretations in Traditional Urbanism[M]. Berlin: Publishers for Architecture, 2003.

[177] Krugman, P. Confronting the Mystery of Urban Hierarchy[J]. Journal of the Japanese and InternationalEconomies, 1996, 10: 399-418.

[178] Lang, R, Knox, P K. The New Metropolis: Rethinking Megalopolis[J]. Regional Studies. 2009, 43（6）: 789-802.

[179] Lang, R. and Dawn D. Beyond Mega¬lopolis: Exploring America's New 'Megapolitan' Geography[A]. Metropolitan Institute Census Report Series. Metropolitan Institute at Virginia Tech, 2005.

[180] Law, S. and Versluis, L. How do UK regional commuting flows relate to spatial configuration?. 10th Space Syntax Symposium. London, UCL, 2015.

[181] Le Corbusier, Concerning Town Planning[M]. London: the Architectural Press, 1947.

[182] Lincoln Institute of Land Policy and Regional Plan Association. The healdsburg research seminar on megaregions [M]. New York: Regional Plan Association, 2007.

[183] Losch, A. The Economics of Location[M]. New Haven, CT: Yale University Press, 1954.

[184] Lynch, K. The Image of the City[M]. MIT Press, 1961.

[185] Lynch, K. Good City Form [M]. The MIT Press, 1984.

[186] Martin, L. & March, L. Urban Space and Structures[M]. Cambridge University Press, 1972.

[187] Meijers, E. 2005. Polycentric urban regions and the quest for synergy: Is a network of cities more than the sum of the parts?[J]. Urban Studies, 2005, vol 42, pp765-781.

[188] Moudon, A. V. Urban Morphology As An Emerging Interdisciplinary Field[J]. Urban Morphology, 1997, 1: 3-10.

[189] Mowl, T. 2000. Alexander Pope and the "genius of the place" [J], in: Gentlemen & Players: Gardeners of the English Landscape, pp. 93-104（Stroud, Sutton）.

[190] Mumford, E., The CIAM Discourse on Urbanism, 1928-1960[M]. Cambridge, Massachusetts: MIT Press, 2000.

[191] Neal, P., ed. Urban villages and the making of communities[M]. Spon Press, 2003.

[192] Newman, P. W. G. and Kenworthy, J. R. Cities and Automobile Dependence - An International Sourcebook[M]. Aldershot: Gower, 1989.

[193] Norberg-Schulz, C. The Concept of Dwelling: On the Way to Figurative Architecture[M] . New York: Electa/Rizzoli, 1985.

[194] Norberg-Schulz, C. Genius Loci: Towards a Phenomenology of Architecture[M]. New York:

Rizzoli, 1980.

[195] Park, H. -T. Before Integration: A Critical Reivew of Integration Measure in Space Syntax[C]. . In: Proceedings of 5th Space Syntax Symposium, 2005: 555-572.

[196] Park, H. -T., 2007. The Structural Similarity of Neighbourhoods in Urban Street Networks: A Case of London[C]. . In:Kubat, A. S. and Ertekin, O. and Guney, Y. I. and Eyuboglu, E., (eds.) 6th International Space Syntax Symposium, 093-1-18, pp. 093-10.

[197] Parolek, D. G., Parolek, K., and Crawford, P. C. Form based codes: A guide for planners, Urban Designers, Municipalities, and Developers[M]. John Wiley & Sons, 2008.

[198] Penn, A. The Complete Urban Buzz[M]. London: UCL Press, 2008.

[199] Peponis, J., Bafna, S., Zhang, Z Y. The connectivity of streets: reach and directional distance[J]. Environment and Planning B: Planning and Design. 2008, 35: 881-901.

[200] Porter, M. E. 1998. Clusters and the new economics ofcompetition [J]. Harvard Business Review. vol 76, pp77-90.

[201] Portugali, J. Self-Organization and the City[M]. New York: Springer, 2000.

[202] Read, S. 1999. Space Syntax and the Dutch City[J]. Environment and Planning B: Planning and Design. vol. 26, pp. 251-264.

[203] Rossi, A. The Architecture of the City[M]. MIT Press, 1984.

[204] Sassen, S. 2001. Impacts of Information Technologies on Urban Economies and Politics[J]. International Journal of Urban and Regional Research, vol. 25 (2).

[205] Saunders. P. Social Theory and the Urban Question[M]. London, 1981.

[206] Sitte, C. The Birth of Modern City Planning[M]. Dover Publications, 1889/2006.

[207] Soja, E. Postmodern Geographies: The Reassertion of Space in Critical Social Theory[M]. London and New York: Verso, 1989.

[208] Soja, E., W. Thirdspace[M]. Malden (Mass.): Blackwell, 1996.

[209] Talen E. New Urbanism & American Planning[M]. Routledge Taylor & Francis Group, 2005.

[210] Thompson-Fawcett, M. Leon Krier and the Organic Revival within Urban Policy and Practice[J]. Planning Perspectives, 1998, 13: 167-194.

[211] Thrift, N. and Dewsbury, J. -D. Dead geographies—and how to make them live[J]. Environment and Planning D: Society and Space, 2000, 18: 411-432.

[212] Trancik, R. Finding Lost Space: Theory of Urban Design[M]. Van Nostrand Reinhold, 1986.

[213] Tuan, Y. -F. Space and Place[M]. London, Edward Arnold, 1977.

[214] UTF (The Urban Task Force). Towards an Urban Renaissance: Mission Statement[M]. Routledge, 1999.

[215] Vaughan, L. Mapping the East End 'Labyrinth'[A]. In: Werner, A, (ed.) Jack the Ripper and the

East End Labyrinth.（218-237）. London：Random House，2008.

[216] Wang，H.，Shi，S.，Rao，X. A Study of Urban Density in Shenzhen：the relationship between street morphology，building density and land use[C]，in Proceedings：Ninth International Space Syntax Symposium. Seoul，Korea，2013.

[217] Watts，D. J.，and S. H. Strogatz. Collective Dynamics of ‘Small-World’ Networks[J]. Nature，1998，393（6684）：440-442.

[218] Whitehand，J. W. R. M. R. G. Conzen and the intellectual parentage of urban morphology [J]. Planning History Bulletin，1987，9：35- 41.

[219] Wilson，A. G. Catastrophe Theory and Bifurcation；Applications to Urban and RegionalSystems[M]. Berkeley，CA：University of California Press，1981.

[220] Xu，X. -Q. and Li，S. -M. 1990. China open door policy and urbanization in the Pearl River Delta region[J]. International Journal of Urban and Regional Research. vol 14，pp49-69.

[221] Yang，T. Morphological Transformation of The Old City of Beijing After 1949[C]. Proceedings of the 3rd Great Asian Street Symposium，2004.

[222] Yang，T. 2015a. A study on spatial structure and functional location choice of the Beijing city in the light of Big Data[C]. . In：Karimi，K.，Vaughan，L.，Sailer，K. m Palaiologou，G.，and Bolton，T.（eds.）Proceedings of the 10th International Space Syntax Symposium. pp. 101：1-18. Space Syntax Laboratory，The Bartlett School of Architecture，University College London，2015.

[223] Yang，T. 2015b. Space Syntax：An Evidence-based Approach to Urban Planning & Design[J]. ISOCARP（the International Society of City and Regional Planners）Review 2015，11：64-77.

[224] Yang，T. and Hillier，B. The Impact of Spatial Parameters on Spatial Structuring[C]. In：Green，M and Reyes，J and Castro，A，（eds.）Eighth International Space Syntax Symposium. Pontifica Universidad Catolica：Santiago，Chile，2012.

[225] Yang，T. and Hillier，B. The fuzzy boundary：the spatial definition of urban areas[C].，In：the Proceedings of 6th International Space Syntax Symposium，2007：091-16.

[226] Yang，T.，2005. Impacts of Large Scale Development：Does Space Make A Difference? [C]. In：the Proceedings of the Fifth Space Syntax Symposium，Vol. 1，Technological University of Delft.

附录：空间句法术语

空间句法术语汇编根据2012年伦敦大学学院的空间句法网络培训平台项目中的术语（http://otp.spacesyntax.net/glossary/）编辑而成。当时笔者作为伦敦大学学院副研究员，负责术语的汇编以及翻译工作，Bill Hillier教授，Alan Penn教授，以及Tim Stonor，Kayvan Karimi等对汇编术语都给予校核，Stephen Law对后期工作进行了优化。

抽象人造物（Abstract Artefacts）

抽象人造物是采取基本抽象形式的一种人造物体，如语言、文化、社会机构，乃至社会本身。其目标是生成并管理分散的活动，并通过这种方式，将讲演、人们行为或社会表演等分散的集体活动转变为某种表象的系统。

相邻空间（Adjacent Spaces）

相邻空间是直接与某个特定空间相通的空间。

智能体的分析（Agent Analysis）

在空间句法领域，智能体的模型是模拟个性化的运动行为，其中智能体根据视线关系分析获得的确定视线范围，选择自己的运动方向。这些智能体预先计算出任何给定位置可视信息。基于智能体的模式允许程序员模拟人可能的行为，因为他们通过环境导航。参考智能体 / 自动机。

同步智能体（Agent of Synchronisation）

同步智能体被定义为虚拟的人类认知主体，可同步协同复杂空间的序列体验，整合为一次性显示的图景，作为空间序列的再现以及解决问题的工具。

智能体 / 自动机（Agents/Automata）

智能体是计算机模拟的自动化个体，具备体外的存储能力，可以被其所在环境中所有其他智能体所读取。该智能体不仅能编码对象的位置，还可以编码可达性结构的信息。

聚集过程（Aggregation Process）

聚集过程体现为将简单的个体对象聚集为一个复杂的复合物。例如，聚落来源于一组房屋的聚集。

所有线分析（All Line Analysis）

所有线的分析是关于所有轴线的句法分析，可合理地视为空间中所有物体所带来的视线影响分析，因为这些线被定义为任意两个物体上任意两个顶点之间可以相互对望的连线。

所有线的轴线图（All–line Axial Map）

所有线的轴线图指根据所有物体上彼此可相互对视的顶点而绘制的所有切线之集合。

全中心性（Allocentricity）

全中心性指从系统的每个点观察系统所构成了空间表达，而非从某个特定的点观察系统。

建筑的分析理论（Analytic Theory of Architecture）

建筑的分析理论在用于指导设计师之前，试图将建筑物作为现象去理解。

角度选择度（Angular Choice）

角度选择度指任意两两线段之间，角度变化最小的路径穿过某条线段的次数，其中角度距离为沿路径所度量的相邻线段之间的角度变化之和。

角度整合度（Angular Integration）

角度整合度是标准化的角度总深度的倒数，可用于不同系统的比较。根据每条最近路线的角度变化之和，计算每一条线段距离其他所有线段的远近。

角平均深度（Angular Mean Depth）

角平均深度是所有角度变化最小的路径角度变化之和与所有角度交叉口总数之商。在 DepthMap 中，其定义为，从起始线段到其他线段的所有角度变化最小路径的角度变化之和除以那些路径上的线段之和。

角半径（Angular Radius）

角半径指以角度为加权的半径，使得分析限制于较小的子集。

角度总深度（Angular Total Depth）

角总深度为从特定线段到其他所有线段的最小角度变化的路径之集合的总角度之和。

角总线段长度（Angular Total Segment Length）

角度总线段长度指沿角度变化最小的路径，从起点到终点所有线段的长度之和。

角状（Angularity）

角状被定义为角度变化，从而可能对人们系统性的步行和导航方式产生了影响。在移动的方向上较小的角度变化被认为是从一个空间到另一个空间的细微变化，然而移动方向上角度的显著变化可视为刻意的行为方式。据推测，人会选择角度变化尽可能小的路径。

面积周长比（Area–Perimeter Ratio）

面积周长比指某个凸空间的面积与周长之商。当我们绘制凸空间图时，可识别出最“胖”的凸空间。

a 型空间（a–Space or a Type Space）

a 型空间是只有一个连接的空间。它是尽端空间，不可能移动到其他空间之中，除非原路返回。

非对称（Asymmetry）

非对称指系统中两个元素，如 A 和 B 两个方块，方块 A 与 B 之间的关系不等同于方块 B 与 A 之间的关系。例如方块 A 包含方块 B。

吸引点的非对称性（Attractional Inequalities）

吸引点的非对称性体现为城市结构中的主要中心和次中心模式，涵括较大局部中心以及较小社区中心等一系列中心，前者可以是热闹非凡的城市主要中心，后者可以是一组小店铺和其他公共设施的聚集。

吸引点（Attractor）

吸引点指那些有潜力成为出行目的地的建筑物或城市地区，或那些能够产生大量人群的场所，如足球体育馆。

平均效应（Averaging Effect）

平均效应指随半径增加，线段数目也增加，于是线段的长短差别因素变得不重要，从而线段的总长度近似等价于线段数量。

轴线分析（Axial Analysis）

轴线分析是采用轴线图去表达空间布局，并用于分析。详细步骤，参见《空间的社会逻辑》第99页到第123页。

轴线穿行度（Axial Choice）

轴线穿行度是计算轴线图中的穿行度，计算任意一条轴线位于任意两两轴线之间的最短拓扑路径的概率。

轴线连接度（Axial Connectivity）

轴线连接度是与某条轴线直接相交的其他轴线的数量。

轴线控制度（Axial Control）

轴线控制度指某条轴线控制与其直接相邻的其他轴线的程度。参考控制度。

轴线深度（Axial Depth）

轴线深度计算从起始轴线到所有目的地轴线的拓扑步数（即转弯次数）。只要从一条轴线到另一条轴线需要通过其他轴线，其拓扑深度就存在。

轴线熵（Axial Entropy）

轴线熵计算轴线的熵值，根据从某条轴线到其他轴线的拓扑深度序列，而非拓扑深度本身，计算那条轴线的空间重要程度。参见熵。

轴线全局整合度（Axial Global Integration）

轴线全局整合度是无限制半径下的轴线的整合度，用于表达最大尺度的整合度模式。

轴线关系图（Axial Graph）

轴线关系图是从轴线图转换来的关系图，其中轴线表示为点，而连接表达为两点之间的连线。

轴线调和平均深度（Axial Harmonic Mean Depth）

轴线调和平均深度是每个空间到其他空间深度倒数的算术平均数的倒数。

轴线整合度（Axial Integration）

轴线整合度计算轴线的整合程度。数值高表示某个空间具有较高的整合度。

轴线可理解度（Axial Intelligibility）

轴线可理解度表示根据与某条轴线直接相连的轴线数量判断那条轴线在整个系统中的重要程度，体现为轴线连接度与其全局整合度的相关性。较高的相关度表示较高的可理解度，暗示从局部空间结构可以推论出整体空间结构。

轴线强度（Axial Intensity）

轴线强度是一种计算轴线强度的变量。这是另一个版本的整合度，只是把每条轴线的熵的因素排除掉了。

轴线（Axial Line）

轴线指经由空间中一点尽可能延长的最长直线，可以客观地生成。

轴线长度（Axial Line Length）

轴线长度是度量轴线的米制距离。

轴线局部整合度（Axial Local Integration）

轴线局部整合度是半径为 3（起始轴线本身默认为 1 步，从起始轴线到其他轴线为 2 步）的轴线整合度，表示局部空间的整合程度模式。

轴线图（Axial Map）

轴线图是一组穿过所有凸空间的最长直线，数量最少，且每条轴线至少与其他一条轴线相连接。

轴线平均深度（Axial Mean Depth）

轴线平均深度指从每条轴线到其他所有轴线拓扑深度的算术平均值。

轴线数量（Axial Node Count）

轴线数量指从某条轴线到其他轴线的路径中所穿过的轴线数量。

轴线点深度或轴线步长深度（Axial Point Depth，or Axial Step Depth）

轴线点（或步长）深度指每条轴线距离起始轴线的拓扑深度或转弯次数。

轴线半径（Axial Radius）

轴线半径等价于从起始轴线到其他轴线的拓扑深度，用于选择某个起始轴线周围的轴线（包括起始轴线本身），作为分析的子系统。

轴线半径 - 半径（Axial Radius–radius）

轴线半径 - 半径指某个拓扑半径下，分析的整体效应得以最大程度的发挥，同时并不导致边缘效应。它等价于轴线平均深度。

轴线半径 - 半径中心（Axial Radius–radius Core）

轴线半径 - 半径中心指在半径 - 半径下，整合度位居前列的一些轴线所构成的中心。

轴线环状度（Axial Ringiness）

轴线环状度用于评估轴线图中的环状空间特征。其计算公式为（2L-5）/I，L 为轴线数量，I 为环形空间或街坊块数量。

轴线空间（Axial Space）

轴线空间表示从某点状空间沿一维方向尽可能延伸的线性空间。

轴线协同度（Axial Synergy）

轴线协同度指半径 3 的整合度与半径 n 的整合度之间的相关程度。这是度量局部空间情况在多大程度上可用于良好提示的整体空间结构。

轴线总深度（Axial Total Depth）

轴线总深度指从起始轴线到其他所有轴线的拓扑深度之和，其深度可理解为从起始轴线到目的地轴线的最少转弯次数。

轴线分离（Axial Unlink）

轴线分离使得我们可以把轴线图中两条相交的轴线分离开来，在现实中这两条轴线代表彼此不直接相连的空间，如穿越地面道路的高架路。

轴线性（Axiality）

轴线性指从某点状空间尽可能地沿轴线延伸，形成一条直线。参见延伸的概念。

Axman 软件（Axman）

Axman 软件是分析城市和市内空间的轴线图的应用工具。Axman 软件将轴线转化为点，将轴线之间的交点转化为连接，形成关系分析图。该软件由伦敦大学学院的尼克·道尔顿编写。

Axwoman 软件（Axwoman）

Axwoman 软件基于轴线和自然街道展开空间分析。该软件由瑞典耶夫勒大学江斌教授编写。

背景网络（Background Network）

背景网络是普通城市理论概念的一部分，指普通城市除了包括各个不同尺度中心彼此相连构成的前景网络之外，还包括以住宅为主的背景网络。背景网络在不同文化中以不同的空间方式表达，取决于文化如何规范人们共同出现在同一个空间的方式，例如市民与外来人、或男人与女人在空间中的分布，使之空间结构化。参考普通城市。

邦斯柏瑞（Barnsbury）

邦斯柏瑞是内伦敦北部的城市地区，这是早期空间句法研究的经典案例。

珠状（Beadiness）

珠状特指二维延展的空间。

串珠型（Beady Ring）

串珠型是法国沃克吕兹省所有城市风情小镇中共同的空间形态。每个小镇都有不规则的环形街道，其宽窄不一，看似像一串珠子。早期的空间句法研究发现，这不是来自有意识的设计，而来自小规模的历时性更新和改造。

之间的中心性（Betweenness）

之间的中心性是度量街道段位于两两随机最短路径上的概率。数学上，这与空间句法中穿行度具有相同的效果。

波诺诺（Bororo）

波诺诺是列夫·斯特劳斯所描述的村庄，在希利尔和汉斯的《空间的社会逻辑》一书中得以重新审视。这是重点研究凸空间和轴线空间的案例。

b 型空间（b–Space or b Type Space）

b 型空间指连接数目大于 1 的空间，且该空间所在的子系统中连接数量比空间数量少一个，即该子系统是拓扑树。该空间本身不是死胡同空间，然而该空间必须与至少一个死胡同空间直接相连。

c 型空间（c Space or c Type Space）

c 型空间具有 1 个以上的连接，它可以形成某个子系统，其中既没有 a 空间，也没有 b 空间，而是空间个数与连接个数一样。其实，这意味 c 型空间一定位于一个环上（虽然不是所有位于环上的空间都是 c 型空间），因此把某个 c 型空间的连接切断，环就自动变成了树。

载体空间（Carrier Space）

载体空间特指某个较大的空间包含或围绕某个相对较小的物体，而该物体暂时占据了有限而连续的空间。

元胞自动机（Cellular Automata）

元胞自动机是特定形状的网格中一组着色的细胞单元，根据一系列的规则，考虑相邻细胞单元的情况，根据需要多次反复迭代，在一段离散时间内进行演变。

中心极限定律（Central Limit Theorem）

中心极限定律指大量随机的独立变量积累起来，彼此的平均值和变量为有限的，那么其分布近似于正态分布。

作为过程的中心性（Centrality as A Process）

作为过程的中心性是一种理论，认为城市中心源于长期的历史演变过程，伴随那些中心的选址与形成。该过程使得街道网络的组构影响交通模式，进而影响了用地的分布，形成了热闹的与安静的地区，构成了用地的选择过程，而根据整个城市空间结构的关系，这些地区又成为吸引点。该过程一方面是适应城市整体空间结构的良好组构，另一方面是适应局部网络的情况，开启中心的演变。演变的过程常常伴随较小街坊块的形成，使得局部街道网更为密集，可达性更高，出行更为有效。

中心性的悖论（Centrality Paradox）

中心性的悖论指某个地区的形态更为整合（即更接近圆形），那么该地区内部最为整合的部分与其外界就更为隔离，其外界包括该地区邻近的聚集区。简而言之，内部最大限度的整合，将会造成外部最大限度的隔离。

中心性原则（Centrality Principle）

对于线性空间，阻碍物越靠近该空间的中心地段，该空间将获得越多的拓扑深度，即整合度降低；而空地越靠近中心地段，该空间就越为整合。

选择度（Choice）

选择度是计算某条轴线或某条街道段位于从所有空间到其他所有的空间的最短路径的概率或次

数。该计算过程既可包括系统中所有要素，又可只涵盖特定半径内的元素。参见之间的中心性和线段角度选择度。

作为自组织系统的城市（Cities as Self-organising Systems）

作为自组织系统的城市理论包括两部分：一方面指空间法则塑造城市的机制，即城市空间模式与认知、社会、经济因素的典型关联机制；另一方面，城市空间模式历时性地突现出来，进而影响到交通、用地模式，并伴随反馈和倍增效应，形成了普遍的空间形态，即城市中各种尺度的中心彼此相连构成前景网络，并根植于主要是住宅功能的背景网络之中。参见普通城市。

共同感知（Co-awareness）

共同感知指一群人使用空间，可感知到彼此的存在。

组合爆发（Combinatorial Explosion）

组合爆发指从理论上研究建筑物组合方式时，可发现无数的组合可能性。

紧凑性与线性（Compactness/Linearity）

紧凑性指在空间连续的布局之中，最小化所有空间之间的实际距离（米制或模数），而线性则指最小化视线的整合程度。

凹空间（Concave Space）

凹空间中存在两点之间的连线超出了凹空间的边界（参见凸空间）。

组构（Configuration）

按空间句法的术语说，空间组构指考虑到其他关联的一些关联。更为确切地说，组构是空间局部（如城市道路）之间一系列的关联，且依赖于整个系统的结构。该概念强调复杂系统的整体，而非其局部。

组构的非均等性（Configurational Inequalities）

组构的非均等性指一组空间的各自整合程度不一样，通过出行经济的机制，形成了中心和次中心。参见出行经济。

组构的持久性（Configurational Persistence）

组构的持久性指所有元素与其他元素之间的复杂关联在物质空间中得以固化，从而较为持久地存在下去。这种持久性具有我们设想以及眼见为实的客观性。

连接度（Connectivity）

连接度指所有直接连通到起始空间的其他空间数量。

保持过程（Conservative Process）

城市系统的保持过程是通过限制了共同在场，实现文化模式的稳定性，并不断地再生。这一般与城市的住居地区有关。

构成空间（Constituted Space）

构成空间指直接与建筑物相邻或相通的空间。

连续性法则（Contiguity Principle）

相对于非连续性地设置障碍物，连续性地设置障碍物可导致更多的拓扑深度；反之亦然。

连续线（Continuity-lines）

连续线代表感知上近似直线的路径，观察者只能沿该连续线行走，没有其他任何选择。

控制度（Control）

控制度是度量某空间的比邻空间可进入该空间的难易程度。某个空间有 k 个与之相邻的空间，那么与之相邻的空间都获得 1/k 的值。对于每个空间，所获得的值之和为控制度。控制度大于 1 表示强控制，小于 1 表示弱控制。典型案例是医院走廊，与之相连的是单独的诊室，其控制度较强。

逆向交互图（Converse Interface Map）

逆向交互图指翻过来的互动图，其中建筑物或其边界表达为点，凸空间为圆圈，而彼此相邻而不联通的关系则表示为线；于是，这些线表示建筑物或边界与凸空间之间的墙。

凸空间比邻关系图（Convex Adjacency Graph）

凸空间比邻关系图称之为“y—图”，这是将凸空间图转换为关系图，其中空间被表示为小圆圈，而空间相邻的连通则被表示为线。

凸空间交互图（Convex Interface Map）

凸空间交互图中，每个凸空间被表示为圆圈，每栋建筑或围合空间为点；当建筑物或边界与凸空间相邻相通时，圆圈和点之间就连一条线。

凸空间图（Convex Map）

凸空间图是采用最少的、最大的凸空间去遍及整个系统。

凸空间（Convex Space）

凸空间中任意两点之间的连线不会穿越该空间的边界。

凸空间分割（Convex Space Breakup）

凸空间分割指将连续的开放空间分割为彼此分离的凸空间。先识别出最大的凸空间，并绘制之；然而再识别并绘制第二大的凸空间，直到遍及所有的凸空间。如果肉眼难以识别凸空间的大小差别，可采用如下方法识别之：首先，采用圈形模板，每次识别开放空间结构中最大的圆，并依次画出；其次，尽量延伸圆的边界，既不破坏其凸空间特性，也不影响其他凸空间的大小。

凸空间性（Convexity）

凸空间性指空间在二维上延伸的程度，其周边任意一点的切线都不会穿越该空间本身。

共同在场（Co-presence）

空间句法理论认为，共同在场是指一群互不认识的人，或一群熟人，同时出现在他们共同分享使用的空间。共同在场的人们并不代表一个社区，这只是形成社区的基本必要条件，也许条件成熟之后，今后有可能形成社区。

相关系数（Correlation Coefficient）

空间句法中常用的相关系数是皮尔森的 R，用于度量两个变量之间线性关系的强度与趋势，这依据协方差与标准差之间的除法关系。

凸空间分析（Covex Analysis）

凸空间分析指空间布局表达为凸空间图，并进行分析。凸空间可转换为点，它们之间的连接转换为线。为了生成凸空间相邻关系图，将圆圈方式放入凸空间之中；当两两凸空间有彼此相邻的边（而非只是通过顶点相连），就将圆圈连接起来。

积累的等视域（Cummulative Isovist）

积累的等视域指，当智能体在序列行走时，以 360° 视角观看，所能看到的建筑物区域的平均值。该变量使得智能体可以优化其识路探索能力。

拓扑关系的衰退（Decay of A Justified Graph）

拓扑关系的衰退指拓扑深度的递减，计量从起始轴线到每条目的地轴线拓扑深度的倒数之和，其中拓扑深度可赋予指数权重。

变形网格（Deformed Grid）

变形网络指主要轴线相交角度在 0 ~ 90° 之间，与正交网络形成对比。

变形车轮（Deformed Wheel）

变形车轮是一种半网格：车轴中心是整合度高的轴线；某些整合度较高的轴线从中心向边缘延伸，形成辐条；某些边缘的轴线也较为整合，形成空间轮圈。这种结构常常形成了主要的空间结构，而辐条（从中心到边界的联系街道）之间楔形部分的整合度较低，主要是住宅区。

深度（Depth）

深度指从某个空间到另外一个空间需要穿越的空间数量。

Depthmap 软件（Depthmap）

DepthMap 软件是单独的平台，运用于一系列的空间网络分析，以此理解建成环境中的社会运行机制。该软件可用于不同尺度，从建筑物、较小的城市片区，直到整个城市或国家。在每个尺度上，该软件可生成开放空间要素的图示，通过某种关联（如彼此可视或彼此重叠）将空间要素联系起来，并进行关系图分析，为了获得具有社会或体验意义的空间变量数值。

描述性回溯（Descriptive Retrieval）

描述性回溯指人们从真实世界的关系模式中回溯抽象出来信息。

作为同步协同的描述性回溯（Descriptive Retrieval as Synchronisation）

描述性回溯来自真实世界中所发生的事件，并独立于事件过程之中个体的认知或行为。这发生在两个层面上：在局部层面上，各个部分聚集为一个整体，抽象回溯本身与构成过程的事件都处于相同的尺度之上；而在较高的格式塔整体层面上，所有分散的行为需要彼此协同，超越个体事件本身，共同形成一个单独的场景。正是这个更高秩序的协同，使得我们无意识地认识到了某种同步协调，这是由于在系统建构的局部规则的一致性之上，还存在一个整体性的层面，需要向我们自身完全而清晰地展示其全貌品质。

钻石关系图（Diamond Graph）

钻石关系图指某种特定的拓扑关系图，其中 k 个空间位于拓扑深度均值的位置，k/2 个分布在那个位置的上下层，k/4 个又继续分布在其上下层，如此类推，直到一个空间位于最浅的位置（即最低点），以及另一个位于最深的位置。参见 D 值。

可言表性（Discursivity）

可言表性指我们知道如何谈论某个事物。空间句法使用这个词强调建筑中的空间或形态组构难以用言语表达。

分布性（Distributedness）

分布性指一系列平等的个体单元布局所形成的某种属性，而非诸如强加于这些个体单元之上的单一边界属性。

非城镇空间（Dis-urban space）

非城镇空间源于空间局部的组构较弱，未形成结构，使得构成经济出行的主要因素消失。非城镇空间中难以找到城镇中普遍的空间品质，体现为建筑物与公共空间之间的联系缺失、不同尺度的交通出行无关联以及居民与陌生人交互界面缺位。

等视域偏移度（Drift -Isovist）

等视域偏移度指从生成等视域的起点到等视域的重心之间的距离。该变量表达了视域空间的中心性以及沿道路出行的方向感。

d 型空间（d-space or d Type Space）

d 型空间具有两个以上的连接。它所在的子系统不包含 a 或 b 型空间；至少包含两个环，且至少在一点相交。因此，d 型空间必然位于两个以上的环上。

双重结构（Dual Structure）

双重结构指城市既有局部单元结构，其源于从所有空间到其他空间的米制距离，也有不同尺度下联系各个局部单元的网络，超越局部性，体现了城市的整体特征。

社会与空间系统的二元论（Duality of a Socio-spatial System）

社会与空间系统的二元性指从局部到整体的现象，即经由个人所控制的领域，形成整体秩序，以及从整体到局部的系统，即超越个人的领域，表现为某种边界和空间构成的系统，具备更多的集体或公共属性。

D 值（D-value）

D 值指钻石型关系图中起始点（即拓扑关系分析图中最低点）的相对非对称值。这也钻石几何形状本身没有任何关联。这仅仅指拓扑关系分析图有 k 个空间位于拓扑深度均值的位置，k/2 个分布在那个位置的上下层，k/4 个又继续分布在其上下层，如此类推，直到一个空间位于最浅的位置（即最低点），以及另一个位于最深的位置。参见钻石关系图。

边界效应（Edge Effect）

边界效应指轴线模型的边界部分被不相称地隔离，这源于该部分的轴线受到边界的限制未延伸出去。参见：解决边界效应的半径 - 半径工具。

再现图示（Embodied Diagrams）

再现图示指人们生存的体验在日常空间环境中得以表现出来，获得与之相关的一系列意义，以图示的方式再现出来。

嵌入度（EMD（Embeddedness））

嵌入度指随半径的增加，某个空间嵌入其周边的程度。对于轴线图或线段图，该变量指轴线或线段数量的变化率，用于研究城市空间结构在不同尺度上的组织方式，从某条街道与相邻街道的连接，直到所有街道构成城市整体的结构方式。

涌现（Emergence）

空间句法中的涌现指较大尺度的模式源于局部层面上不同类型的物质空间（或社会经济）的历时性变化。

涌现的空间模式（Emergent Spatial Pattern）

涌现的空间模式指整体的空间模式从局部的步步演变过程中涌现出来。

围合（Enclosure）

围合的空间含义是好的空间是围合的空间，其广泛传播的社会内涵是围合代表空间边界确定的、较小规模的一群人，并排除其他不在该边界范围内的人，强调内部的熟识交往。

“围合—重复—等级”范式（Enclosure / Repetition / Hierarchy Paradigm）

这种设计范式采用了三种相互关联的原则，即围合、重复和等级去建构布局，特别针对公共住房。每组较小尺度的局部围合空间，对应于较小的、可识别的社区，将作为新住宅区的基本单元，以重复的方式，形成更大的围合布局，即组团中的组团，建构较大尺度的当地社区。

熵（Entropy）

DepthMap 软件中，熵是根据从某个空间到其他空间的深度序列，而非深度本身，计算空间区位的分布。如果很多空间距离某个空间较近，且深度分布是非对称的，熵值就低。如果深度是均称分布，熵值就高。该变量可反映空间布局中文化上重要的拓扑差异。其数学定义，详见 Hillier, B. et al（1987）pp. 365；Turner，A.（2001）pp.8.

E 端点分隔（E 端点空间）[E–Partition（e–spaces）]

E 端点分割指将物质形体上任意两两转折点连接起来，且不穿过任意墙，然后延伸之，并不超出整个空间的边界。

体外视觉建构 [EVA（Exosomatic Visual Architecture）]

体外视觉建构指计算程序包含环境中处理过的视觉信息，智能体可通过查询表格获得那些信息。在空间句法中，查询表格不仅包括物体位置，而且包含环境可达性的结构。

延伸原则（Extension Principle）

我们所确定中心性的线性空间越长，阻碍该空间所获得的拓扑深度越大；反之亦然。

最“胖”的凸空间（Fattest Convex Space）

最“胖”的凸空间指最大的凸空间，可在该空间内任意选择某个点作为圆心，绘制最大的圆，以此识别该凸空间。

最少的转弯（Fewest Turn）

最少的转弯指沿某条路径方向变化最少的转弯次数。

前景网络（Foreground Network）

前景网络是最大化自然的共同在场，并在不同尺度将中心联系起来。参见：普通城市。

形式 - 功能相互依存（Form–function Interdependence）

空间是物质形状，而功能是我们在其中的活动。我们获取的空间是一系列可能性，并通过在空间中展开的个人和集体活动利用这些可能性，体现为空间形态描述与空间使用之间的关系。

形式 - 功能问题（Form–function Problem）

普遍的形式 - 功能问题是指物种或其他自然形态如何良好地适应其功能。建筑中形式 - 功能问题指在多大程度上建筑物的形式与其社会功能之间存在规则关系。

形式 - 意义问题（Form–meaning Problem）

形式 - 意义问题是指建筑物的形式如何与其象征性意义关联。

拓扑分数分析（Fractional Analysis）

拓扑分数分析指轴线图中两两轴线之间的拓扑深度根据其角度变化加以权重。

拓扑分数选择度（Fractional Choice）

拓扑分数选择度等价于角度选择度，即最小角度变化的路径穿越每个空间的概率。

拓扑分数深度（Fractional Depth）

拓扑分数深度等价于角度深度，即两两轴线之间的角度变化作为权重赋予拓扑深度计算。

模糊边界（Fuzzy Boundaries）

模糊边界指依据内部空间结构建构及其与周边空间结构的关联形成了该地区的边界，以维持它与其他地区之间的可达性。该模糊边界源于不同尺度的空间非连续性，即空间组构在此发生较大变化，而并不依赖于该地区是否自给自足、是否几何形态不一样或是否其边界较为清晰。

伽玛图（Gamma Map）

伽马图是依据可达性，表达建筑物内部布局及其外界空间的拓扑关系图。每个内部空间或细分的空间可作为一个节点，表达为一个圆圈；而它与其他空间的可达性则为连接，表达为线；室外的空间也被看成是一个节点，表达为十字加圆圈。

观测点（Gate）

观测点指横穿街道的概念线，用于观测中记录交通流量。

观测数量（Gate Count）

观测数量指某天的一段时间内，统计某个城市中特定采样地点的交通流量。

建构过程（Generative Process）

建构过程特指不同类型的局部和整体空间综合体的形成，及其整合度模式的建构。

普通城市（Generic City）

普通城市是一种理论假说，即跨越不同的文化，存在某种普遍化的城市，其空间和功能特征保持一致。这种理论的提出基于上百个世界不同地区的城市和聚落研究。所有的城市都有非常少的较长街道，而有大量较短街道；这构成了双重系统，包括不同形态的前景网络和背景网络。前景网络由较长的街道构成，具有更多接近直线的连接；而背景网络由较短的街道构成，具有更多直角的连接，体现了局部特征，且缺乏线形的连续性。从功能上看，前景网络呈现普遍化的形态，即不同尺度的中心彼此连接成为网络，使得交通尽可能地受到街道网络的影响，这是由微观经济活动所推动的。背景网络大部分是住宅区，根据某种特定的文化建构空间结构，规则出行交通，体现文化的独特性，常常表现为不同的几何特征，赋予城市整体空间以独特性。

普通性功能（Generic Function）

普遍性功能指人们最基本的空间使用之中所折射的空间意义，也就是空间占据和出行的事实，限制了空间上的可行性，同时也使得所有建筑物具有共同点，即空间设计的需求。它构成了设计的可能性与建筑的实现之间的第一层过滤。

基因型（Genotype）

基因型指空间句法领域内空间形态之中的抽象原则。这是超越空间的概念。

基因型标示（Genotype Signature）

基因型标示指标示空间中统计上稳定的模式，或某个样本中最小的标示性特征，体现为拓扑关系图中的数值。

整体到局部的逻辑（Global-to-local Logic）

整体到局部的逻辑指为了体现某个特定区域中统一的意识和政治观点而在整体层面上进行的建构。该建构过程中的目标越明确，其外部就越容易被意识形态构成的结构所主导，而其内部空间也更容易被强制性的空间交易所模式所主导。

整体到局部的现象（Global-to-local Phenomenon）

整体到局部的现象指某种社会现象，其独特的整体结构凌驾于日常的交流之上。

拓扑关系图同构（Graph Isomorphism）

拓扑关系图同构指拓扑关系图不仅有相同数量的元素和拓扑深度之和，而且在关系图的每一层中都有相同的元素以及相同的元素联系。

关系图匹配（Graph matching）

关系图匹配是为了识别任意两个较小的、标示的、有向的关系图之间的相似程度。这是计算从一个关系图转换为另一个关系图所需要的步骤总数。

格网加密（Grid Intensification）

格网加密指缩小街坊块的大小，以减少空间网络中从所有点到其他所有点的平均距离。该现象常常出现在城市中心，其中商业活动繁荣，围绕街坊块的四周。参见：作为过程的中心性。

高层次的描述性回溯（High Level Descriptive Retrieval）

高层次的描述性回溯指在整个形态或格式塔的层面上实现描述性回溯，这是更高层面上的秩序协同，即某种同步。

无意识的想当然（Ideas to Think Of）

无意识的想当然指一系列规则使得我们以确定的方式进行社会交流，如说话、聆听、参加晚宴、玩双陆棋等。这些规则隐含在行为习惯之中，因此我们对此毫无意识，甚至不知道它们的存在。

有意识的思考（Ideas to Think With）

有意识的思考指我们有意识地学习抽象原则，并从本质上了解我们何时获得那些原则，以及何时运用那些知识。

空间模式中不确定性（Indeterminacy in spatial pattern）

空间模式中不确定性指局部秩序的缺失，从而导致整体和局部模式都在变化。

不平等的基因型（Inequality Genotype）

不平等的基因型指通过不同程度的空间整合性体现文化和社会关系，意味着根据文化和社会所对应的空间组构图中的平均深度（或整合度），对那些实用空间进行分类和排序。

整合与隔离（Integrated vs. Segregated）

整合与隔离指两种不同类型的空间布局，前者表示所有空间距离其他空间较近，而后者表示所有空间距离其他空间较远。

整合度（Integration）

整合度指系统中从任意空间到其他所有空间的标准化距离。一般而言，这是计算起始空间距离其他所有空间的远近程度，也可认为计算相对非对称性（或相对深度）。参见：线段角度整合度。

整合核心（Integration Core）

整合核心指前 10%、25% 或 50% 最为整合的空间构成的模式。如果系统大而复杂，则是指定数量的空间所形成的模式。

可理解度（Intelligibility）

可理解性计算连接度与全局整合度之间的相关程度，即根据与某条轴线直接相交的轴线的数量（即直接可从该轴线上看到的其他轴线）作为可信的指标度量该轴线在整个系统中的重要程度。好的可理解性暗示整体结构可以从局部结构中解读出来。参见：轴线的可理解度。

强度（Intensity）

强度是根据总体拓扑深度与熵的变化速率，用以度量空间网络的相对非对称性。这是另一种标准化总深度的方法，也是为了在网络的特定出行范围内揭示交通效率。

相互可达性（Interaccessibility）

相互可达性指城市中心区内沿最快且最方便的路径，从任意设施到达其他设施的可能性。它与城镇中心密切相关，促进所有设施之间的自然可达，使之最大化。

相互依存（Interdependence）

相互依存指城镇中心区内使用设施的方式。如果你使用其中一个设施，就较容易使用其他设施，并且也愿意使用其他设施。

界面（Interface）

界面指聚居地的公共空间，用于协调不同使用者之间的交流。

断裂网格（Interrupted Grid）

断裂网格指所有主要线段（即那些构成轴线图的线段，并属于所有线的子集）要么通过街坊块的顶点呈现切线形式，要么以接近 90°的方式被街坊块所打断，意味着这些线要么是连续延伸而不改变方向，要么是 90°转弯。

反转基因型（Inverted Genotype）

反转基因型是时空现实环境和活动中的非空间或信息结构。在社会层面上，人们活动的持续性不是来自生物基因产物，而是来自人工基因，即从现实中回溯的抽象描述，并由人们的活动所建构。

等视域（Isovist）

等视域指根据环境限制，从空间的特定点看出去，其所有可见的点构成的集合。等视域的形状和大小随观察点的不同而加以变化。

等视域深度（Isovist Depth）

等视域深度指任意两个空间点之间的最短路径上的等视域连接次数之和。

等视域集合（Isovist Fields）

等视域集合是一系列的等视域，定量地描述环境中的不同部分在何时、以何种变化率得以可见或不可见，以及等视域的形状和大小转换的方式。

等视域整合度（Isovist Integration）

一般而言，等视域整合度指从系统中某一点到其他所有点最短路径的平均值的标准化倒数。

i 值（i–value）

i 值指理论化的总拓扑深度的标准化。根据斯特德曼的《建筑形态：建筑物平面的几何介绍》中明确的标准化公式来计算。

调整关系分析图（Justified Map / Graph）

调整关系分析图将一个圆圈放在最下面，表示图示中最底层的根元素，所有与该根元素直接相连的圆圈排列一行，代表 1 个拓扑深度，位于根元素之上；所有距离根元素 2 步拓扑深度的圆圈直接与拓扑深度为 1 的圆圈相连；直到所有层级的圆圈都得以遍及到。

亲属关系（Kinship）

亲属关系在空间句法研究中用于分析社会关系结构与空间演变之间的关系。

标记图（Labelled Graph）

标记图指拓扑关系图中的节点都得以标记分类（也许是随机标记分类），使之彼此不同，便于统计。

城市空间分层模型（Layered Models of Urban Space）

城市空间分层模型指未来的统一空间组构模型，其中包括其他不同的属性层，如实际距离、面积、密度、容积率、形状、行政边界等，因此这些可在单一的组构模型中体现为不同的层。

最小角度变化（Least Angle Change）

最小角度变化指某条路径上所有的两两最小角度变化之和。

最少线的轴线图（Least Line Axial Map）

最少线的轴线图指以最少的轴线表达系统的图示。

线分析（Line Analysis）

线分析指空间抽象为线状的分析，其中空间可抽象为轴线或线段。

视线（Line of Sight）

视线指单一的视线穿过每个空间，且把那些空间联系起来。

线性原则（Linearity Principle）

线性原则指按直线的方式，连续布局街坊块。对比那些街坊块聚集成团的方式，这种方式将产生更多的拓扑深度。

活力中心（Live Centres）

活力中心指零售、商贸市场、餐饮、娱乐等聚集步行人流的功能性空间场所。

局部秩序（Local Order）

局部秩序指某个方块与其周边方块之间的固定关系。

局部到整体的现象（Local-to-global Phenomenon）

局部到整体的现象指建筑和城市系统中的动态演变现象，其基本演变动力体现为人们感知并认知身边空间的能力，使信息结构化，从而推演形成纷繁复杂的大系统。

局部到整体的空间法则（Local-to-global Spatial Laws）

局部到整体的空间法则指局部物质空间变动将会影响整体空间组构的效应法则。这些法则与真实建筑物的演变有关，称之为普遍功能，即人们占据空间和交通行走的最基本的空间使用需求。

长模型（Long Model）

长模型指一组大量的固定性命令，缺乏随机性，也称为长描述。长模型的形态演变机制是整体性法则严格地控制任何随机过程。那些法则控制的空间潜在关系越多，整体性法则越明确，形态演变的可能性就越小，形态就越容易被那些法则完全控制而僵化。参见：短模型。

低层级的描述性回溯（Low Level Descriptive Retrieval）

低层级的描述性回溯指描述性回溯发生在复杂体由不同基本元素组合的过程之中。它形成了两方面的模式：一是固定的局部联系模式；二是涌现的整体模式。后者并不是由系统的整体性联系规则形成，而是由局部联系规则所激发的。

L 形散点图（L-shape）

L 形散点图指双变量相关分析中两组变量的分叉。例如，社会住宅小区的活动分析中，成人出行与小孩活动的两组变量形成了 L 形散点图，表明成人出行频繁的场所不是小孩喜欢聚集玩要的地方，反之亦然。这个典型案例研究说明，在社会住宅小区中，两组人群的空间交流是破裂的。

人与环境范式（Man-environment Paradigm）

人与环境范式体现在两种相互对立的方法论认知之中，即有机论中的环境认知以及环境论中的个体认知。这种范式使得我们徘徊在两个问题之间：一是建筑物的空间形态就是某种社会规则形态；二是物质环境没有任何社会内容，而社会没有任何空间内容。前者简化为惰性的物质论，后者简化为抽象论。

曼哈顿距离（Manhattan Distance）

曼哈顿距离是类比曼哈顿网格，即正交网格中两点之间的水平和垂直距离之和。

平均深度（Mean Depth）

平均深度指从起始空间到达其他所有空间的距离之和与其他所有空间的数目（排除起始空间）之商。

机械性融合（Mechanic Solidarity）

正如涂尔干所指出，机械性融合试图通过相似的信仰和族群结构实现整合。希列尔阐明了该观点与空间相关。他认为机械性融合偏好分散而彼此隔离的空间，暗示了某种非空间的融合，即采用许多共同的方法强调社会群体的可识别性，如徽章、典礼、地位、神话等，使之获得最大的实现。这也许基于明显的理由，即缺乏空间整合的群体必须运用其他概念性的方式实现群体本身的协调。

米制分区现象（Metric Area-isation）

米制分区现象指城市网络被分为半连续性的而又类似马赛克的地区，源于城市街坊块本身的方位、形状以及尺度的功能性需求。

米制穿行度（Metric Choice）

米制穿行度指每条线段位于任意两两线段之间最短米制距离的路径次数。

米制整合度（Metric Integration）

米制整合度指每条线段距离其他所有线段的米制距离之和，其米制距离为两条线段中点之间的米制距离。

米制半径（Metric Radius）

米制半径用于选择距离起始空间的特定范围内的一组空间。例如，100 米半径用于选择距离起始空间 100 米范围以内的所有空间。

米制特征（Metric Signature）

米制特征是体现局部米制距离的空间变形，可由局部空间的分隔模式与整个系统的米制距离模式的对比来明确：在纵轴上是随半径增加的米制距离平均值，而在横轴上是半径为 n 的米制距离平均值，它们之间的比较是一系列的散点图。

米制总距离（Metric Total Depth）

米制总距离指从一点到其他所有点的最短米制距离之和。

米制总线段长度（Metric Total Segment Length）

米制总线段长度指从起始线段的中点到目的地线段中点之间的最小米制距离。

微观经济过程（Micro-economic Process）

微观经济过程包括市场活动、交易和运营，常常尽量使得整合度最大（最小化普遍距离），使得空间中自然而然的共同在场尽量多，因此本质上将形成更长的街道，构成城镇的基本空间结构。

闵可夫斯基模型（Minkowski Model）

闵可夫斯基模型的建构是绘制特定环境中特定路线的二维等视域图，其中空间变量位于横轴，时间位于纵轴。改变环境或路径，将形成不同的闵可夫斯基模型。

m 线（m-lines）

m 线也称为出行形态线，特指采用非确定性多项式的贪心遍及算法，从全线轴线图中提取的最少的轴线。首先，选取一根穿越最多表面延伸线（s-lines）的线，然后选取另一根穿越次多的表面延伸线的线（但与第一条线不重叠），如此下去，直到所有的表面延伸线得以穿越。

山型散点图（Mountain Scattergram）

形态语言（Morphic Language）

形态语言用于理解形态如何从极少的基本元素、关系和操作中形成。因此，它包含三件事情：一是最少的起始条件，包括背景空间和随机过程；二是句法，即一组基本要素、关系和操作，可组合起来形成限制规则，控制最少背景空间中的随机过程；三是句法法则，根据某些自然和逻辑的限制，尽可能地罗列出来。

形态生长模型（Morphogenetic Model）

形态生长模型是这种类型的模型，如细胞聚集模型或图论中关联生成模型，其中的规则不是真实世界的思想主体的投射或自我映射，而是对随机生成过程的限制。

出行经济（Movement Economy）

出行经济理论基于自然出行的概念，特指城镇空间组织演变首先形成了疏密相间的出行流模式，影响用地选择，反过来又影响交通出行，构成了多重反馈效应，并且进一步影响了用地选择和局部路网构成，以此适应更高强度的开发。

多重功能性（Multifunctionality）

多重功能性源于用地模式和建筑密度，受到空间与交通关系的影响，从而形成了城市的各种结构特征，彼此相互作用，构成了城市所独有的幸福与喜悦。

标准化角度穿行度 [NACH（Normalised Angular Choice）]

标准化角度穿行度是为了解决一个悖论，即相对于促进空间整合的设计，那些导致空间隔离的设计反而增加了系统的总（或平均）穿行度。对于系统中每条线段，总穿行度除以总深度。根据系统中每条线段的深度，调整了穿行度的数值，因为越是隔离的线段，越可以通过除以更大的深度而将其穿行度的数值降低。这也可视为按收益和成本的方式计算穿行度，该概念最初由杨滔提出。

标准化角度整合度 [NAIN（Normalised Angular Integration）]

标准化角度整合是将角度总深度与城市系统总深度的均值相比较，从而使其标准化。

自然出行（Natural Movement）

自然出行是街道网络的组构本身所引发的那部分步行出行。

自然周期性模式（Natural Periodicity）

自然周期性模式体现了所有尺度下自然的空间分区，折射出我们讨论不同尺度的城市地区和区域的方式。

自然监视（Natural Surveillance）

自然监视取决于空间组构，创造了居民和陌生人在同一空间的充分偶遇，这是安全感的来源。陌生人的自然出行提供了对空间的自然监视，而驻足的居民在住宅的出入口和窗口，对行走的陌生人形成了自然监督。

负吸引点（Negative Attractor）

负吸引点是自然出行降低的地点或场所，虽然作为补偿，也许可通过其他方式吸引人们来此聚集。

节点计数（Node Count）

节点计数在 Confeego 软件中也称为 k，度量从某条轴线（或线段）到其他所有目的地轴线（或线段）的路径中所遇到的轴线（或线段）之和。

不可言表的技术（Non-discursive Technique）

不可言表的技术指处理难以用语言标的的事件模式以及形态空间的组构等的技术。

不可言表（Non-discursivity）

非分布式（Nondistributedness）

非分布式指空间结构源于围绕某些元素的边界或空间所构成的复杂系统。

标准化公式（Normalisation Formula）

空间句法中的标准化公式是消除总拓扑深度或穿行度计算中系统规模的影响。

建筑的范式理论（Normative Theory of Architecture）

建筑的范式理论是一系列的范式规则，说明建筑物应如何建造，而不是阐明建筑物是怎么样的。

客观的主体（Objective Subject）

客观的主体指普遍化的人类主体，这不是时空中的简单个体，而是根据直觉领会的客观法规行动的个体，存在于城市形态和功能的方方面面，同时又从某个特定的角度审视城市，依据自己的认知能力，创造出城市的意向。

有机融合（Organic Solidarity）

有机融合在涂尔干看来，是基于分工或城市化中彼此依赖的不同群体，构成了社会形态。希列尔强调该理念的空间维度，认为有机融合需要某个整合而高密度的空间，使得共同在场或彼此临近得以实现。参见：机械融合。

有机论 - 环境论范式（Organism–environment Paradigm）

有机论 - 环境论范式不仅仅指简单的环境决定论，而是指形态演变过程中有机论本身所具备的活力和主观目标。

重叠凸空间（Overlapping Convex Space）

重叠凸空间是根据每个街坊块的街道界面所确定的。每个最大的凸空间都是由于街道界面所明确，而这些凸空间不可避免地会重叠。那些重叠部分本身都是较小的凸空间，而那些凸空间之间不会完全彼此互视，也就不会形成更大的凸空间。

重叠效应（Overlapping Effect）

重叠效应指随半径的增大，根据不同起始线段选择的子系统将会重叠，因此重叠的线段群将用于度量该效应。

局部 - 整体问题（Part–whole Problem）

局部 - 整体问题指大部分城市由很多部分组成，且各个部分具备较强的场所感，然而很难从形态的角度将这些部分一一区分开来，至少在设计的层面上难以区分。

马赛克理论（Patchwork Theory）

马赛克理论是关于街坊块大小和形状的理论，诠释物质空间结构的建构和体型环境所导致的局部城市空间的变化，解释了城市背景网络被分隔为局部地区所构成的马赛克结构。

每个智能体的等视域集合（Per Agent Cumulative Isovist）

每个智能体的等视域集合指某个智能体在出行过程中所看的建成区域范围的集合。换言之，该智能体在 1800 步的生命周期内所形成的等视域集合，体现为整个建成区域的一部分。

无所不在的中心性（Pervasive Centrality）

无所不在的中心性指城市的中心遍及城市网络的各个部分，比通常设想的更为精致。多重中心是城市的普遍性功能，与空间显然相关，而非简单的区位等级。

表征（Phenotype）

空间句法中的表征指空间形态本身。这是个空间概念。

平面关系图（Planar Graph）

平面关系图指可在二维平面中绘制的关系图，且联系节点的边不会交叉。

基点可理解度（Point Intelligibility）

基点可理解度基于轴线模型，用于识别城市中的分区结构。采用如下步骤：首先选择距离起始轴线最近的一组 N 条轴线，然后计算这组轴线的可理解度，即连接度与半径 n 的整合度之间的相关度，最后将此可理解度赋予那条起始轴线。

基点协同度（Point Synergy）

基点协同度基于轴线模型，用于识别城市中的分区结构。采用如下步骤：首先选择距离起始轴线最近的一组 N 条轴线，然后计算这组轴线的协调度，即半径 3 的整合度与半径 n 的整合度之间的相关度，最后将此协调度赋予那条起始轴线。

贫穷线（Poverty Line）

在空间句法研究中，贫穷线是条名义线，用于区别两种空间，即空间上隔离且较为贫穷的，以及空间上整合且较为富裕的。

相对非对称性（RA，Relative Asymmetry）

相对非对称性是比较某一特定点的实际拓扑深度与该点的理论拓扑深度，即那个特定点与其他所有空间直接相连就具有最小拓扑深度，而那个特定点与其他所有空间连成直线就具有最大拓扑深度（因为每个新加的空间都将增加新的一层拓扑深度）。这是总拓扑深度标准化的理论模式。

半径（Radius）

半径是一种工具，从整个系统中选择某起始空间周边的一组空间用于分析。例如，可选择某起始空间周边 1000 米范围内的所有空间，其 1000 米就是半径。

半径 - 半径（Radius–radius）

半径 - 半径指空间句法轴线分析中试图最大化分析半径，而不带来边缘效应的那种半径（边缘效应特指空间系统边缘的部分比其真实情况更为隔离，因为它们与系统外的部分缺少联系）。半径 - 半径的确定依据全局最为整合的轴线的平均深度，将此作为最大的半径。参见：边缘效应。

规则与理论（Regularities vs. Theories）

规则是反复出现的现象，或体现为明显的类型，或体现为事件出现的时间秩序的持续性；而理论则是模拟产生规则的内在过程。所有的科学都是基于规则去做理论。

标准熵（Relativised Entropy）

标准熵是排除从起始空间起的预计空间分布模式。在大多数情况下，当你穿行在网格时，在平均深度之前将会遇到越来越多的空间，而在此之后，将会遇到越来越少的空间。

环状度（Ringiness）

环状度指系统中环形（或潜在的交通环路）的数量与最多可能的环形数量的比值。

实际不对称值（RRA，Real Relative Asymmetry）

实际不对称值（RRA）是某个空间的不对称值与钻石形状系统的起始空间（位于关系分析图的底部）的不对称值的商值。实际不对称值用于比较不同大小的系统，这是总深度标准化的经验做法。

线段（Segment）

线段特指轴线（或街道或路线）的相邻交点之间的部分。

线段分析（Segment Analysis）

线段分析包括线段图的任何类型的分析，如 DepthMap 中的拓扑、角度以及米制分析。

线段角度穿行度（Segment Angular Choice）

线段角度穿行度是指在特定距离范围内任意两两线段之间的最小角度变化的路径数量。角度距离指路径上所有相邻线段的角度变化之和。相对于轴线分析和街坊块距离分析算法，“角度线段分析算法”所得到的结果与车流交通的相关性更高。

线段角度连接度（Segment Angular Connectivity）

线段角度连接度指与某条线段直接相交的其他线段所形成的角度之和。

线段角度整合度（Segment Angular Integration）

线段角度整合度指根据每条路径上角度变化之和，计量每条线段与其它所有线段的整合关系。该变量是标准化的角度总深度的倒数，可用于不同系统之间的比较。

线段连接度（Segment Connectivity）

线段连接度指与某条线段直接相交的其他线段数量。

线段长度（Segment Length）

线段长度指线段的实际距离长度。

线段图（Segment Map）

线段图一般是根据轴线图生成的，即在轴线的交点处打断轴线。另一种方法是根据道路中心线图生成，需要简化并清洗数据，减少过于复杂的曲线，并删除冗余的道路交通信息。

隔离（Segregation）

空间句法中的隔离指某个空间距离其他所有空间的拓扑深度较大。更为隔离的空间具有较大的拓扑深度均值。

短模型（Short Model）

短模型也称为短描述，指系统中有大量的随机性，只有少量的规则，本质上采用简短的表意文字描述。这也用于描述形态生长模型，限制随机过程的规则非常少，且属于局部范畴。规则所限定的潜在关系越少，形态变化潜力就越大，那么创造新形态的可能性也就越大。见长模型。

最短路径（Shortest Path）

最短路径是根据人们出行认知模式的距离定义方式确定的，可诠释为最短米制距离的路径、最少转弯次数的路径或最小转弯角度的路径（即起讫点之间角度变化之和最小值的路径）。

S 表面延伸线（s–lines）

S 表面延伸线是延伸所有的优角（大于 180°、小于 360° 的角）的两条边和所有那些自由端点的墙所形成的线。

社会文化过程（Social–cultural Process）

社会文化过程的目标是限制诸如居民与陌生人之间、男人与女人之间共同在场的方式，并使之结构化，因此可用于建筑布局，形成相对局部的限制性空间布局。

空间（Space）

空间句法中的空间指相互联系，由建筑物和城市的物质空间所确定，也是由使用物质空间的人们所体验的。因此，空间可被设想为人们所做的任何事情的内在属性，而非那些事情的背景空间。例如，人们在空间中出行，相互交流，或者只是站在某处看空间本身。

空间分隔理论（Space Partitioning Theory）

空间分隔理论指空间系统中局部的物质变化将或多或少地带来整体组构效应，由少量的简单法则所控制。

空间句法（Space Syntax）

空间句法是一种空间理论，还是一系列分析建筑物和城市空间布局的定量性和描述性的方法工具。通过研究掌握建筑物和城市中那些与复杂模式相关的变量因素，空间句法可用于揭示物质空间形态的社会成因和影响后果，遍及从住宅到综合体以及城市中所有类型的建成环境。

时空规律（Space-time Regularities）

时空规律指在客观而独立的框架下，真实时空现象中反复出现的相似点和不同点，且与事物有稳定的关联。

S 表面分割 [S-Partition（s-spaces）]

S 表面分割是延伸所有 s 线，形成空间分割。

空间组构（Spatial Configuration）

空间组构指某个整体空间结构之中相互依存的各个局部空间之间的复杂关系。

空间设计网络分析 [Spatial Design Network Analysis（sDNA）]

空间设计网络分析关注城市网络和交通系统，包括车行、室内外人行、自行车以及公共交通系统。该软件跨越了交通规划、城市设计和建筑设计之间的鸿沟，为建成环境中更好的空间网络设计提供基于实证的分析。由卡迪夫大学的艾兰·西尔冉迪尔等编写。

空间的围合度（Spatial Enclosure）

空间围合度不是根据空间本身，而是根据限定空间的物质形态去描述空间。它是建筑领域里描述空间的最普通方式。

星型模型（Star Model）

星型模型是一种根据标准化角度选择度（NAchoice）和标准化角度整合度（NAintegration）研究城市的方法，并根据城市空间结构探索这些变量所代表的内涵。纵轴线上的高低点分别是某个城市的标准化角度选择度均值（高点）和标准化角度整合度均值（低点）；横轴线上的左右点分别是同一个城市的标准化角度选择度最大值（高点）和标准化角度整合度最大值（低点）。每个变量取标准分数，在 0 上下浮动，最小的负值位于中心，而最大的正值位于边缘。因此，标准化角度整合度均值和最大值分别表示背景网络和前景网络的可达性。而标准化角度选择度均值和最大值表示街道网络的结构特征：均值度量背景网络形成连续网络的程度，而非分隔为局部地区的程度；最大值表示前景网络构成结构的程度，包括变形的或规则的网络。

静态活动（Static Activities）

静态活动指局部凸空间中的活动，包括坐、站甚至大型超市中局部出行活动等。

战略价值（Strategic Value）

战略价值是穿越空间主体的所有轴线的整合度之和，但不包括那些穿过边缘的轴线。这种战略价值与公共空间中停留与非正式交流的人们的数量相关。

街道段（Street Segment）

街道端是任意两两相邻街道交叉口之间的线段。

延伸性 / 环性（Stringiness/Ringness）

延伸性指空间的一维延伸。

强联系与弱联系（Strong / Weak Ties）

强联系指彼此熟知的朋友关系，而弱联系指仅仅是面熟关系。弱联系是强联系的朋友团体与更广泛的社会之间的联系桥梁。

强 / 弱组织的建筑物（Strong / Weak–programme Buildings）

强组织的建筑物指许多不同类型的人必须都被安排到相同的交流界面，彼此之间的关系也被清楚定义；同时，空间组构必须确保每种交流界面具有正确的空间形式，所有的不期而遇必须避免。法庭是典型。相反，弱组织的建筑物允许大量的随机交通，其空间布局促进偶遇和交流。

结构（Structure）

结构指空间真实的抽象基因，即特殊现状的本质。结构不是整体性的抽象，不是漂浮在现实之上的空洞之物，也不是强加在现实之上的决定性的抽象要素。结构源于事实且依赖于真实。

结构化的格网（Structured Grid）

结构化的格网指不同整合程度和可理解程度的空间以某种方式组合，从而构成某种模式，支持城市的功能和可理解性。本质上，不同街道和地区具有不同的空间整合程度和可理解程度，使得整个城市各部分彼此不同；而正是这种差异性，使得城市具备了结构。

超级格网（Super Grid）

超级格网是整合度最高的那些轴线，构成了城市的主要结构或其一部分，促进了长距离交通。

对称性（Symmetry）

对称性是描述如下特征：如果 A 与 B 相邻，那么 B 与 A 也相邻。

协同度（Synergy）

协同度指半径 3 的整合度与半径 n 的整合度之间的相关程度，度量某地区内部空间结构在多大程度上关联到它所嵌入的更大空间系统之中。

句法（Syntax）

句法指基本元素、基本关联、基本操作所形成的基本组合中所蕴含的相互关联法则和结构。

句法效率（Syntactic Efficiency）

句法效率用于度量空间网络在多大程度上以高效的方式运转。该变量是选择度与总深度之商。总深度可视为成本，即某个人从周边所有场所到达某个目的地所消耗的距离成本；而选择度可视为收益，即某个人不用离开某个场所就能遇到所有其他来自该场所的人们。因此，它度量成本与效率，体现为句法效率。

马赛克的立面（Tessellated Facades）

马赛克的立面指建筑物立面采用马赛克的米制方式表现。

穿行性交通（Through-movement）

穿行性交通指从所有空间到达其他所有目的地空间的最短路径中穿越性的出行交通。穿行度可用于预测穿行性交通的潜力。

到达性交通（To-movement）

到达性交通指从所有空间到达某个目的地空间的出行交通。整合度可用于预测达到性交通的潜力。

拓扑半径（Topological Radius）

拓扑半径等价于拓扑深度，用于选择距离起始空间的某个拓扑深度之内的所有空间。例如，半径 3 是用于选择距离起始空间 1、2、3 个拓扑深度的所有空间。

拓扑穿行度（Topological Choice）

拓扑穿行度指线段位于任意两两线段之间最少拓扑深度的路径的次数或概率，其中两两直接相交的线段之间为一步深度。

拓扑平均深度（Topological Mean Depth）

拓扑平均深度指从每个空间到其他所有空间的拓扑深度的平均值。

拓扑总深度（Topological Total Depth）

拓扑总深度指从起始节点沿最少拓扑深度的路径到达其他所有节点的拓扑深度之和。

拓扑总线段长度（Topological Total Segment Length）

拓扑总线段长度指沿最少拓扑深度的路径，从起始线段的中点出发到目的地线段的中点的实际距离（或米制距离）。

总深度（Total Depth）

总深度指从任何一个节点到其他所有节点的拓扑深度之和。

超越空间的整合（Transpatial integration）

超越空间的整合指分散个体的集合被转化为复合事物，却不考虑其时空的指代或地点。

微小环（Trivial Ring）

微小环指同一对空间的两次连接。

郁金香分析（Tulip Analysis）

郁金香分析特指示意性转弯角度的分析。例如，8 分法指如下这种分类法：第一个区间代表小于 22.5°的转弯，第二个代表 22.5°到 67.5°的转弯，第三个代表 67.5°到 112.5°的转弯，如此类推。1024 个区间分析可近似为 DepthMap 软件中的标准角度分析。

两步逻辑（Two-line Logic）

两步逻辑指当你穿行在主要街道上能看到的某条街道时，下一条街道将使得你要么再次走出后街，要么走向某些重要的场所，如后街中较大的广场或较为重要的建筑。这意味着不论你走到哪里，总有某个空间节点，在此可以看到你从哪里来，将走到哪里去。

普遍距离（Universal Distance）

普遍距离指从一点到其他所有点的距离总和，是对深度概念的普遍化推广，使得组构的概念成为分析的重点。

未组织的出行（Unprogrammed Movement）

未组织的出行源于两方面：一是不同占据空间的分布方式，伴随每个人在起讫空间之间的出行交通；二是这种分布方式与空间复杂体的组构的关联方式。

临近性（Vicinity）

临近度，又称为接近度，采用距离起始轴线最近的 V 根轴线消除角度的影响。

虚拟社区（Virtual Community）

特定地区的虚拟社区是自然而然的共同在场模式，其成因来自空间设计对于出行方式的影响，以及其他与空间使用有关的方面。空间组构影响了空间的出行模式，而出行本事又是目前空间使用的主要形态。经由此，空间组构自然地确定了共同在场和共同感知的模式，包括当地人以及外来穿行其中的人们。这些都是虚拟社区的部分。

视觉关系图（Visibility Graph）

视觉关系图指空间布局中彼此能互视的地点关系图示。

视觉关系分析 [Visibility Graph Analysis（VGA）]

视觉关系分析是在某个空间环境中研究视觉关系的特征。该分析常常用于两个层面，即人看的眼睛高度层面，以及人行走的膝盖高度层面，对于理解空间布局很关键。

视觉悖论（Visibility Paradox）

视觉悖论指，当实际距离隔离程度最大化时，就形成了线性形状，那么其视觉整合度则最大。例如，当所有元素按直线排列时，所有元素都能一眼望穿，即该形态的视觉整合度最大；这些元素到其他所有元素的实际距离最大，那么实际距离整合度最小。

视线整合度（Visual Integration）

视线整合度计算从所有空间到其他所有空间的视觉距离。

蒙古包（Yurt）

蒙古包是空间句法的原型案例，其内部缺乏空间分隔。

后　记

本书基于清华大学博士论文完成，同时也基于伦敦大学学院（UCL）的教学与科研过程之中的感悟。从城市空间网络的角度重新审视城市空间形态的基本问题：为什么城市形态是如此构成的？除了环境、社会、经济、文化等因素之外，是否存在人们认知、建构、使用空间方式的内在几何性机制，以及是否存在纯粹的数字几何限制等，这些问题都可归结于人所使用的空间网络是否存在几何规律，使得人们的社会经济环境等价值获得最优的实现。然而，城市空间网络又不是彼此孤立，而是相互联系的。那么，不同尺度下的几何构成是否又与不同尺度下的人们活动相关，进而实现每个人在多重尺度下空间价值的诉求？这也许暗示着人们的日常生活就是不同尺度的空间感知和体验的混合体，包括全球的视频会议、区域的物流快递、城市的通勤办公、片区的教育就医、社区的健身遛狗、街头的叫卖乞讨，或室内的休闲聊天等不同的组合。这些通过不同的空间组织方式的叠加而有可能得以同时实现，构成了丰富而变化的空间网络复杂体。

在此，首先衷心感谢导师朱文一教授。不管是理论思想的创新，还是城市空间的思辨，抑或人文精神的探索，朱老师都给予我深刻的启发和全面的教导，使得我明白原创和正直的重要性，这对于我的研究思路和方法以及为人做事都有极其深远的影响。朱老师也对我的生活给予无微不至的关怀。同时，也十分感谢比尔·希列尔教授的大力推荐（*I must also add that in his role as a research fellow in UCL，Tao Yanghas fully demonstrated his ability to innovate at the highest level*；我必须补充杨滔作为伦敦大学学院的研究员，全面展示了他最高的创新能力）和阿伦·佩恩院长的热心推荐（*Yang Tao has tremendous strengths as a first rate researcher*；杨滔具有一流研究人员的能力），以及刘佳福主任、邢海峰副司长、于静副主任的温馨支持。

其次，真诚感谢毛其智教授、吴唯佳教授、党安荣教授、徐卫国教授、庄惟敏院长、刘健教授、单军教授、王丽芳教授、周燕珉教授、高冀生教授等清华老师们的悉心指导。

同时，也无比感谢杨保军院长、吕斌教授、赵鹏军教授、朱小地总建筑师、郭杉研究员、邓东副总规划师、陈勇博士、麦克·巴蒂院士、劳拉·沃恩教授等的教诲和点拨。

非常感谢王建国院士、郑时龄院士、吴志强院士、段进教授、石楠副理事长、王凯副院长、朱子瑜总规划师、郑德高副院长、汪科副院长、张百平副秘书长、施卫良院长、杜立群副院长、石晓东副院长、徐全胜董事长、郑实副总经理、郑琪副总经理、霍晓卫副总规划师、刘士林院长、冯奎研究员、王浩锋教授、黄鹤副教授、龙瀛研究员、黄蔚欣副教授、李栋博士、周政旭博士、孙世友教授、范嗣斌副所长、张磊院长、高巍副教授、盛强副教授、戴晓玲副教授、刘宁副教授、约翰·皮泊尼斯教授、索菲娅·莎诺教授、鲁斯·道尔顿教授、尼古拉斯·道尔顿教授、提姆·斯通纳教授、凯文·卡瑞米博士、大卫·柯布等一直以来的鼓励和帮助。

特别感谢赵建彤博士、商谦博士、陆劲、张佶、罗伟斌博士、沈尧博士、胡林博士、韩慧卿博士、潘星、李志超、付昕、孙铁成博士、伍端博士、柳泽博士、万博博士、张晓军博士、易鑫博士、白雪、王立新、李全宇、王垚、张舰博士、赵星烁博士、林俞先博士、王依倜博士、胡毅博士、王晨博士等的长期支持。

再次，诚挚感谢中国建筑工业出版社原副总编辑张惠珍的支持以及率琦编辑耐心而细致的勘误、修订和润色等。

最后，深深感谢家人的一直陪伴和无私支持。

杨滔

2019 年 3 月